랍스터 코드

암과 면역의 전쟁

디아스포라(DIASPORA)는 독자 여러분의 책에 관한 아이디어와 원고 투고를 기다리고 있습니다. 디아스포라는 전파과학사의 임프린트로 종교(기독교), 경제·경영서, 일반 문학 등 다양한 장르의 국내 저자와 해외 번역서를 준비하고 있습니다. 출간을 고민하고 계신 분들은 이메일 chonpa2@hanmail.net로 간단한 개요와 취지, 연락처 등을 적어 보내주세요.

랍스터 코드
암과 면역의 전쟁

초판1쇄 발행 2025년 12월 9일

–

지은이 김은기
발행인 손동민
편　집 김나현
표지 디자인 김지훈
본문 디자인 김미영

–

펴낸곳 전파과학사
출판등록 1956. 7. 23. 제 10-89호
주　소 서울시 서대문구 증가로18, 204호
전　화 02-333-8877(8855)
팩　스 02-334-8092
이메일 chonpa2@hanmail.net
공식 블로그 http://blog.naver.com/siencia

ISBN　979-11-94832-34-8 (03470)

랍스터 코드
암과 면역의 전쟁

목차 ───✛

1막 ——— ✢　　　랍스터와 암

1
세 마리 랍스터

"여보, 나 몸이 이상해. 오후에 당신 병원 가 봐야겠어."

출근하려던 수철의 손이 문손잡이 위에서 굳어 버렸다. 수연의 목소리에 그가 한 번도 들어 본 적 없는 무언가가 섞여 있었다.

'죽음의 그림자.'

며칠 전부터 유난히 창백했던 아내 얼굴이 뇌리를 스쳤다. 곁에 서 있던 고3 딸 영미가 아빠에게 말했다.

"아빠, 엄마 너무 힘들어해."

영미가 입술을 꽉 깨물었다.

"뭐라더라? '세포들 SNS 칩'? 다른 세포들 소리보다 엄마 몸속 이야기부터 들어야 하는 거 아냐?"

장난스러운 말투에 서운함이 배어 있었다. 요즘 함께 저녁 먹은 기억조차 드물다. 수철이 딸의 머리를 쓰다듬으려다 손을 멈췄다.

"알았어. 내일 아침 호흡기내과 접수해. 오늘은 그룹 이사장과 중요한 약속이 있어…."

문을 열고 나가며 수철이 문득 뒤돌아봤다. 문틈 사이 아내는 애써 미소 지었고, 딸은 불안한 눈빛으로 그를 바라보고 있었다. 수철의 가슴 깊은 곳에서 알 수 없는 한기가 스며 올랐다. 하지만 그는 몰랐다. 그게 수연의 마지막 미소이자, 지옥문 앞에 선 딸의 모습이라는 걸.

3월의 을씨년스러운 날씨. 정 회장이 수철을 개인적으로 부른 것은 의외였다. 정 회장의 취향은 독특했다. 온갖 진미가 즐비한 고급 뷔페에서 오직 랍스터만 고집했다. 테이블 앞에 랍스터를 수북이 쌓아 놨다.

"이런 데서 랍스터만 먹으면 본전 뽑고도 남지."

정 회장이 입맛을 다시며 랍스터 껍데기를 탁탁 두드렸다.

"입장료 15만 원인데 랍스터 서너 마리면 마리당 10은 하니까."

일리가 있었다. 하지만 고급 레스토랑에서도 계산기를 돌리는 정 회장이 대단했다. 평생 자신이 장사꾼이라 했던 그였다. 이런 빠른 계산력 덕분인가. 건설재벌이던 그가 미래 돈벌로 병원을 인수해서 대형병원으로 키웠다. 그것도 아주 짧은 시간에,

랍스터 속을 가위로 자르며 정 회장이 입을 열었다.

"지구상 생물 중에 랍스터가 거의 불멸에 가깝게 산다는 거 아나?"

"네. 암 발생이 거의 없고 줄기세포가 활발해서 평생 청년처럼 살죠."

"오호!"

정 회장이 젓가락질을 멈추고 수철을 빤히 바라봤다.

"140살 된 놈도 있다더군. 암에 걸리지 않고 장수하는 랍스터 말이야."

정 회장이 갑자기 젓가락을 내려놓고 등받이에 몸을 기댔다.

"태평양에서 원양 어선에 잡히지만 않았으면, 이놈은 지금도 바다를 헤엄치며 앞으로도 길게 살 놈이었겠지."[1]

정 회장이 수철을 뚫어져라 쳐다보더니 냅킨으로 입과 손을 닦고 품에서 종이 한 장을 꺼냈다.

"읽어 보시게."

수철이 받아 든 종이. 1년 내 자신의 병을 고쳐 주면 병원 지분 30%를 준다는 내용이었다.

"회장님, 무슨 게임입니까?"

"게임이 아니야. 진지해."

"그런데…. 어디 편찮으시나요?"

"응, 아파! 많이….."

정 회장의 목소리가 갈라지며 떨렸다.

"환자 살리려고 병원 키웠는데 이제는 내가 죽는다니…."

정 회장이 품에서 진단서를 꺼내 건넸다. 뇌종양이었다.

"의사는 6개월을 넘기기 힘들다고 했어. 혹이 조금씩 자라고 있대."

정 회장이 손등으로 이마를 문질렀다.

"그룹 회장이 그룹 병원 의사한테 시한부 선고를 받다니…."

생과 사의 경계에 선 사람 특유의 절망이 정 회장의 온몸에서 흘러나왔다.

정 회장이 수철을 만난 것은 그가 어떻게든 버텨 볼 테니 그사이 자신을 살려 달라는 것이었다. 그 대가로 30%를 주겠다는 거다.

"절 돈으로 설득하지 마십시오. 이런 계약은 안 합니다. 하지만 회장님을 살리도록 최선을 다하겠습니다."

"가능하겠어?"

"확률은 반반입니다."

"반? 반이나 돼?"

정 회장이 테이블을 손바닥으로 '탁' 친다.

"반이면 높은 거잖아! 정말 약속대로 삼십 주겠네. 그리고 자네 일에 도움이 필요하면 언제든 전화하게."

"유돈이가 있지 않습니까?"

유돈. 정 회장의 아들이자 수철이 근무하는 병원의 원장이다. 정 회장이 깊은 한숨을 내쉬며 어깨를 축 늘어뜨렸다.

"유돈이라…. 그 녀석도 의사지만, 날 살릴 수 있을까…."

유돈과 형제 간의 후계 전쟁 뒷이야기가 병원에서 쉬쉬하면서 돌고 있다. 수철이 말을 돌렸다.

"제가 이 분야 연구하는 거, 어떻게 들으셨어요?"

"다 듣고 있네. 자네의 암 정복 연구를. 외신이 먼저 주목했더군."

"꼭 성공한다는 보장은 없습니다."

"아니야."

정 회장이 두 주먹을 쥐고 몸을 앞으로 기울였다.

"노벨이나 제너만큼 큰 사건일 수 있어. 인류를 바꾸는 거지. 생명이 걸린 거니까."

"아직은 가설일 뿐입니다."

"이건 누군가는 해야 할 인류의 숙제야! …참, 세포끼리 SNS 하는 걸 들을 수 있다고?[2]"

정 회장이 상체를 숙이며 수철에게 바짝 다가섰다.

"《사이언스》 잡지가 아무 논문이나 실어 주는 게 아니잖아. 자네는 수년 내 노벨 의학상을 받을 걸세. 이건 대한민국이 의료 강국으로 도약하는 역사적 순간이야."

집으로 돌아오는 길. 수철은 조금 쓸쓸했다. 자신의 연구는 인류 최대의 적인 암을 정복하기 위한 것이다. 도덕성에 문제 많은 노인의 수명을 늘리려는 건 아니다.

먼저 폐암으로 피를 토하며 돌아가신 어머니의 한을 풀어 드려야 한다. 암의 공포로부터 인류가 해방되어야 한다. 수철이 주먹을 꽉 쥐고 하늘을 올려다봤다. 무엇이 암세포의 아킬레스건일까? 몸속 세포들은 혹시 알고 있는 게 아닐까? 이번에 만든 '세포 간 SNS 칩'이 그 일을 해 줄 수 있을까? 잘하면 암의 불패 신화를 깰 수도 있지 않을까?

한강대교를 지나쳐 일산으로 향하는 차 안이다. 수철의 몸은 이미 무의식적으로 연구소로 향하고 있었다. 수개월째 연구와 씨름하고 있는 그다. 자유로를 달릴 때 스마트폰 알람이 울렸다. 내일은 아내의 생일이다.

'내일은 꼭 가족 외식을 하자.'

대학 입시로 신경이 곤두선 딸 영미, 보육원 봉사를 열심히 하는 아내 수연. 모두 함께 외식 한번 못 했다.

'랍스터를 한번 먹어 볼까.'

수철이 절로 미소 지었다.

전화벨이 울렸다. 화면에 뜬 번호는 아내가 아닌 대학병원 구내 번호였다.

"김 교수님, 응급실입니다. 빨리 오셔야겠습니다."

"최만수인가? 내가 보던 환자인가?"

최 실장의 목소리가 떨렸다.

"그게…. 오신 환자분이… 사모님 같습니다."

'사모님'.

수철이 잠시 멍해졌다. 반사적으로 시계를 봤다. 밤 10시 30분. 수연은 지금쯤이면 딸과 함께 집에 있어야 할 시간이다. 수철의 손이 핸들을 꽉 잡았다. 자유로에서 나오자 멀리 녹색 병원 마크가 보인다. 매번 다니던 길인데 마음이 급해서인지 차선마저 혼동된다. 응급실 앞에 차를 세우고 뛰어 들어갔다. 응급실장이 정문에 서 있다. 연속되는 당직으로 눈이 빨갛게 충혈되어 있지만 눈은 초롱초롱했다. '지킴이'라는 별명답게 응급실의 기둥 역할을 한다.

"바이탈은?"

가쁜 숨을 몰아쉬면서도 수철은 일부러 천천히 말했다.

"수축기 혈압 60, 이완기는 잡히지 않습니다. 심박 40, 호흡 30으로 과호흡 상태, 체온은 40입니다."

체온 40. 수철이 서둘러 응급실 안으로 들어섰다. 침대에 누운 수연의 이마를 짚어 본다. 뜨끈뜨끈하다. 불덩이다.

"산소는?"

"80으로 떨어져 있습니다."

"의식은?"

"119대원에게 삼경대 병원과 교수님 이름을 말했다고 합니다. 그 뒤로는….”

수철이 부인의 얼굴을 흔들었다.

“여보, 내 말 들려?”

핏기가 가신 수연은 눈을 감은 채 반응이 없다. 수철이 손전등을 동공에 조심스레 비췄다. 빛에 겨우 미미한 반응을 했다. 열이 나고 호흡이 빠르며 목이 뻣뻣하다. 뇌수막염이 의심된다. 미미하게나마 빛에 반응하는 것으로 보아 뇌간이 완전히 손상되지는 않았다. 수철의 가슴속에 차가운 바람이 지나갔다. 아내의 창백한 얼굴이 어머니의 마지막 모습과 겹쳐 보였다.

수철이 무거운 한숨을 내쉬었다. 수연의 손을 잡아 봤다. 파리하고 온기가 없다. 손발이 늘 따뜻했던 아내였는데.

“교수님, 뇌 CT와 뇌척수액 검사를 해야 하지 않을까요?”

응급실장이 조심스럽게 말했다.

“나도 그 생각이야. 고열에다 호흡이 빨라진 거로 봐서는 뇌에 심한 염증이 생긴 것 같은데.”

“바이러스 뇌염 증상과 비슷합니다. 척수액 검사하면서 바이러스 PCR, 척수액 압력도 측정해야겠네요.”

“그래. 의식이 없기는 하지만 눈동자 반응이 있었어. 뇌간 손상은 아닌 것 같으니, 원인을 찾는 게 중요하겠네. 자네가 전문가니 지금 바로 해 보자고.”

고개를 끄덕이는 최 실장. 가장 닮고 싶은 의사가 김 교수다. 인턴들도 김 교수를 잘 알고 있다. 어제저녁, 앳된 얼굴의 인턴 셋이 김 교수 이야기를 하고 있었다.

"야, 요즘 같은 세상에 그런 의사 드물어. 병원과 집밖에 몰라."

"《사이언스》 표지 논문의 〈세포들의 SNS〉. 그 정도면 차기 노벨의학상 아니야?"

"요즘 인턴들 사이에서 김 교수 별명이 '무당'이야."

여드름 인턴이 웃으며 말했다.

"밤늦게 연구소에서 중얼거리는 소리가 들린다는 거야. 현미경 들여다보면서 암세포와 면역세포 대화를 중얼거리고 있었다는 거지."

"그런데 정유돈 병원장과는 고교 동기라면서?"

"그 욕심 많은 병원장이 어떻게 김 교수를 뽑았지? 병원장도 같은 암 분야라 연구에서 밀릴 터인데."

응급실장이 그들의 말을 곱씹었다.

'그러게, 늑대 같은 정유돈 병원장이 왜 김 교수님을 굳이…. 뭔가, 수상해.'

수철이 손가락을 톡톡 두들겼다. 생각이 떠오르지 않으면 나오는 버릇이다. 일주일 전 수연은 감기 증상이 있다고 했다. 수연은 외출이 잦지 않다. 특히 고3 딸 영미의 뒷바라지에 바쁜 요즘은 동창 모임도 잘 안 나간다. 어디에서 감기에 걸린 걸까?

수연의 유일한 외출은 열흘 전 병원장 유돈이 주최한 만찬이었다. 수철의 가슴에 뭔가 찜찜하게 남아 있던 행사였다.

'그날 무슨 일이 있었던 건가?'

외부 모임을 별로 좋아하지 않는 수철이다. 하지만 정유돈이 직접 전화해 꼭 수연과 함께 오라고 강요했다. 수철, 수연, 유돈 세 사람은 고교 동창이다. 오랜만에 만났지만, 유돈이 별로 반갑지 않았다. 수연을 바라보는 유돈의 끈적끈적한 눈빛이 싫었다. 수연까지 오라고 한 것도 드물었지만, 수철과 수연의 테이블을 미리 지정해 놓고 유돈이 제일 먼저 온 것은 처음 있는 일이다. 평상시라면 수철을 부르지도 않았을 유돈이었다. 만찬에서도 유돈은 이상했다. 수연의 잔에 포도주를 채우려는 유돈에 '운전해야 한다'라고 수연이 말하자, 주스를 채우면서까지 원샷을 강요했다. '나와의 우정을 위해서'라면서. 무언가 석연치 않았다.

그로부터 3일 후 수연은 감기 증상이 있다고 했다. 그날 만찬과 수연의 의식 불명, 어떤 관계가 있는 것일까? 수철의 뇌리에 한 가지 섬뜩한 기운이 스쳤다. 설마… 유돈이?

"김 교수님, CT와 뇌척수 검사가 나왔습니다."

수철이 수연의 침대 옆에서 일어나 처치실로 들어섰다. 모니터에 뇌 CT가 떠 있다.

"자네가 응급실 전문의 아닌가? 설명해 주게."

의대 고참 교수가 신참에게 설명을 듣겠다는 거다. 응급실장이 속으로 생각했다.

'이런 교수만 있으면 응급실도 살맛 나는 세상일 텐데.'

아픈 아내의 CT 사진이라는 생각이 들자, 수철의 가슴이 아려 왔다.

'빨리 일어나야 하는데…. 집에서 다시 나에게 잔소리를 쏟아 주어야 하는데….'

"교수님. 제 생각에는 이곳이 부어서 대뇌 일부를 압박하면서 의식을 잃은 것 같습니다. 뇌척수액 압력도 정상보다 30% 높고요."

"쉽지 않은 상황이네. 뇌척수액 검사에서는 뭐가 나왔나?"

"코로나 PCR을 했는데, 역시 코로나입니다."

"코로나가?"

수철의 목소리가 높아졌다.

"그건 폐 속을 침입하는 놈 아닌가? 어떻게 뇌까지 올라갔지?"

"코로나가 뇌혈관에 염증을 일으켜서 BBB(뇌-혈관 사이 장벽)가 깨졌다는 보고를 본 적이 있습니다."[3]

"BBB가 깨지면 병원균들이 뇌에 쉽게 침투할 수 있어서 위험해지는데…."

수철의 미간이 좁아졌다.

"집사람의 경우 외부 침입 코로나가 폐렴을 일으키고 뇌까지 침투했다는 이야기네?"

"네, 그런 것 같습니다."

수철의 눈이 모니터에 박혀 있다. 수연이 고3 딸 뒷바라지에 스트레스가 심했나? 아무리 그래도 어찌 뇌가 부을 정도까지….

"교수님, 우선 뇌 염증을 가라앉혀 뇌압을 낮추는 것이 급선무 같습니다."

"그러자고. 자네가 우리 집사람을 잘 지켜 주게."

수연이 의식을 잃은 지 벌써 일주일. 항염증제를 투여했지만, 의식은 돌아오지 않는다. 수철이 십 년은 더 늙은 것 같았다. 집에도 들어가지 못

했다. 수연의 병실 옆에서 뜬눈으로 밤을 새웠다. 수철이 책상 위 빈 종이에 메모했다.

'코로나, 뇌, 바이러스, 염증?, 급속 감염, 혼수'

뭔가 이상하다. 이들 사이에 상관관계가 딱히 없다.

'코로나바이러스는 원래 목, 코에만 침입하는 놈인데 어떻게 뇌까지? 변종이 들어왔나?

무엇보다 열이 낮아졌는데 의식이 돌아오지 않는 것이 수철을 절망케 했다.

수연은 응급실에서 중환자실로, 다시 혼수 환자 병실로 이동되었다. 뇌의 부종도 가라앉고 열도 정상으로 돌아왔지만, 호흡 속도는 정상을 넘어서 있다. 산소 포화도가 90을 넘지 못했다. 폐에 문제가 있음이 분명하다.

수연 옆의 수철은 깜박 꿈을 꾼다. 아내가 눈을 뜨고 자신을 찾는 꿈이다. 아내가 깨어나기만 한다면. 세상에 더 바랄 일이 없다.

수철의 7층 연구실 창문에서 보면 주차장 건너 수연이 누운 병실이 보인다. 수연의 혼수상태 원인을 찾는 것이 급선무다. 현재까지의 검사 결과로는 지금 상황을 명확하게 설명하지 못한다. 수철이 밤을 새워 최근 논문들을 읽어 나갔다. 아내를 깨어나게 할 단서가 이곳 어딘가에 있을 것이라 확신했다.

우선 자신이 지난 십 년간 집중해 온 인체 세포들 사이의 소통 기술들을 찾았다. 《사이언스》 표지에 실린 그의 논문은 〈세포들도 SNS를 한다〉라는 부제를 달고 있다.

'만약 이 기술이 더 발전해서 수연의 폐, 뇌세포들이 서로 무슨 이야기를 하는지 알아낼 수 있으면…. 수연의 의식불명 원인을 찾아낼 수 있을 것이다. 수연의 뇌에서는 무슨 이야기들이 오가고 있을까? 무엇이 그녀를 잠들게 했으며 어떤 것이 그녀를 깨어나게 할까?'

시계가 새벽 3시를 향해 움직이고 있었다. 어슴푸레 환해지는 창가에 짙은 안개가 밀려오기 시작했다. 그 순간 수철의 뇌리에 섬뜩한 기운이 스쳤다.

'혹시 이 모든 것이 우연이 아니라면?'

2
절망의 늪

7층 수철의 연구실에서는 집중치료실이 내려다보인다. 수연이 있는 방은 우측 마지막 방이다. 응급실장이 적극 주장해서 1인실을 배려받았다. 이곳으로 옮긴 지도 한 달.

수연은 뇌 염증 수치가 정상으로 돌아왔지만, 의식이 없다.

스마트폰이 울린다. 수연의 방을 쳐다보던 수철이 정신을 차렸다. 밤 10시다.

"아빠, 언제 와? 학원 끝났는데 같이 집에 갈 수 있어?"

수철이 연구실 중앙의 녹색 세포 분리기를 봤다. 20분이 더 남아 있다. 분리기 옆 연구원 혜숙이 손을 저으며 그만 가라고 한다.

"영미야, 30분 정도 더 걸릴 것 같다. 먼저 들어가."

세포 분리 작업도 끝나야 하지만, 밤늦게 남아있는 혜숙을 놔두고 먼저 나갈 수는 없다.

"알았어."

짧게 뱉고 전화를 끊는 영미의 목소리가 처져 있다.

수연이 응급실에 실려 온 이후 거의 엄마 내내 곁에 붙어 있던 영미다. '내가 지키고 있으니 그만 들어가라' 해도 막무가내다. 평상시에도 찰떡처럼 붙어 다녔던 모녀. 고등학생이면 엄마와 자주 충돌할 터인데 둘은 친구였다.

한번은 수철이 물어봤다.

"왜 둘이 그리 붙어 다녀?"

수연이 대답했다.

"당신이 매일 늦으니까 그렇지요. 세포와 소통은 나중에 하고 영미와 소통 좀 해요. 고3이라 스트레스가 많은데."

딸 영미가 곁에서 물었다.

"아빠, 세포가 서로 이야기한다는 게 진짜야? 눈에 보이지도 않는 조그마한 놈들끼리 무슨 소통을 해? 그 애들도 서로 연애를 하나? 알콩달콩 속삭이는 소리, 듣고 싶다."

쉴 새 없이 재잘거리는 영미 목소리를 들은 지도 한 달이다. 영미 웃음소리가 수철의 발걸음을 가볍게 했고, 밤늦게 일해도 힘든 줄 모르게 했다. 영미가 없는 지난 한 달은 그의 어깨를 축 처지게 했다.

"영미죠? 이곳 일은 저에게 맡기고 오늘은 그만 들어가세요."

연구원 혜숙이 손짓을 거듭했다.

"영미가 힘들어할 시기예요. 고3이잖아요."

"아니야, 세포 분리 끝나는 것 보고 가야지. 혜숙이가 먼저 가야 하는 거 아니야?"

"그런데, 언니 혈액에서 바이러스가 지금도 검출되나요? 한 달이나 지났는데."

혜숙은 수연을 언니라 불렀다. 대학 후배이기도 하지만 수철 연구실에 연구원을 구할 때 먼저 추천한 것도 수연이었다. 혜숙이 온 후로 연구실은 자주 웃음소리가 들렸다.

"그러게. 바이러스가 뇌세포, 폐 세포에서도 발견된다는데 이상해. 보통은 한 달이면 모두 사라져야 하는데."

수철의 눈썹이 미세하게 움직였다. 한 달이 지나도 사라지지 않는 바이러스. 이런 경우는 많지 않다.

연구원 혜숙이 세포 분리기의 황색 미세튜브들을 모아서 냉동고에 집어넣었다.

"오늘은 저 태워 주지 말고 바로 집으로 가세요. 영미가 기다릴 거예요."

"아니야, 가는 길이니까. 어서 가자고."

그 순간 미세튜브를 보던 수철의 뇌리가 반짝였다. 혹시 수연의 바이러스가…. 자연적인 게 아니라면? 누군가 의도적으로 만든 것이라면?

수연의 혼수상태가 한 달 이상 계속되자 수철이 집에 들어가는 시간이 점점 늦어졌다. 수연이 없는 텅 빈 집의 어둠이 싫었다. 다른 연구원들은 6시면 모두 퇴근했다. 혜숙이 세포 분리 작업을 하느라 늦어지기도 했지만, 둘만 있는 시간은 조금씩 늘어났다.

밤 11시가 조금 넘어서 딸 영미가 들어왔다.

"아빠, 또 그 동영상 보고 있어? 닳아 없어지겠다."

"네 엄마가 저러고 누워 있으니 자꾸만 목소리가 잊히는 것 같아서."

"아빠가 최고 의사인데 뭘 걱정해. 이제 뇌 수치도 정상으로 내려왔다면서? 곧 깨어나실 거야."

영미가 아빠 옆에 앉으며 말했다.

"깨어나면 내가 엄마한테 이야기할 거야. 아빠가 엄마 목소리 하도 많이 들어서 동영상 속 대사를 줄줄 외운다고."

동영상 속에서 어릴 적 영미와 수연이 개울가에서 놀고 있다. 물을 끼얹는 수연과 깔깔거리는 영미. 엊그제 일인 것 같은데 지금 이 자리에 수연은 없다.

"이제 수능이 2개월 남았는데 엄마가 얼른 일어나면 좋겠다. 그래야 날 응원해 줄 거 아냐?"

늘 매사에 자신 있던 영미가 엄마 이야기를 하는 걸 보니 이 아이도 힘들구나 싶었다.

"아빠, 그런데, 그 세포끼리 이야기한다던 논문, 외국에서는 노벨상감이라고 했다면서?"

영미의 목소리가 조심스러워졌다.

"왜 국내에서는 별 이야기가 없어? 나 친구들에게 자랑했는데."

영미 이야기에 수철의 얼굴에 그림자가 졌다.

"아, 너무 심각하게 생각하지 마, 아빠."

영미가 애써 밝게 웃으며 말했다.

"노벨상은 안 받아도 돼. 엄마만 빨리 깨어나면 돼. 그럼 매일 늦게 들어오는 것도 다 용서해 줄게."

애써 즐겁게 이야기하려는 영미 모습을 보고 수철이 가벼운 안도의 숨을 내쉬었다.

"그래, 노벨상은 관심 없어. 엄마 빨리 깨어나고 너 수능 잘 보면 그거로 돼. 얼마 안 남았으니 파이팅, 오케이?"

응급실 최만수 실장이 심장 마비 환자를 응급처치하고 커피 머신으로 갔다. 그곳은 인턴, 레지던트들의 휴식 장소였다. 종이컵에 커피가 졸졸 채워지는 동안 뒤편에서 낮은 목소리가 들렸다.

"야, 너 그거 들었어?"

키 작은 인턴이 주위를 둘러보며 속삭였다.

"뭔데?"

"김수철 교수 말이야. 《사이언스》 잡지 논문이 이상하대."

"뭐? 그 표지 논문? 왜, 뭐가 이상한데?"

"실험 데이터가 조작되었다는 거야."

인턴의 목소리가 더욱 낮아졌다.

"조작? 누가 그러는데?"

"연구원들 사이트 '브릭'에 익명 글이 올라왔대. 양심에 찔려서 고백한다고. 김 교수가 시켜서 세포전달물질 수치를 조작했다는 거야."

최 실장의 손이 굳어졌다. 커피가 종이컵 밖으로 넘쳐흘렀다. 키 큰 인턴이 고개를 갸우뚱했다.

"김 교수가? 진짜로? 야, 이걸 믿어야 할지 모르겠다."

키가 큰 인턴은 고개를 갸우뚱했다.

"왜? 뭐, 김 교수는 욕심 없겠어? 조금 있으면 노벨상 추천 위원회가 열리잖아. 거기에 이름 올리고 싶겠지, 뭐."

키 작은 인턴이 어깨를 으쓱했다.

"사실이면 표지 논문 철회될걸? 옷 벗어야 할 테고."

그 소리를 듣던 최 실장이 커피 넘치는 것도 모른 채 서둘러 응급실로 들어갔다. 전화기를 든 그는 김 교수 번호를 누르려다 그만두고 혜숙의 번호를 눌렀다.

실장의 말을 들은 혜숙이 한동안 말이 없다가 깊은 한숨을 내쉬었다.

"선배, 선배는 그 말을 믿어? 데이터 하나하나 내가 점검했다고. 어떤 놈이 무슨 자백을 했다는 거야?"

혜숙의 목소리가 떨리기 시작했다.

"백 명을 붙잡고 물어봐, 김 교수가 그럴 사람인가. 누군가 김 교수 물 먹이려고 하는 거지."

혜숙의 주먹이 무의식적으로 쥐어졌다. 1년 동안 함께 연구하며 본 수철의 성실한 모습이 눈앞에 선명했다.

"알아, 나도 그런 사람 아니라는 건. 그런데 과학 하는 사람에게 이건 치명타야."

연구원 혜숙의 이야기를 들은 수철이 손가락으로 책상을 톡톡 치기 시작했다. 일이 안 풀리거나 어려운 상황이 되면 나오는 버릇이다. 의식 없이 누워 있는 수연, 게다가 논문 조작 이야기까지. 두 가지 악재가 한꺼번에 밀려온 거다.

"이상한 건, 글 올린 사람이 암 관련 연구자인데 우리 연구실 사람은 아닌 것 같다는 거예요."

혜숙이 눈을 찌푸리며 말했다.

"우리 방 연구원 열 명 중에 그런 사람이 있을 수는 없잖아요. 어떻게 그런 무서운 일을 꾸미겠어요?"

혜숙의 얼굴이 붉어지며 입술이 떨리기 시작했다. 목소리는 점점 날카로워진다. 이렇게 화가 난 혜숙은 처음 본다. 논문 조작보다도 수철에게 누군가 몹쓸 짓을 하는 것에 대한 분노가 이렇게 클 만큼 저를 믿고 있다는 이야기가 아닌가.

수연이 이보다 더 큰 믿음을 보여 주었는가. 수철은 혜숙과 눈이 마주치자 얼른 눈을 돌린다. 점심시간의 일을 혜숙에게 이야기하면 가슴속 덩어리가 없어질까?

오늘 점심시간 병원 내 식당. 수철이 식판을 받아 들고 구석으로 가는 도중, 문이 조금 열린 별실 안의 대화가 들려왔다.

"내가 말했지? 김 교수 말이야.《사이언스》잡지 표지 논문 냈다고 그렇게 뻐긴다고 했잖아. 그런 사람이 제 마누라 하나 치료 못 하고 혼수상태로 만드냐고."

목소리에 비웃음이 섞여 있었다.

"세포들이 SNS 문자 보낸다고? 소가 웃을 일이야. 마누라는 말도 못 하고 뻗어 있는데."

'마누라도 치료 못 하는 의사'라는 말에 수철의 가슴이 미어진다. 틀린 말이 아니었다.

식판을 든 손에서 힘이 빠져나갔다.

"그 친구 나온 데가 어디지? 아, 청경 대학이지. 지방의 후진 대학이니 후진 이야기가 나오지. 콩 심은 데 콩 난다는 말이 맞아."

방 안에서 이야기가 계속되었다.

"노벨상 추천 위원회에 내가 아는 사람이 들어가 있는데…. 과학자가 논문 조작이면 이미 끝난 거지."

다른 사람이 거들었다.

"조작 여부를 밝히려면 시간이 걸릴 터인데. 그런 사람을 노벨상 후보에 넣을 수는 없잖아. 김 교수는 이제 날 샜네!"

"그럼, 그다음 후보가 누구야? 병원장 정 교수 아닌가? 운도 좋네, 그 친구."

구석에 있던 한 사람이 나섰다.

"저희 졸업 동기들은 똘똘 뭉쳐 다닙니다. 골프도 한 달에 두 번씩. 유 돈 병원장이 통 크게 가끔 쏘기도 하고요."

그가 흐뭇하게 웃었다.

"그런 날은 2차, 3차로 밤새우지요."

수철이 식판을 들고 그대로 퇴식구로 향했다. 먹지도 않은 음식을 털어 넣는 그의 손이 떨리고 있었다. 유돈을 중심으로 한 패거리들 한가운데 미운 오리 새끼 한 마리가 바로 자기 모습 같았다.

미운 오리. 하지만 어둠 속에서 독수리들이 연약한 새끼를 노리고 있다는 걸, 무력한 그는 꿈에도 몰랐다.

3
세포들의 수다: SNS 칩

　수철이 7층 연구실 창문에 서서 1층 수연 병실을 바라본다. 불이 환한 병실에 누운 수연 모습이 여기서도 보인다. 벌써 한 달째. 뇌 염증 수치가 가라앉았는데도 의식은 돌아오지 않는다.

　'염증과는 관계없는 무엇이 뇌간을 누르고 있는 걸까?'

　뇌 CT와 MRI 상으로는 부종이나 종양이 보이지 않았다. 눈에 띄는 종양이 한 달 만에 생길 수는 없다. 아니다. 바이러스가 조직적으로 무언가를 만들어 내고 이게 수연 뇌를 압박한다면 지금처럼 혼수가 올 수가 있다.

　수철이 수연의 검사 결과를 보더니 책상을 톡톡 쳤다. 수연의 몸이 급속도로 가라앉고 있다. 세포가 죽으면서 내놓는 지표 물질들이 급증했다. 왜 갑자기 세포들이 맥을 추지 못하고 죽어 나가는 걸까. 특히 골수 부분이 심각한 수준이다. 새로운 백혈구를 만들어 내야 하는데 이 수치가 완전 바닥이다. 수연 몸에 무슨 일이 생겨서 초토화된 걸까. 이런 상태면 수연이 오래 버틸 수 없다.

이게 자연적일 수는 없다. 바이러스와 관련이 있다. 그럼, 자연적인 바이러스가 아니라 인위적으로 조작된 것이란 말인가? 답을 줄 수 있는 건 오직 수연 몸속 세포들뿐이다. 세포 사이에는 소통 물질이 SNS처럼 오가는데, 그걸 해석하면 몸속 상태를 알 수 있지 않을까?

누군가 책상 앞에 서 있는 걸 발견하고 수철이 고개를 들었다. 연구원 혜숙이다. 10원 동전 크기의 '세포 SNS 칩'을 들고 있다. 혈액 내에는 백혈구, 적혈구 등 다양한 세포들이 있다. 이걸 미세한 펌프로 SNS 칩에 보낸다. SNS 칩은 10원 동전 크기만 한 투명 플라스틱이다. 머리카락보다 가는 관들을 뚫어 서로 연결했다. 교도소 복도 같다. 가운데 큰 통로가 있고 양옆으로 독방들이 늘어서 있다. 가운데 통로에 세포들을 한 줄로 세워 통과시키면서 하나씩 빈방으로 보낸다[4]. 반도체 제작에 비하면 어렵지 않은 일이다. 세포들 사이 대화를 해석하는 'SNS 칩'. 첫 번째 대상자는 당연히 수연이다.

수철이 현미경 앞으로 다가가 앉았다. 현미경 아래 10원 동전 크기의 투명 플라스틱 칩이 놓여 있다. 확대해 보면 동전 내부에 서로 연결된 수십 개 미세관들이 보인다. 초점을 조절하자 투명 플라스틱 속 조그마한 방들이 여러 개 보인다. 배율을 높이니 방 하나마다 세포가 하나씩 들어가 있다. 백혈구다.

"이게 백혈구 중의 전투병, 호중구, 맞지?"

수철이 현미경을 들여다보며 혜숙에게 물었다.

"어떤 건데요?"

혜숙이 바짝 다가왔다. 의자에 앉은 수철과 몸을 기울인 혜숙이 자연스럽게 가까워졌다. 수철의 어깨에 혜숙의 허리가 겹쳤다. 밤 열 시가 넘은 실험실에는 다른 아무도 없다. 얼마를 지났을까. 문 쪽에서 인기척이 나더니 급한 발걸음 소리가 멀어져 갔다. 그 소리에 두 사람이 몸을 반듯이 세웠다.

영미는 지금 본 광경을 믿을 수가 없다. 아무도 없는 곳에서 두 사람이 안고 있는 모습. 그게 아빠와 혜숙 언니라니. 혜숙 언니는 엄마와도 잘 아는 사이다. 집에도 왔었다. 조용하고 잘 웃는 모습이 엄마를 닮았다. 그런데 오늘 밤 열 시가 넘어선 이 야밤에….

밤 9시. 학교 야간 자습이 끝나고 버스를 타려던 영미는 문득 엄마가 보고 싶어졌다. 응급실에 있을 때는 거의 매일 엄마 옆에 붙어 있었지만, 입원실로 옮긴 이후는 이삼일에 한 번씩만 찾아갈 수 있다. 하지만 서로 이야기할 수 없는 엄마와의 시간은 고통이었다. 바로 깨어날 줄 알았는데 시간이 길어지면서 걱정이 커졌다. 수능이 한 달 앞으로 다가왔는데 성적이 나오지 않는 과목들이 늘어나고 있다. 엄마 침대 옆에서 영미는 걱정들을 털어놓곤 했다.

"엄마, 이제는 좀 일어나면 안 돼? 벌써 한 달째잖아. 뇌가 부은 것도 가라앉았다면서. 왜 못 깨어나?"

영미의 목소리가 떨렸다.

"나 지금 힘들어. 아빠는 매일 밤늦게까지 병원에 있고, 집에 가면 아무도 없고."

"수능이 한 달 남았는데 성적이 잘 안 나와. 전에는 아빠처럼 의사가 되고 싶었는데 지금은 잘 모르겠어. 매일 밤늦게까지 일하는 아빠를 보니 자신이 없어."

영미가 엄마의 손을 꼭 잡았다.

"전에는 그래도 괜찮았지. 아빠가 주말에는 같이 놀러도 가고 떡볶이도 먹으러 가고. 그런데 지금 아빠는 완전 폐인이야. 웃지도 않아. 난 너무 힘들어. 그냥 일어나면 안 돼?"

이렇게라도 털어놓으면 그래도 좀 나았다.

밤 9시. 영미가 학교 자습실에서 가방을 둘러메고 일어났다. 오늘은 아빠 연구실에 들러서 같이 갈 생각이다. 영미가 보낸 카톡을 아빠는 아직 확인하지 않았다.

병원 뒤쪽 7층 실험실에는 불이 켜져 있고 문이 약간 열려 있다. 문을 밀고 들어가려는 순간, 영미가 멈칫했다. 연구실 왼쪽 어두운 구석에 몸을 맞댄 두 사람이 보였다. 놀란 영미가 뒤로 물러났다. 아빠 어깨는 혜숙 언니 허리와 닿아 있고…. 영미가 뒷걸음질로 실험실에서 멀어져 엘리베이터로 달려갔다.

집으로 가는 버스 안에서 영미는 먼 곳만을 응시했다. 누워 있는 엄마가 내려다보이는 그곳에서 어떻게 그럴 수가 있을까. 그것도 엄마의 후배와. 이제는 더 이상 믿을 사람도 없다. 엄마는 벌써 한 달째 의식이 없다. 모든 게 싫어졌다.

'그래, 가 버리자.'

영미가 집에 도착하자마자 짐을 챙겼다. 집을 나섰다. 밤 11시가 넘은 거리는 조용했다. 영미가 터덕터덕 걷기 시작했다. 차가운 밤바람이 영미의 뺨을 스쳤다. 갈 곳도 없이 거리를 헤매는 자신이 처연했다. 하지만 돌아갈 수는 없었다. 그 집에는 더 이상 가족이라 부를 수 있는 사람이 없었으니까.

현미경으로 SNS 칩을 관찰하던 수철이 엘리베이터 쪽 인기척 소리를 듣고 몸을 반듯이 세웠다. 누군가 급히 돌아가는 것 같았다.

'이 시간에 누가?'

그때 스마트폰 카톡을 본 수철이 딸의 메시지를 보고, 밖에 있던 사람이 영미일지 모른다고 생각했다.

'그런데 왜 그냥 갔을까?'

서둘러 복도에 갔지만 엘리베이터는 이미 1층에 멈춰 있고, 주차장을 건너 뛰어가는 영미의 모습이 보였다. 전화했지만 영미는 답이 없다. 요즘 수능 때문에 신경이 날카로워진 영미다.

"영미가 들른다고 했는데, 왔다가 그냥 가 버렸네. 전화도 받지 않고."

수철의 말에 혜숙이 무슨 일인지 금방 알아차렸다. 수철과 혜숙이 현미경을 사이에 두고 붙어 있는 모습을 영미가 본 것이다. 혜숙의 가슴이 철렁 내려앉았다.

'지금같이 힘든 시기에 딸마저 멀어진다면 김 교수님은 무너질 것이다. 나라도 이 사람을 지켜야 한다.'

혜숙이 속으로 정리한 내용을 말했다.

"너무 걱정하지 마요. 저도 고등학생 때 가출한 적 있는데요, 뭘. 그 나이에는 다 예민하게 느끼잖아요. 수능이 코앞인데 엄마는 누워 있고. 조금 바람 쐬고 돌아다니다 보면 돌아올 거예요."

혜숙이 아무 일도 아니라는 듯 시원시원 이야기한다. 혜숙의 톤 높은 목소리가 마음을 진정시켰다.

영미가 집을 나간 후 수철이 여러 번 전화했지만 받지 않았다. 벌써 3일째. 어디에서 무얼 하고 있는 걸까. 수철이 문자를 남겼다.

'인제 그만 돌아다니고 집으로 와라. 네가 옆에 있어야 내가 힘을 낼 수 있을 것 같다.'

하지만 아무런 답신도 받지 못했다. 혜숙의 말처럼 수능을 앞둔 고3의 짧은 방황이라고 치고 기다려야 했다.

의식 없는 수연의 뇌부종 수치가 급격히 높아졌다. 수철은 시간이 많지 않음을 알았다. 뇌부종이 심해져서 뇌간을 압박하는 건 시간문제다. 금방 죽을 수 있다. 수연 몸속 세포들의 소통 물질을 조사한다면 현재 상태를 가장 정확하게 알 수 있고, 치료 방법도 찾을 수 있을 것이다.

공대 공동 연구팀이 만든 SNS 칩은 잘 진행되고 있다. 뇌세포와 면역세포들을 머리카락보다 가는 관을 통해 분리해서 각각의 방에 넣고 한 개 세포가 만드는 소통 물질을 측정하기 시작했다. 이제 이것들을 해석하는 방법만 완성한다면 세포 간 대화를 들을 수 있다. 이제 조금만 더 하면 된다. 그러면 수연을 살릴 수 있다. 수철이 집에 들어가는 시간은 점점 늦어졌다.

최 실장이 교통사고 환자의 응급처치를 끝내고 커피를 뽑아 들고 응급실 뒤편으로 나갔다. 커피 머신 앞에 인턴 셋이 모여있다. 삼경 의대를 갓 졸업한 새내기들이다. 짧은 머리가 안경 낀 인턴에게 이야기한다.

"김 교수님 말이야. 요즘 거의 폐인이 되어 간다면서? 사모님이 응급실에 실려 온 이후로 치료 방법 찾는다고 거의 밤새우다시피…."

짧은 머리가 고개를 흔들었다.

"보기 안됐어…. 김 교수님, 의대 강의 때 유명했잖아. 세포들끼리 SNS 한다고. 뭔 귀신 씻나락 까먹는 소리인가 했지. 요즘 별명이 '무당'이라며?"

안경 낀 인턴이 커피를 홀짝이며 거들었다.

"나도 기억나. '인터페론' 있잖아. 그게 바이러스에 감염되어 죽어 가는 세포가 다른 이웃 세포들에 보내는 SOS 신호라며? 그걸 받은 다른 세포들은 바이러스 못 들어오게 문 걸어 잠그고."

곱슬머리 인턴이 커피잔을 쓰레기통에 던지며 이어 갔다.

"그래도 압권은 죽은 사람에게 주어진 노벨상 이야기지. 그 이야기 듣는 순간, 김 교수님이 떠오르더라고."

"떠오르다니, 그게 무슨 소리야?"

"김 교수님 같은 분이 노벨상을 타야 한다는 이야기지. 췌장암 말기 의사 이야기, 기억나?"

"아, 그래. 자기가 췌장암 말기인데 자기 몸속에서 필요한 세포들을 모두 내줄 테니 나 죽은 후라도 마음껏 연구하라던 그 과학자. 죽은 지 3일 뒤에 노벨상이 집에 도착했다고 했잖아."

최 실장의 손이 커피잔을 쥔 채 굳어졌다. 인턴들의 대화가 마치 수철의 미래를 예언하는 것 같았다.

"이번 김 교수님의 《사이언스》 표지 논문이 노벨상감이라며? 그런데 그게 가짜 데이터라고 누가 고발 사이트에 올렸다니…."

그가 목소리를 낮췄다.

"이 정도면 김 교수님은 죽은 거나 마찬가지 아냐? 다 죽여 놓고 나중에 조사해 보니 조작이 아니더라고 하면, 그가 살아나나? 죽은 다음에 노벨상 받으면 뭐 하냐고!"

"대학 차원에서 조사를 곧 시작한다며? 그런데 조사 위원장에 대해 말이 많더라. 논문 실적이 거의 바닥인 교수래. 연구는 안 하고 밖으로만 돌아다니는…."

"그럼, 정유돈 병원장과 짬짜미구먼."

"그렇지, 같은 대학 1년 후배이고 재단 직책을 맡고 있다지."

"데이터 조작이 사실이라면, 김 교수님은 옷을 벗어야 할 거야."

짧은 머리가 어깨를 으쓱했다.

"사실 여부를 떠나서 이미 죽은 거나 다름없지. 연구자에게 가장 치욕적인 데이터 조작이라니. 그나저나 김 교수님은 그런 건 신경도 못 쓰고 있나 봐. 매일 연구실에 박혀서 부인 살릴 생각만 하고 있는가 보더라고."

세 인턴이 커피잔을 쓰레기통에 던지고 병원 안으로 들어갔다. 그들의 이야기를 듣던 응급실 최 실장이 한숨을 내쉬고는 응급실로 발길을 돌렸다.

'김수철은 절대 그런 사람이 아니다.'

그렇다면 이 모든 음모의 배후에는 누가 있을까? 최 실장이 병원 꼭대기 층 병원장실을 올려다보았다.

수연에게 주어진 시간이 얼마 없음을 알고 수철은 밤을 지새우며 SNS 칩을 만들었다. 첫 단계로 여러 종류 세포가 섞인 액체를 머리카락만 한

관으로 통과시켰다. 세포 하나가 지나가면 초정밀 카메라로 측정해서 미세펌프로 옆방에 밀어 넣는다. 이렇게 각각의 세포들을 분리해서 독방에 집어넣는 것은 성공했다.

다음은 하나의 세포가 내보내는 신호 물질인 사이토카인 종류와 양을 측정해야 했다. 방법은 간단했다. 신호 물질에 달라붙는 항체(면역세포가 만드는 단백질: 목표 단백질에 달라붙음)의 종류와 양을 측정하면 된다. 수철과 혜숙 그리고 열 명의 연구원이 달라붙어 이 작업을 마무리했다. 이제 실제 혈액으로 실험해 보면 된다. 하루 세 시간도 못 잔 수철의 눈에는 핏발이 서 있었다. 하지만 이제 마무리만 하면 된다. 그러면 수연을 살릴 수 있다.

수철이 수연의 입원실로 향했다. 밤 10시가 넘은 이 병실은 다른 방과 달리 환하게 불이 켜져 있다. 수연은 의식이 없으므로 취침 시간에도 불을 끄지 않기 때문이다. 병실에 들어선 수철이 수연의 손을 잡았다. 따뜻하다.

'조금만 참아. 내가 널 깨어나게 해 줄게.'

수철이 모포를 덮어 주고 있을 때 혜숙으로부터 전화가 왔다. 공대 차 교수팀이 도착했다는 거다. 차 교수는 수철의 고등학교 동기다. 수철이 공대 차 교수에게 제안한 것은 AI 사용이다. 먼저 SNS 칩으로 세포 하나를 독방에 분리한다. 이어 독방에 바이러스를 주사해서 그 세포를 감염시킨다. 세포는 '나는 감염되었다. 너희들은 조심해라.'라는 수십 개의 소통 물질(사이토카인)을 내보낸다. SNS 칩으로 그 수십 개 소통 물질 종류와 농도를 측정한다. 이 빅데이터를 AI로 변환시키면 세포들의 이야기를 음성으로 들을 수 있다는 거다.

"그건 식은 죽 먹기야."

수철의 이야기를 들은 공대 차 교수가 말했다. 1개 세포가 만드는 사이토카인 종류만 100개가 넘는다. 복잡한 만큼 다양한 상황을 AI로 해석할 수 있다.

실제로 바이러스에 감염된 세포들을 살펴봤다. 놀라운 일들이 벌어졌다. 바이러스 하나를 폐 세포에 감염시키자 폐 세포는 6개 소통 물질을 만들고 그중 4개는 옆 세포에 전달하였다. 그러자 옆 세포는 침입자 바이러스가 들어오는 대문(수용체: 소통 물질을 받는 안테나)을 없애 버렸다. 아예 못 들어오게 문을 걸어 닫은 셈이다.

공대 차 교수가 모니터 화면을 가리키며 감탄했다.

"이건 완전히 전쟁터야. 세포들끼리 실시간으로 정보를 주고받고 있어."

더 놀라운 건 감염된 세포의 행동이다. 6개 중 나머지 2개의 신호로 스스로 자폭 명령을 내렸다. 터져 죽어서 바이러스 전파를 막겠다는 거다. 바이러스는 폐 세포에 침입하면 폐 세포의 모든 기구를 이용해서 바이러스 숫자를 백배로 늘린다. 성안에 침입한 적군이 성내 시설을 이용해 무기를 생산하는 것과 같다. 세포는 이걸 막기 위해 주위 친구 세포들에 경고하고, 스스로는 논개처럼 적장을 안은 채로 자폭한다. 이걸 본 수철의 가슴이 뛰었다. 이것이야말로 수연의 몸속에서 벌어지고 있는 진짜 전쟁의 모습이었다. 이제 적의 정체를 알 수 있을 것이다.

세포에서 6개의 물질이 검출된다면 AI는 다음처럼 해석할 것이다.[5]

'나 폐 세포는 바이러스에 감염되었다. 감염된 나는 좀비가 된다. 하기 싫어도 내 DNA 공장을 돌려서 새끼 바이러스들을 만들어야 한다. 유일한 방법은 자폭이다. 자폭 스위치는 'TP53', '수호 유전자'다. 나는 이 유전자 스위치를 켜서 자폭 장치를 작동시켰다. 그사이 옆 동료 세포들에 마지막 SNS를 보낸다. 「침입자 바이러스의 침입 문을 걸어 잠그라. 그래야 우리 폐 조직이 살아남을 수 있다.」'[6]

공대 차 교수의 AI 설명을 들은 수철이 손뼉을 쳤다.

"역시 차 교수는 고수야. 이렇게 어려운 일을 간단히 해치우다니."

차 교수가 손사래를 쳤다.

"무슨 말이야. 우리 고등학교 때 자네 머리를 따라갈 사람이 누가 있었나? 세포들끼리도 SNS를 한다고? 역시 '천재 김수철'이다 생각했지. 노벨상 받을 사람은 자네야. 그런데 자네 집사람이 여기 병원에 입원해 있다면서?"

수철이 집사람 이야기가 나오자 다시 침울해졌다. 수연을 살리는 방법은 어서 SNS 칩을 완성하는 일이다. 수철은 요즘 연구소 분위기가 무거워진 걸 알고 있었다. 연구원들은 최근 불거진 논문 조작 사건으로 침울해 있다. 연구소 분위기를 바꿔야 한다. 혜숙이 수철을 대신하여 이야기했다.

"논문 조작 건은 여러분이 나보다 더 잘 알 겁니다. 우리가 어떻게 밤새웠고, 어떤 데이터를 얻었는지를…. 기죽지 말고 우리가 하려는 일을 해 나가자고요."

연구실 안에 조용한 침묵이 흘렀다. 열 명의 연구원 눈에서 의지가 번뜩였다. 혜숙이 SNS 칩을 조용히 들어 올렸다.

"세포들의 소리를 그들에게 들려주는 것, 그게 최상의 답인 걸 잘 알지요?"

연구원들이 고개를 끄덕인다. 수철이 손뼉을 짝짝 친다.

"그래! 우리 한번 해 보자고."

수철이 퇴근해서 아파트 문을 열었다. 반기는 수연과 재잘거리는 영미가 없다. 적막강산이다. 벌써 일주일째. 영미는 지금 어디에 있는가. 스마트폰 전원은 켜져 있고 보내는 메시지도 보고 있다. 영미는 만 18세 성인이라 실종 신고를 하지도 못한다.

텅 빈 집에 들어선 수철이 영미의 방으로 향했다. 영미 방은 일주일 전과 같다. 왼쪽 갈색 옷장 문은 그대로 열려 있고, 가운데 책상 위의 수능 대비 참고서는 펼쳐진 상태다. 수철이 영미의 PC를 켰다. 바탕화면 제일 상단에는 'Z' 모양의 로고가 보였다.

'아. 이게 청소년들이 요즘 많이 한다는 메타버스 프로그램이구나.'

프로그램에 들어가자, 영미가 친구들과 채팅하고 만들었던 집 모양이 나타났다.

'영미 하우스'라고 이름을 붙인 집 내부로 들어갔다. 출입문을 열자, 좌측 부엌에 수연이 보인다. 수연은 요리하고 있다. 영미가 좋아하는 치즈볶음밥을 준비하고 있다. 거실 소파에는 책을 읽는 수철이 보인다. 제목이 보인다. 《암의 기원》이다. 거실 오른쪽에는 크리스마스트리가 있다. 작년 크리스마스 저녁 모습이다. 그날은 치즈볶음밥을 먹고 세 사람이 동영상을 보았다. 용평으로 스키 타러 간 날의 동영상. 그게 세 사람이 최근 들어 처음 같이 놀러 나간 때다.

수철은 '제페토' 프로그램 속의 영미 닮은 소녀를 보자 심장이 천천히 조여드는 듯 숨이 턱 막혔다. 연구에 몰려 시간을 못 내고 겨우 하루 놀러 간 것을 영미는 가장 행복한 집안 모습으로 꾸며 놓은 것이다.

'나는 괜찮아, 엄마 어서 낫고 아빠 하는 일 잘 되면 나는 바랄 게 없어.'라던 영미다.

영미가 바라던 예전의 집안 모습을 빨리 되찾아야 한다. 수철의 마음이 바빠졌다. 영미와 다른 친구들의 아바타 모습을 유심히 쳐다보던 수철의 눈이 반짝 빛났다.

'여기 등장하는 아바타들을 인체 내의 세포들과 연결하면 어떨까. 그러면 좀 더 정확하게 인체 내 세포들의 활동을 3D로 구현할 수 있지 않을까?'

될 수 있을 것 같았다. 마음이 급해졌다. 이런 PC 게임은 혜숙이 더 잘알 수 있지 않을까. 수철이 혜숙에게 전화했다.

"김 교수님, 이 밤중에 무슨 일이요? 영미가 연락됐어요?"

수철이 그제야 시간이 밤 12시가 다 되어 간다는 걸 알았다.

"아, 너무 늦게 전화했네. 이왕 늦은 김에 하나 물어보자고. 제페토 프로그램 같은 메타버스를 사용해서 세포들을 아바타처럼 연결해서 쓸 수 있을까?"

쏜살처럼 내뱉는 수철의 말에 혜숙이 미소 지었다.

"교수님. 영미가 멋진 선물을 주었네요. 각 세포에 여러 색의 형광물질을 붙이면 마치 아바타처럼 만들 수 있어요. 이 세포들이 만들어 내는 신호 물질을 AI로 해석하면 인체 속의 세포들을 우리들과 1:1로 연결할수 있어요."

"그럼, 마치 영화 《아바타》처럼 사람 한 명과 세포 하나가 1:1로 연결된다는 이야기네."

드디어 마지막 단추를 끼울 방법을 찾은 건가. AI-아바타-메타버스로 연결되는 인체 세포와의 소통 장치. 이제 수연의 세포와 소통하는 날이 얼마 멀지 않았다.

주먹을 불끈 쥔 수철이 내일이라도 당장 이 계획을 수연에게 적용해야겠다고 마음먹었다. 새로운 방식이니만큼 환자에게 적용하려면 병원의 승인을 받아야 한다.

"내일 병원장에게 이런 계획을 알리고 바로 승인 절차를 진행해야겠네. 혜숙이가 간단히 보고서를 만들어 주지."

그 말을 들은 혜숙이 잠시 말이 없다.

"김 교수님. 이걸 꼭 보고해야 하는가요? 환자 몸에 새로운 약을 주사하는 것도 아니고, SNS 소통 칩을 장치해서 AI-메타버스 PC와 연결하는 것뿐인데요."

"왜? 이걸 알리면 안 되는 이유라도 있나?"

수철의 질문에 혜숙이 머뭇거렸다. 유돈 병원장의 차가운 미소가 떠올랐다.

"세부 내용은 병원장님에게 나중에 알리는 것이 어떻겠어요? 그룹 기획실에서 저희가 하는 일을 아주 세부적인 것까지 알고 있는 것이 맘에 걸리네요."

혜숙의 말에 수철이 고개를 갸우뚱한다.

"웬걸, 전번 병원장 초청 만찬에서도 정 원장이 내 연구를 공개적으로 지지하지 않았나. 일단 지금까지 상황을 이야기해서 수연이의 치료를 최대한 빨리 시작하고, 필요시 다른 의사들의 지원도 받아야지."

수철은 하루라도 빨리 일을 시작해야 한다는 마음에 급했지만, 혜숙은 그룹 기획실이 왜 이 연구에 많은 관심을 가질까 궁금했다. 무엇보다 혜숙은 유돈의 유들유들한 얼굴에 믿음이 가지 않았다.

혜숙의 직감은 놀라울 만큼 정확했다.

4
한강 비밀연구소

병원응급실 입구를 지나 왼쪽으로 돌아서면 6개 병실이 차례로 보인
다. 제일 마지막 방, 6호실이 수연의 방이다. 입구 좌측에 잎이 누렇게 변
한 화분이 하나 있을 뿐, 복도는 조용하다. 의식 불명 장기 환자들이 대부
분이다. 수철이 있는 7층 연구실에서는 6호실 불빛이 환히 보이지만, 복
도 끝쪽에 있어서 응급실에서는 잘 보이지 않는다. 수철은 거의 매일 이
곳을 들른다.

'이제 거의 다 되었어. 수연이를 구할 수 있어.'

'SNS 칩'을 현미경으로 들여다보던 수철의 손끝이 흥분으로 떨린다.
엄마가 깨어났다는 소식을 들으면 가출한 영미도 집으로 돌아올 것이다.
적막강산이던 빈집에 다시 김치찌개 냄새와 영미의 깔깔거리는 소리가
가득할 것이다.

수철은 연구실을 나와 7층 엘리베이터 앞에 섰다. 오늘 오후 유돈 병

원장과의 통화는 병원장 만찬 이후 처음이다.

"오, 김 교수, 오랜만이야. 요즘 논문 사건 때문에 골치 아프겠네. 우리가 남인가. 그 정도는 내가 막아 줄 수 있으니까 걱정하지 말게."

유돈의 목소리가 끈적했다.

"아, 그리고 세포 소통 칩은 잘 되어 가고 있다며? 그걸 메타버스 방법으로 실시한다고? 역시 김 교수는 천재야."

수철이 고개를 갸우뚱한다.

'어떻게 이 친구가 SNS 칩에 메타버스 사용하려는 걸 벌써 알지? 어젯밤 혜숙과 메타버스 아이디어를 나누었고, 오늘 병원에 임상 연구 승인 신청서를 작성하라고 했는데 벌써 병원장까지 보고가 되었다니 역시 혜숙의 일 처리가 빠르구나!'

수철은 감탄했다. 이제 병원의 임상시험 허가도 떨어질 것이다. 그러면 내일부터는 수연의 겨드랑이 림프절에 SNS 칩을 삽입하고 몸속 세포들을 메타버스 내에서 연결해 볼 수 있을 것이다.

7층 연구실에는 수철 혼자만이 있다. 오늘은 혜숙과 연구원들을 일찍 퇴근시켰다. 저녁 9시. 저 아래 수연의 입원실에 들르는 시간인 밤 10시까지는 아직 1시간이 남았다.

밤 10시가 되자 수철은 연구실을 나와 엘리베이터를 타고 정문 주차장에 내려섰다. 건너편 응급실의 붉은 간판이 보인다. 그곳으로 향하는 주차장 사이에 노란 줄이 쳐져 있는 바리케이드와 테이프가 둘러쳐져 있다.

'한밤중에 웬 공사?'

의아해하면서 주차장을 돌아 응급실 입구가 아닌 병원 후면 주차장 쪽으로 돌아갔다. 매일 응급실 입구를 통과하면 응급실 스태프들이 인사를 하는 통에 불편하기도 했다. 오늘처럼 조용히 후면 주차장 입구로 들어가는 것도 간편한 방법이다.

6호실 문을 열고 수연의 침대로 다가선 수철은 흐트러진 담요를 보았다. 간호사들의 야간 점검이 조금 전에 끝났을 터인데 왜 담요가 흐트러져 있을까. 욕창 방지를 위해 수연을 돌려 뉘느라 움직인 모양인가 보다. 수철은 수연의 손을 잡았다. 그 순간 수철의 손끝에서 이상한 감촉이 느껴졌다. 수연의 손이 평소보다 차가웠다. 맥박도 평소보다 빨라진 것 같았다.

'그래, 조금만 참아, 수연아. 내가 곧 너를 일어나게 해 줄게. 그러면 영미도 금방 집으로 돌아올 거야. 우리 다시 합치는 거야. 오늘 밤도 잘 지내, 안녕!'

수철은 6호실을 나오면서 좌측 응급실 쪽으로 가려다가 정문 주차장 공사 바리케이드를 생각해 냈다. 그는 우측으로 돌아서 병원 후문 주차장으로 통하는 문을 열었다.

수철은 전화벨 소리에 겨우 잠이 깼다. 아침 6시다.

'이 시간에 누구지?'

수철이 전화를 받았다.

"김 교수님, 저 응급실 최만수입니다. 아침 일찍 죄송합니다."

"오, 최 실장, 어제도 당직을 선 모양이지? 그래, 응급실에 내 환자가 왔어?"

최 실장이 잠시 머뭇거린다.

"응급실 환자가 아니라 6호실 간호사가 조금 전 저에게 왔어요. 김 교수님 사모님 상태가 안 좋으시다고."

"아니, 어제저녁에도 괜찮았는데, 갑자기?"

"제가 가서 보니까 수축기 혈압이 40만 잡히고, 심박수는 160, 체온이 40.3입니다. 속히 오셔야겠습니다."

"체온이 40.3?"

이건 지극히 위험한 수치다. 내가 갈 때까지 버틸 수 있을까.

수철은 침대에서 튕겨 나와 아파트 문을 열자마자 엘리베이터로 달려 나갔다. 아침 6시라 아직 차들이 많지 않았다. 수철은 액셀을 바닥까지 밟았다. 수연은 응급치료실로 옮겨져 있었다.

"아무래도 패혈증 쇼크 같습니다. 혈압 저하로 쇼크 방지를 위해 에피네프린 0.5를 주사했습니다. 그래도 혈압이 잘 오르지 않습니다."

수철은 수연의 손을 잡았다. 손이 뜨끈뜨끈하다. 침착해야 하지만 수연의 얼굴을 보자 가슴이 쿵쿵 뛴다. 수철의 입술이 바르르 떨렸다.

"최 실장이 베스트 응급의 아닌가. 어찌하는 게 좋겠는가?"

"쇼크 방지가 우선이라 에피네프린을 0.5 더 투여하고 심정지에 대비해야 할 것 같습니다. 그런데 한 달이나 입원해 있던 환자가 갑자기 쇼크를 일으키는 건 흔치 않은 경우입니다."

실장 말에 수철의 얼굴이 어두워졌다. 응급실장이 이렇게 말할 정도면 지금 상태는 상당히 심각한 것이다.

"쇼크가 혼수상태에서도 오는 경우가 많은가?"

"항생제라든가 뭔가를 투여했을 때 부작용으로 쇼크가 생기지 않습니까? 어제 그제 뭔가를 투여한 기록은 없는 것으로 나오는데요."

실장의 말에 수철의 얼굴이 굳어졌다.

"그래서 물어보는 거야. 지난 1주 동안 특별히 투약한 게 없는데 왜 이런 심각한 상태가 되느냐는 거지."

수철의 말이 채 끝나기도 전에 '삐삐' 경보 소리가 요란하게 울렸다.

"이런, 어레스트(심정지)입니다."

간호사 말에 수철은 누가 말릴 틈도 없이 수연의 침대에 올라가서 무릎을 꿇고 CPR(심폐소생술) 자세를 잡았다. 왼손을 편 상태로 손가락을 윗부분으로 당기고 손바닥 끝은 명치에 대었다. 이어서 오른손을 겹친 상태로 온몸을 실어 가슴을 누르기 시작했다. 빠른 속도로 5분을 압박해도 모니터에서 박동은 보이지 않는다. 수철은 압박하면서 에피네프린을 한 번 더 주사하라고 했다. 수철의 이마에서 땀이 비 오듯 쏟아져 내렸다.

수철이 압박하는 동안 최 실장이 제세동기를 준비하고, 양쪽 가슴에 패드를 붙였다. 수철이 압박을 멈추고 내려오자, 전기 충격을 가한다. 털썩, 수연의 가슴이 흔들렸다. 반응이 없다. 처음의 전기 충격에도 반응하지 않자, 실장이 두 번째 전기 충격을 준비했다. 수철은 다시 수연 옆으로 올라서서 수연의 가슴을 계속 압박한다. 수철의 이마는 이미 땀으로 범벅이다. 두 번째 전기 충격에 수연의 가슴이 다시 털썩 움직였지만, 모니터의 심장 박동은 역시 미동이 없다. 벌써 심정지가 온 지 10분이 지났다. 최 실장의 입술이 점점 굳어지기 시작했다. 간호사들이 서로를 바라봤다. 누군가가 작게 훌쩍거렸다.

이제 수철의 이마에서는 땀이 송골송골 떨어졌다. 최 실장은 마지막 전기 충격을 준비한다. 출력도 최대로 높인다. 수철을 바라보는 실장의 얼굴이 일그러져 있었다. 수철이 고개를 끄떡였다. 실장이 전기 패드를 대고 수철이 침대에서 내려왔다. 전기 스위치를 누르자 수연의 가슴이 더 크게 출렁인다. 하지만 심장 모니터는 그대로다.

수철이 다시 침대에 올랐다. 그의 얼굴은 땀인지 눈물인지 모를 것으로 뒤덮여 있다. 옆에 있던 실장이나 간호사들은 모두 고개를 떨구고 있었다. 응급실이 무거운 침묵에 잠겼다.

심정지가 온 지 20분이 지나가고 있다. 그러나 수철은 계속 누르기를 계속하고 있다. 실장이 머뭇거리며 수철의 옆으로 다가섰다. 그러고는 수철의 손을 잡았다. 압박을 계속하던 수철이 실장을 바라보더니 '왜 그러냐?'라는 얼굴이다. 실장이 고개를 떨구자, 수철은 압박을 멈추고 수연을 바라봤다.

수철의 손이 수연의 얼굴을 조심스럽게 어루만졌다. 그러고는 수연의 옷자락으로 가슴을 덮어 주고 침대를 내려왔다. 침대 옆에 선 수철이 수연의 손을 잡고 한동안 말이 없다. 수철의 어깨가 작게 떨렸다. 우측 상의의 펜 라이트로 수연의 동공을 비춘다. 가슴에 청진기를 대고, 손가락으로 경동맥을 확인한다. 시계를 본 수철이 조용히 말했다.

"정수연 씨, 20일 아침 7시, 사망하셨습니다."

수철의 목소리가 갈라졌다. 응급실에 정적이 흘렀다. 수철은 마지막으로 수연의 얼굴을 쓰다듬었다. 수철이 뒤돌아서서 소리 없이 걸어 나갔다.

연구실로 올라가자, 눈이 붉어진 혜숙이 문 앞에 서 있다가 수철의 손을 잡는다. 그러고는 흐느끼기 시작한다. 수철은 혜숙의 등을 가볍게 두

들긴다. 혜숙의 어깨가 작게 떨렸다.

"수연이가 뭐가 그리 급했는지 하루를 더 기다리지 못했네. 그동안 한 달을 기다렸는데. 괜찮아. 나는 괜찮아…."

수철의 담담한 말에 혜숙은 어깨를 들썩이며 울기 시작한다. 수철은 혜숙의 어깨에 손을 얹고 '괜찮아, 괜찮아.' 하면서 달래 주었다.

방으로 돌아온 수철이 털썩 자리에 앉는다. 사망 진단서를 쓰기 시작했다. 직접 사인은 '심정지'라고 세 글자를 써넣었다. 아니지. 이건 증상일 뿐이다. 다시 '병사'로 고쳤다. 이건 너무 일반적이다. 그 아래에는 사망의 구체적인 원인을 쓰게 되어 있다. 심정지의 원인이 무엇일까. 약물에 의한 과민 반응? 아니다. 열흘 전까지는 새로 처방한 약이 없다. 뇌부종이 커지면서 뇌간을 압박하여 체온 조절 시스템이 고장 난 걸까. 아니면 한 달간의 긴 입원으로 면역이 다운되어 코로나 같은 호흡기 바이러스가 사이토카인 폭풍을 일으킨 걸까. 하지만 수연은 입원실에만 있었고 어제까지만 해도 감기 기운은 전혀 없었다.

그럼, 무엇이 원인이란 말인가. 수철은 볼펜으로 톡톡 책상을 치기 시작했다. 뭔가 앞뒤가 맞지 않을 때 하던 버릇이다. 수철이 볼펜 치기를 멈추고 깊은 한숨을 내쉬었다. 그러고는 직접 사망 원인란에 '불명'으로 적었다. 문득, 수연 입원실의 흐트러진 담요가 떠올랐다.

'설마 누군가 의도적으로….'

하지만 곧 그 생각을 떨쳐냈다. 그럴 리가 없다. 수연은 단순히 병이 악화한 것뿐이다. 자신이 지키지 못한 것뿐이다.

책상 위의 사망진단서를 바라보는 수철의 눈이 촉촉해지기 시작했다. 어려운 시절, 수철을 앞으로 나아가게 만든 사람은 수연이었다. 밤늦게 연구실에서 돌아와도 수연이 있어서 웃을 수 있었고, 아침의 무거운 몸도 가볍게 일으켜 준 사람이 수연이었다. 영미의 가장 친한 친구이기도 한 수연을 수철의 손으로 떠나보내야 했다. 수철의 어깨가 축 늘어졌다. 내가 과연 수연이 없는 세상을 살아갈 수 있을까.

혜숙이 문 앞에 서 있다.

"영미에게는 아직 연락 못 하셨지요?"

수철은 그제야 정신이 번쩍 들었다.

"아, 이런, 영미에게 연락해야지."

수철은 스마트폰 문자를 어떻게 써야 할지 고민스러웠다. 수철은 혜숙을 바라보았다.

"그냥 '위독하다. 빨리 연락해라.' 그 정도로 써야 하지 않을까요? 돌아가셨다고 쓰면 너무 충격이 클 것 같네요."

수철은 영미의 번호로 문자를 보냈다.

'엄마 위독, 속히 연락해라.'

1분도 안 되어 영미에게 전화가 왔다.

"엄마가 많이 아파? 아니, 위독해? 언제부터 그래?"

2주 만에 듣는 영미의 목소리에 수철은 반가우면서도 목이 잠겼다. 수철의 목구멍이 메었다.

'이런 녀석을 두고 먼저 가다니….'

"병원이지? 내가 바로 갈게."

영미가 병원 6호실로 달려온 것은 통화한 지 채 30분이 지나지 않아서다. 수철이 빈 침대에 걸터앉아 있는 걸 본 영미는 겁에 질린 듯 그 자리에 선다. 얼굴이 창백해지더니 손이 떨리기 시작한다.

"엄마는? 엄마는 어디에 있어? 응급실? 그런데 아빠는 왜 여기에 있어?"

금방 울음이 터질 것 같은 영미의 모습에 수철은 침대에서 천천히 일어났다. 그리고 영미에게 다가간다. 그 모습에 영미는 한 걸음 뒤로 물러나다가 차가운 병원 벽에 멈춰졌다. 그녀의 어깨가 움찔했다. 눈은 놀란 듯 커져 있고 입술은 바르르 떨리고 있다.

"아니지…? 아니지…? 아빠. 엄마…, 그런 거 아니지?"

수철은 조용히 다가와 영미를 끌어안는다. 영미가 수철을 밀쳐 내려고 한다.

"아니잖아. 아니잖아. 엄마 어디 있어……! 엄마 어디 있냐고. 아빠가 엄마 고친다고 했잖아…. 아빠가…….."

영미가 울음을 터트리며 바닥에 주저앉는다. 수철이 다가가 영미의 어깨를 안는다. 영미의 몸이 부들부들 떨렸다.

"미안하다. 영미야, 내가 엄마를 못 지켰어. 내가, 내가…… 내가 지켰어야 하는데…….."

수철의 어깨가 흔들리며 울음을 참는다. 흐느낌만이 빈 병실을 채우고 있다.

수연의 빈소에 연구소 사람들이 다녀갔다. 유돈 병원장이 온 것은 점심시간 무렵이다.

"김 교수. 얼마나 맘이 아프겠나. 수연이 오랫동안 고생했으니, 이제는 보내 주어야 하지 않겠나."

유돈 병원장이 수철의 옆에 서 있던 영미를 바라본다.

"네가 영미구나. 엄마를 많이 닮았네. 엄마가 오랫동안 아프셔서 고생이 많았겠구나. 그렇게 오랜 고생을 하셨으면, 이제는 편히 쉬셔도 될 때가 되었나 보다."

영미가 고개를 숙이고 있다가 발딱 들었다. 영미 눈에서 불꽃이 튀었다. 영미가 소리친다.

"자꾸 엄마가 쉴 때가 되었다고 하는데, 아빠가 살릴 수 있었단 말이에요!"

수철이 그런 영미 손을 붙잡고 유돈에게 말한다.

"그래, 와 줘서 고맙네, 정 원장. 한 달 동안 고생하다가 하루를 못 참고 갔네. 뭐 그리 급한 게 있다고 서둘러 갔는지."

"그러게나 말이야. 갑자기 쇼크가 왔다면서? 옆에 있었던 자네가 더 잘 알겠네."

수철은 병원장이 어제 일어난 병원 내 소식을 자세히도 알고 있다고 생각한다. 하긴 가까운 친구의 부인이기도 하니 금방 보고를 받았겠지.

고양의 화장터에서 수연을 화장하고 파주 통일동산에 안장하고 돌아온 수철은 영미가 돌아온 것에 대해 아무 말도 하지 않았다. 엄마는 한 달간 누워 있고 아빠는 엄마 고친다고 매일 밤늦게 귀가한다. 수능은 다가오는데 성적은 나아지지 않는다. 그런 영미가 받은 스트레스를 생각하면 돌아온 그것만으로도 감사할 일이다.

영미는 그날 밤 연구실에서 본 혜숙 언니와 아빠 모습을 이야기해야 하는가 고민이다. 엄마가 누워 있는데 두 사람이 그렇게 가까이 있다는 것이 믿어지지 않았다. 그래도 돌아가신 엄마를 대신해서라도 이야기할 것은 해야겠다. 영미가 입술을 꾹 깨물었다.

'그래도 아빠란 사람이 그러면 안 되지.'

"아빠, 물어볼 게 하나 있는데……."

거실 창가에 앉아 있는 수철은 무슨 생각을 하고 있는지 먼 산만 쳐다보고 있다. 오랜만에 본 아빠는 말라 버린 고목 같았다. 눈 아래는 검게 변했고 입술은 터져 있다. 영미 가슴이 아려 왔다. 차마 물어볼 수가 없다.

'다음에 다시 물어봐야겠다.'

영미가 조용히 입을 다물었다.

병원 7층 연구실의 수철은 창문 너머 먼 산을 바라보고 있다. 갑자기 온몸의 힘이 빠진 것 같았다. 어깨는 처지고, 다리는 힘이 없다. 수연을 고치겠다고 매일 밤을 지새워 연구했던 SNS 칩은, 이제 그 용도가 사라졌다. 수연이 없어진 지금 그것에 다시 매달릴 불꽃이 남아 있지 않았다.

수철의 책상에는 쓰다가 버린 사망 진단서가 구겨져 있다. 사망 원인 란에 '심정지, 병사'를 지우고 '불명'이라고 다시 쓴 흔적이 있다. 사인이 불명확하다는 의미다. 아침 응급실에서의 일들이 차례로 떠올랐다. 고온으로 손이 뜨끈뜨끈했다. 한 달간 의식이 없던 사람이 새로운 약을 처방하지도 않았는데 쇼크에 가까운 고온이 발생했다. 혹시 패혈증인가? 수철이 응급실 실장 번호를 누른다.

"최 실장, 우리 집사람 때문에 고생이 많았네. 혹시 그날 아침 기록에, 패혈증에 관한 뭔가 있나?"

"아, 네, 김 교수님. 저희도 갑작스러운 고열에다 혈압도 떨어져서 긴급 패혈증 검사를 했습니다. 혈액에서 잡히는 균은 없었습니다. 그런데 김 교수님…….”

최 실장이 머뭇거리며 말을 끊는다.

“왜 그러는가. 최 실장?”

“사모님이 돌아가시기 전날 저녁, 당직 간호사가 모든 방의 야간 점검을 막 끝내고 돌아왔을 때 어떤 여자가 전화했더래요. 밤 9시 30분이고요. ‘1호실 환자 보호자인데 내가 오늘 아침 어머니 병실에 가 보니까 환자 간호가 엉망이다’라며 막 다그치더라는 거예요.”

수철의 손가락이 경직되었다.

“병원 내용을 잘 아는 사람인 듯 꼬치꼬치 따지고 신문사에 알리겠다고 엄포도 놓더랍니다. 당직 간호사가 신참이라 어쩔 줄 모르고 20분간이나 전화통에 매달려 있었다는 거예요. 도대체 어찌 된 일인가 해서 오전 근무자에게 확인해 보니 그날 1호실에 보호자는 안 왔다고 하네요.”

“그러니까…….”

수철이 무언가를 깨달은 듯 갑자기 자리에서 벌떡 일어났다. 그리고 소리쳤다.

“최 실장, 6호실 복도에 CCTV가 있지? 그걸 어디에서 볼 수 있나?”

“네, 보안팀이 따로 녹화 파일을 가지고 있을 겁니다. 보안팀은 응급실 건너 본부 지하에 있고요.”

수철이 대답을 듣기도 전에 엘리베이터로 달려갔다.

수철은 병원 보안팀에서 6호실 위에 있던 CCTV를 틀어 봤다. CCTV는 응급실 입구를 지나 좌측으로 꺾인 지점부터 6호실까지의 모습이 보였다.

수연의 사망 전날 밤 9시에 간호사가 간호실을 나와 카트를 끌면서 1

호실부터 6호실까지 차례로 들어가던 모습이 그대로 보였다. 9시 30분 점검을 마친 간호사는 간호실로 들어갔다. 밤 10시 5분, 어떤 남자가 후문 주차장 출입문으로 들어와서 6호실로 들어가는 모습이 잡혔다.

"이게 누구지요? 교수님 같은데요?"

"내가 밤 10시에 연구실을 나와서 이곳으로 들어갔으니, 이 모습은 나일 거야."

보안 요원이 물었다.

"교수님이 찾으시는 것이 무언지요? 저희가 보기에는 간호사, 김 교수님 그 이외에는 출입하신 분이 없으신데요."

뭔가를 찾을 것 같은 기분으로 달려왔던 수철의 힘이 빠졌다. 응급실 최 실장도 수철이 무엇을 찾는가를 알아차렸다. 9시 30분에서 10시 사이, 6호실에 침입한 자를 찾고 있다.

수철이 뒤돌아서려는데 최 실장이 외쳤다.

"잠깐만요. 9시 35분대 화면을 다시 보지요."

보안 요원이 그 시간대를 앞뒤로 보여 준다.

"9시 35분에 복도가 약간 어두워지지 않나요?"

보안요원이 CCTV를 9시 35분 앞뒤로 돌려본다.

"그러네요. 왼쪽 6호실 부분이 9시 35분에 조금 어두워지네요. 이건 누가 불을 껐을 경우인데요."

수철이 다급하게 말했다.

"그럼 9시 35분 이후에 거꾸로 밝아지는 시간대가 있는지 한번 보지요."

보안 요원은 무슨 말인가 알겠다는 듯 CCTV를 뒤 시간대로 옮겼다.

"아, 스톱, 스톱!"

최 실장이 소리치자, 보안 요원이 9시 42분대 화면을 앞뒤로 움직여 본다. 복도 화면이 약간 밝아지는 지점이 보인다.

"와, 이제 알겠네. 누군가 9시 35분에 들어왔다가 9시 42분에 나갔다는 이야기네."

수철의 등에 찬 기운이 등골을 훑고 지나갔다.

'도대체 누가 그 시간에 수연이에게 다녀간 거지? 무얼 한 거야?'

누워 있는 수연에게 호흡 정지 같은 응급 상황이 일어났으면 몸에 부착된 바이탈 측정기에서 간호사실에 비상벨이 울렸을 거다. 그런 것도 아니면 6, 7시간 후에 효과가 나타나는 무언가를 사용했다는 이야기인데. 수철은 손가락으로 톡톡 보안실의 책상을 치기 시작했다. 그러더니 갑자기 최 실장에게 외쳤다.

"최 실장, 혹시 우리 집사람 혈액 샘플, 응급실에 보관해 놓은 것 있나?"

수철이 무얼 생각하는지 금방 눈치채고 응급실장이 수철을 잡아끌며 밖으로 나갔다.

"사모님이 응급실로 옮겨 왔을 때 패혈증을 의심해서 검사한 혈액이 있습니다. 처음의 코로나 말고 다른 바이러스가 다시 들어왔는가 검사해 보고 싶으신 거지요?"

"그래, 반나절 만에 열이 오를 수 있는 건 바이러스일 가능성이 제일 크니까 검사해 보고 결과 나오면 바로 연락해 주게나."

수철과 최 실장이 지하 보안실을 나오자, 수철의 뒤에 멀리 서 있던 병원 보안 팀장이 어디론가 전화했다.

"지금 김 교수가 이곳 보안실로 내려와서 어제 6호실 CCTV를 보고

갔습니다. 누군가 불을 끄고 들어갔다는 걸 알고 간 것 같습니다. 네. 알 겠습니다. 그 부분 화면을 표시 안 나게 바꾸어 놓겠습니다.”

다음 날 수철의 연구실에 경찰이 찾아왔다. 왼쪽 눈 밑에 점이 있는 나이 든 경찰이 냉소적으로 웃었다. 몇 가지만 답해 주면 된다고 했다.

“사모님이 돌아가시기 전날 어디에서 무얼 하셨지요?”

“내가 무얼 했냐니요? 지금 뭐 하시는 거예요?”

수철의 목소리가 날카로워졌다.

“아, 아닙니다. 그냥 형식적인 절차니까요.”

경찰이 손을 휘휘 저었다. 의사가 사망 진단서에 ‘외인사’로 작성하면 경찰이 다시 확인하는 경우는 있지만, 이런 경우는 처음이다.

“……평소대로 연구실에 있다가 밤 10시경 집사람 입원실에 간 게 전부입니다.”

“네, 그건 저희도 확인했습니다. 그런데 왜 평상시 다니시던 응급실 정문이 아니고 후문 주차장 쪽 출입문을 이용하셨는지요?”

“아니, 지금 저를 범인 취급하시는 거예요?!”

수철이 책상을 ‘탁’ 치며 일어섰다. 경찰이 느물느물 웃었다.

“그냥 형식적인 겁니다. 대답만 하시면 됩니다.”

수철의 주먹이 부르르 떨렸다.

“그날은 주차장에 공사 바리케이드가 처져 있어서 부득이하게 후문 주차장 출입구로 간 거라고요.”

그 말을 하면서 수철의 뇌리에 번개가 쳤다. 그다음 날 그 바리케이드 흔적이 없어졌다.

‘이건 뭔가 이상해.’

경찰이 수첩에 무언가 끄적이며 지나가는 말투로 물었다.

"연구실에 같이 근무하는 여자 있지요? 김혜숙이라던가? 그날 밤도 그 여자와 같이 있었는지요?"

"김혜숙? 그런데, 혜숙은 왜요?"

"아닙니다. 늘 두 분이 밤늦게까지 같이 계신다는 이야기를 들어서요."

그의 얼굴에 음흉한 미소가 스쳤다.

"아니, 지금 나하고 혜숙 연구원을 의심하는 거예요?"

수철의 얼굴이 붉어졌다.

"아니, 김 교수님, 그런 뜻은 아니고요. 오해는 마시고요."

수철은 빙글거리는 경찰의 얼굴을 두들겨 패고 싶었다. 혜숙과 내가 공모해서 수연을 죽인 것처럼 돌려 말하고 있는 거다.

'세상에, 나를 범인으로 보다니. 게다가 혜숙과 공모를 해서?'

수철의 등골이 얼어붙었다.

'이게 어떻게 돌아가는 거지?'

모욕적인 취조를 당한 수철은 연구실 벽을 주먹으로 탁탁 쳤다. 그때 응급실 최 실장으로부터 전화가 왔다.

"오, 그래. 최 실장, 바이러스 데이터는? 코로나 말고는? 변형된 거 맞지…?"

속사포 같은 수철의 질문에 최 실장은 잠시 말이 없다.

"저…… 김 교수님. 빨리 응급실로 내려오십시오. 따님이 응급실에 실려 왔어요."

7층 계단을 뛰어 내려가는 수철의 발이 휘청거렸다. 난간을 잡는 손도 떨려서 손과 발이 따로따로 논다.

'이게 어떻게 된 일이지. 영미가 응급실에?'

수철은 어제저녁 영미가 감기 기운이 있다고 한 말을 기억했다. 가출했다가 엄마의 죽음을 맞았고 겨우 장례를 치른 영미다. 탈진한 정도라 해도 이해가 될 만하다. 그렇지만 응급실이라니…. 응급실 문을 젖히고 들어서자, 좌측 침대에 최 실장이 영미 옆에 서 있다.

"바이탈은?"

수철은 침착해지려고 깊이 숨을 들이마셨다.

"혈압은 80/50, 심박은 160으로 높은 편이고요. 호흡 23, 체온 40입니다."

오늘 아침까지 괜찮다고, 수능 준비해야 한다고 감기약 챙겨 먹을 테니 걱정하지 말라며 학교에 갔던 영미다. 지금은 혈압도, 심박도 떨어져 있고 고열까지 있다.

"열이 있어서 학교 보건실에 갔었는데, 그때부터 상태가 안 좋아져서 실신했다고 합니다."

수철은 영미의 동공에 펜 라이트를 비추었다. 다행히 빛에 반응해서 동공은 축소되었다. 뇌가 상한 것은 아닌 것 같았다.

"그런데, 김 교수님……."

뭔가 할 말이 있는 듯 최 실장이 수철을 조심스럽게 바라봤다.

"지금 따님 상태가 예전의 사모님과 좀 비슷하지 않나요?"

수철은 그 소리에 온몸이 얼어붙었다.

"그래, 그렇네. 집사람과 같은 증상이네. 집사람 진료 기록지가 남아 있나?"

수연의 진료 차트를 보는 수철의 손이 바들바들 떨렸다.

'이건 뭔가 이상해. 어떻게 두 사람이 같은 증상으로 실려 오지?'

"최 실장, 예전에 집사람에게 했던 검사를 해야겠네. 우선 바이러스 검사를 해 보자고. 응급 상황에 대비는 해야겠군. 나는 잠깐 전화를 하고 오겠네."

응급실을 빠져나온 수철이 떨리는 손으로 어디론가 전화했다.

"네, 감사합니다. 오늘 밤 12시, 알겠습니다."

그날 밤 12시, 응급실 구석 방에 누워있던 영미 침대에 흰 가운을 입은 남자 둘이 다가선다. 밖을 살피더니 조용히 침대를 밀고 나갔다. 늦은 시간이라 응급실 접수대의 간호사는 졸고 있다. 처치실에 있던 최 실장은 옆으로 돌아서 있어서 영미의 침대가 움직이는 걸 알고는 있지만 모른 척하고 있다.

응급실 우측으로 돌아서 수연의 6호실 앞을 지나간다. CCTV 전원은 꺼져 있는지 깜박이지 않고 있다. 영미의 침대가 병원 후문 주차장으로 들어간다. 검은색 밴에 침대를 밀어 넣고는 신속하게 주차장을 빠져나갔다.

강변 고속도로를 벗어난 밴이 한강이 보이는 골목으로 진입한다. '출입 금지, 재개발 철거 지역' 팻말을 뒤로하고 허름한 공장으로 들어선다. 기다리고 있던 검은 옷의 사내가 녹슨 지하 출입문을 열자, 밴이 안으로 미끄러져 들어갔다.

영미의 침대를 밀고 왼쪽으로 돌아서자 넓은 공간이 나타난다. 오른쪽에는 작은 불빛들이 깜박이는 첨단 과학 기기들이 늘어서 있다. 왼쪽 대형 유리 너머에는 병원 응급실을 옮겨 놓은 듯한 병실이 두 개 보인다. 수철은 누워 있는 영미의 손을 꽉 잡았다. 두 눈에 핏발이 서며 이를 악물었다.

'내가 너는 꼭 지킨다.'

수철은 병실 건너편 녹슨 철문을 밀고 밖으로 나갔다. 깊은 절벽 아래로 88 도로가 지나간다. 여기는 앞도 뒤도 갈 곳이 없다. 이제는 배수진이다.

SNS 칩으로 딸을 구하든지, 아니면 함께 죽든지.

5
거미줄 속으로

수철이 한강 비밀연구소 문을 밀었다. 찬 바람이 얼굴을 때렸다. 쇳내가 코를 찔렀다. 88올림픽대로 헤드라이트가 긴 띠를 그었다. 어젯밤 영미를 이곳에 숨겼다. 수연을 누군가 살해했다. 영미마저 혼수상태다.

정 회장은 이를 예견한 것처럼 이곳에 비밀연구소를 준비해 뒀다. 덫을 놓고 기다린 사냥꾼처럼.

전화가 울렸다. 정 회장이다.

"김 교수, 딸은 살려야 하지 않겠나? 그러려면 나와의 약속도 지켜야지. 마누라는 못 지켰지만, 딸은 지켜야 아비 체면이 서지 않겠나? 날 못 살리면 자네 딸도 끝이네."

등골이 싸늘해졌다.

'어떻게 이런 곳에 비밀연구소를?'

모든 게 회장의 각본인가?

수철의 머릿속에서 경보음이 울렸다. 이 모든 상황이 너무 완벽하게 맞아떨어진다. 우연일 리 없다. 병원 사람들은 수연이 뇌부종으로 죽은 줄 안다. 그런데 회장 말은 다르다. '지키지 못했다'라고? 무슨 위협에서?

'회장이 수연을 죽였나? 그럼 내가 호랑이 굴로 걸어 들어온 셈인가?'

한 달 전 용산 뷔페. 랍스터를 수북이 쌓아 놓고 정 회장이 거래를 제안했다. '날 살리면 회사 지분 30%를 주지.'

'그때 회장의 미소에 숨겨진 음모를 놓쳤었나?'

코로나바이러스가 수연 뇌척수에서 검출됐다. 어떻게 코로나가 뇌척수까지 갈 수 있지? 누가 외부에서 수연을 노렸나?

'설마 SNS 칩을 빨리 만들라고 나를 협박한 건가? 반응이 없자 수연을 제거하고 영미까지?'

아무리 회장이라도 그럴 순 없다. 하지만 그 차가운 눈빛이 떠올랐다.

'아니지, 머리에 교모세포종이 시한폭탄처럼 째깍거리고 있으니.'

정 회장이 쳐 놓은 거미줄. 용산 뷔페에서부터 피했어야 했나. 하지만 달리 방법도 없었다. 모든 게 그의 손아귀다. 이제 후퇴는 불가능하다. 영미를 살릴 유일한 길은 SNS 칩 완성이고 정 회장 치료가 먼저이다. 수철이 녹슨 쇠문을 밀고 들어갔다.

통화를 끝낸 정 회장이 아들 유돈을 호출했다.

"내가 뇌종양이야. 6개월 남았고."

유돈이 깜짝 놀랐다.

'설마 유전인가? 빨리 확인해야겠네, 젠장. 더러운 핏줄이군.'

죽음의 그림자가 사무실을 가득 메웠다.

"유돈, 나를 살려라. 모든 수단을 동원해서라도."

목소리에 절망이 배어 있었다.

"10년 후 삼경 그룹은 세계 최대 메디컬 그룹이 된다. 미국 회사와 비밀 계약을 체결했다. 한국에서 신규 항암제를 제대로 만들면 삼경이 화이자를 제친다."

회장의 눈에서 마지막 야망이 불타올랐다. 죽음 앞에서도 꿈을 포기하지 않는 남자였다.

"K-메디컬이 이제 막 날아오르기 시작했어. 네가 나를 살리면 삼경 바이오를 네 앞으로 넘겨주마. 그럼 자연스럽게 네가 삼경 그룹을 장악하게 되겠지."

유돈의 눈에 탐욕이 번개처럼 번뜩였다. 드디어 기회가 왔구나. 이 노인네가 죽으면 내가 날아오를 수 있다.

정 회장은 두 개의 패를 쥐었다. 수철과 유돈. 먼저 성과를 보이는 쪽에 베팅할 셈이다.

뇌종양을 치료하고 5년 내 200세까지 사는 21세기 불로초를 만들어야 한다. 10년만 더 버텨 보자. 아니, 우선 6개월 내 머릿속 폭탄부터 해체해야 한다.

정 회장은 미끼를 뿌렸다. 유니콘 바이오 회사와 병원을.

통화를 마친 수철이 연구소로 들어섰다. 입구에 서 있던 혜숙이 다가왔다. 얼굴에 근심이 가득했다.

"김 교수님, 미리 알려 드려야 할 것 같아서요. 응급실 최 실장이 전화했는데요. 병원에 이상한 소문이 퍼지고 있답니다."

수철이 조용히 쳐다봤다. 말하라는 몸짓이다.

"김 교수님이 부인을 살해하고 잠적했다고 합니다. 여자 연구원과 바람이 나서 그사이에 난 딸을 데리고 도망쳤다는 소문까지."

수철의 눈썹이 꿈틀거렸다. 이가 맞물렸다. 누가 이런 악질적인 거짓말을 퍼뜨리는 걸까.

"도대체 어떤 놈들이 그런 헛소리를? 나야 참을 수 있어도, 혜숙까지 쓸데없는 소문에 휘말리니 할 말이 없네."

혜숙이 깔깔 웃었다.

"욕 많이 먹으면 오래 산다잖아요? 이제 불로장수하겠네요. 신경 쓰지 마시고 영미 살릴 생각부터 하세요."

연구소 앞은 바로 한강이다. 허름한 철문 안쪽은 땅속 깊이 들어가 있다. 두 개의 대형 연구실과 치료실. 안쪽 치료실에 영미가 누워 있다. 수철은 더 이상 뒤로 물러설 곳이 없음을 깨달았다. 여기는 절벽 끝이었다. 시간이 없다. 서둘러 SNS 칩을 완성해야 한다.

연구실에 최신 분석 기기들이 늘어서 있다. 기계들이 조용히 윙윙거렸다. 세포 분리기가 커다란 검은 모니터와 함께 반짝이고 있다. 형광물질로 세포를 분류해 SNS 칩에 넣는 작업이 진행 중이다. 혜숙이 영미 침대 옆으로 다가섰다.

"김 교수님, SNS 칩 데이터를 거의 다 모았어요."

손에 작은 SNS 칩을 들고 있었다.

그 작은 칩 안에 영미의 운명이 담겨 있다. 성공이냐, 실패냐, 생사의 갈림길이다.

"모든 상황을 시뮬레이션했어요. 바이러스 감염 시 경계 경보, 면역세포 총출동 명령, 보초 세포 후방 보고 등 200개 상황의 소통 물질 빅데이터를 수집했어요. 하루이틀이면 AI가 연결된 SNS 칩을 영미에게 이식할 수 있습니다."

수철의 얼굴이 환해졌다. SNS 칩이 완성됐다. 면역세포들의 대화를 들으면 암을 이겨낼 방안을 찾을 수 있다. 희망의 빛이 보인다. 수철이 주먹을 불끈 쥐었다.

'영미야, 엄마는 못 지켰지만 너는 무슨 일이 있어도 지켜 낸다. 조금만 참아라.'

몸속 세포들의 소리를 정말로 들을 수 있을까? 이 작은 기적이 영미를 살릴 수 있을까?

하지만 동시에 불안이 스쳤다.

정 회장이 준비한 이 연구소, 정말 안전한 걸까.

6
생명의 신호

한강 비밀연구소 안쪽. 영미가 침대에 누워 있다. 수철은 오늘 중요한 시술을 해야 한다. 10원 동전 크기의 SNS 칩을 영미 왼쪽 겨드랑이에 삽입해야 한다.

이 작은 칩이 영미의 생사를 가를 것이다. 성공이냐, 실패냐. 모든 게 이 순간에 달렸다.

칩 한 쪽은 감시림프절에, 다른 쪽은 컴퓨터 USB에 연결한다. 감시림프절은 장기 근처에 있어 암세포가 전이될 때 제일 먼저 도착하는 곳이다. 면역세포들이 침입자를 검사하고 제거하는 '면역 상황실'이다.

SNS 칩을 연결하면 림프절 세포들이 하나씩 분리되어 칩 내부로 들어간다. 마치 각자의 방을 배정받은 듯. 각 세포는 아바타 이미지로 표시되고, AI가 세포들의 대화를 문자와 음성으로 전환한다. 게다가 분리된 방에 원하는 물질을 공급해 세포를 조종할 수도 있다.

이제 SNS 칩을 삽입할 시간이다. 겨드랑이 절개 시 가장 조심해야 할 혈관은 액와동맥이다. 3번째 어깨 밑 동맥 가지를 피해 정확히 메스가 들어가야 한다. 수철이 잡은 메스 끝이 미세하게 떨렸다. 딸의 몸이다. VIP 증후군이 찾아왔다. 손끝에서 전해지는 떨림이 마음까지 흔들었다.

'수연아, 내가 영미만큼은 반드시 지켜 낼게.'

한시가 급하다. 수철은 입을 꽉 다물고 숨을 깊게 들이마셨다. 메스가 정확한 위치를 파고들었다. 첫 절개를 하고 나자, 손놀림이 빨라졌다. SNS 칩을 삽입하고 림프절에 연결했다. 연결선을 몸 밖으로 빼내 컴퓨터와 연결했다. 혜숙이 AI-아바타 프로그램 아이콘을 클릭했다. 손가락이 조금 떨렸다.

'과연 제대로 작동할까.'

한 달간 공들인 작업의 결과가 나올 시간이다. 대형 모니터에 신호가 잡히기 시작했다. 4개 포트가 각기 다른 신호를 보냈다. SNS 칩 안에 4종류 세포가 들어갔다는 뜻이다. 드디어 마지막 순간이 왔다. 세계 최초로 세포의 목소리를 들을 수 있을까. 혜숙이 초미세 내시경 카메라를 켰다. 머리카락 굵기의 광섬유 카메라다. 대형화면에 흐릿한 영상이 흔들렸다. 네 개 영상이 조금씩 초점을 잡기 시작했다.

"아, 보인다, 보여!"

수철이 외쳤다. 네 개 세포가 100인치 모니터에 선명하게 나타났다. 각기 다른 색의 형광물질 때문에 더욱 뚜렷하게 구분됐다.

"이거… SNS 칩… 이거 제대로 되는 거… 맞아? 이제 세포들 이야기 들을 수 있는 게… 영미를 살릴 수 있는 거… 맞지?"

수철이 흥분으로 말을 잇지 못했다. 그의 눈이 반짝이고 있었다. 수철이 크게 숨을 들이마셨다.

"그런데 이놈들은 어떤 놈들이지? 좀 보자."

수철이 모니터를 들여다봤다.

"1번 방은 녹색이니까 킬러 T세포. 2번은 도움 T세포, 상황실장 같은 놈이고. 3번 방은…."

수철이 머뭇거리자, 혜숙이 끼어들었다.

"미사일 전문가네요. B세포입니다. T와 함께 면역 핵심 멤버죠. B와 T가 있으면 전차와 대포를 보유한 셈이에요. 상황실 기본 세팅은 완료됐어요. 문제는 이들의 대화가 제대로 번역되느냐인데…."

혜숙의 목소리가 한 옥타브 높아졌다. 현미경으로는 뒤섞여 보이던 세포들을 하나씩 분리하는 첫 번째 단계가 성공한 것이다. 하지만 혜숙은 컴퓨터 앞에서 초조하다. 정작 중요한 건 두 번째 단계다. 세포들의 소통 물질을 AI가 해석해 낼 수 있는가?

숨이 멎는 순간이다. 모든 희망이 이 AI 프로그램에 달렸다.

혜숙이 AI 프로그램 아이콘을 클릭했다. 수철과 연구원들의 눈이 대형화면에 꽂혔다. 4개 방 아래, 4개의 대화 커서가 깜박인다. 혜숙이 깜박이는 커서를 뚫어져라 쳐다봤다. 계획대로라면 세포들의 대화가 표시될 것이다.

"어, 무슨 글자가 나타났어!"

수철이 외쳤다. 2번 방 도움 T세포 대화창에 글자가 보였다.

- ……오……처……

심장이 쿵쿵거렸다. 정말로 세포가 말하는 건가?

수철이 문자를 한참 쳐다봤다. 혜숙이 입술을 꽉 다물고 '딥러닝' 버튼을 클릭했다. CPU 사용량이 급증했다.

─ ……오……처……반……

단어 간격이 점점 짧아졌다.

─ 오늘… 처음… 반갑……그런데….

10초 후, 완성된 문장이 나타났다.

─ 오늘 처음 부임한 상황실장입니다. 반갑습니다. 여러분. 그런데 전방에 바이러스 경보라고요?

순간 전율이 온몸을 휩쓸었다. 정말로 세포가 말하고 있다!

수철의 눈동자가 커졌다. 자리에서 벌떡 일어났다. 혜숙과 연구원들이 놀라 서로를 쳐다봤다. 수철은 세 사람을 껴안고 외쳤다.

"영미야, 내가 널 구해 주마!"

역사상 최초로 세포의 목소리를 들은 순간이었다.

이제 진짜 싸움이 시작되었다.

2막———✢   면역 상황실

7
세포들의 전쟁 회의

면역 상황실에서 송출된 문자는 '목 점막 부근 바이러스 발견'이었다. 수철은 '점막' , '바이러스'라는 두 단어에 집중했다. 영미 상태를 파악할 중요한 단서다.

드디어 딸의 몸속 비밀이 드러나기 시작한다. 가슴이 두근거렸다. 키보드를 두드리는 혜숙의 손놀림이 더 빨라졌다. 네 종류 세포를 쉽게 구분할 수 있는 캐릭터로 만들었다. 각자 모자에 이름을 붙였다. 킬러 T세포는 주로 외근한다. 검정 옷에 선글라스를 쓴 킬러 캐릭터. 모자에 '킬러'라고 썼다. 상황실장 격인 보조 T세포는 상황실 근무가 대부분이다. 녹색 옷에 붉은 모자로 '실장'이라 표시했다. B세포는 멀리서 미사일을 발사한다. 붉은 옷에 '미사일'이라고 붉은 글씨로 썼다. 마지막은 기초 훈련받은 상황병들. 녹색 상의에 '상황병' 명찰을 달았다. 캐릭터마다 고유한 개성이 살아 있다. 마치 작은 군대를 보는 기분이다.

수철이 손을 빙빙 돌렸다. 서둘러 가보자는 신호다. 혜숙이 AI-아바타 시스템 아이콘을 클릭했다. 각 세포가 네 개 독립된 창에 뜨기 시작했다. 하단 채팅창에 이들의 언어가 문자로 표시되고 동시에 스피커로 송출됐다.

─ **상황실장**: 오늘 처음 부임했습니다. 반갑습니다. 전방에 바이러스 경보라고요?

─ **상황병**: 자주 있는 일입니다. 아마 감기 정도일 거예요.

─ **상황실장**: 오늘 함께 부임한 두 팀장님을 소개하겠습니다. 킬러팀장님, 미사일팀장님, 처음 뵙죠?

뒷좌석 두 팀장이 서로 눈인사했다. 상황실 요원들이 수군댔다. 실장급 여자는 처음이다. 더구나 면역사관학교 전 과목 A⁺ 성적. 별명은 '매뉴얼'이다. 뭐든 매뉴얼대로 한다는 뜻이다.

무궁화 계급장이 부착된 짙은 녹색 유니폼과 단정한 단발머리가 깔끔한 성격을 보여준다. 실장이 대형화면 오른쪽 위를 보며 말했다.

─ 면역사관학교에서 영미라는 주인의 상태를 브리핑받았습니다. 새로 부임하신 두 팀장님도 계시니 현재 몸 상태를 다시 점검해 보죠.

'상황병' 모자를 쓴 요원이 바이탈 사인을 보며 말했다.

─ 현재 주인 몸 상태가 상당히 안 좋습니다. 이틀 전 고열로 의식 잃고 대학병원 응급실에 입원했다가 이곳 비밀연구소로 옮겨 왔어요. 지금 모든 수치는 정상이지만 뇌에 문제가 있는지 의식이 없습니다.

영미의 상황이 세포들에까지 그대로 전달되고 있다.

그때 대형 화면 왼쪽 위 비상벨이 반짝이며 "삐삐" 경고음을 냈다. 전방초소에서 면역 고속도로인 림프관을 타고 척후팀장이 도착했다는 신호다. 긴장감이 화면을 통해 고스란히 전해진다. 실제 작전상황실 같다.

─ **상황실장**: 이런! 첫날부터 신고식이 제대로군요.

야전상의 차림의 척후팀장이 들어왔다. 얼굴에 위장크림이 아직 발라져 있다.

− **상황실장**: 척후팀장님, 후두 점막 부근에 바이러스가 보인다는 얘기인가요? 확실한가요?

척후팀장은 방금 도착했는지 숨소리가 거칠었다.

− 저희 척후팀 최전방 보초인 '수지상' 세포가 보고했습니다. 목 부근 점막은 늪지대입니다. 중간중간 끈끈이 항체를 매설해 두었지만, 어떤 바이러스가 뚫고 들어왔어요. 목의 껍질인 상피세포에 침입해서 급격히 수를 불렸고요. 상피세포를 터뜨리고 나오는 걸 척후병이 발견했습니다. 다행히 감시 리스트에 있던 놈이라 금방 확인했어요. 아데노, 즉 감기 바이러스입니다. 아주 흔한 놈이에요.[7]

전장에서 직접 뛴 자만이 가진 자신감이 그의 목소리에 배어 있었다.

− 감기 바이러스라고요? 그 정도는 전방에서 처리해야 하는 게 매뉴얼에 있는 게 아닌가요?

− 맞습니다. 하지만 또 다른 바이러스가 있는 것 같아서요.

실장이 고개를 갸우뚱했다.

− 감기 바이러스는 200개 종류가 있어요. 아데노바이러스가 들어왔고 주로 목, 코 등 상부 호흡기를 감염시키죠. 아데노 외에 다른 바이러스가 들어오는 건 흔한 일 아니에요?[8]

− 그게…. 제가 보기에는 코로나 같아 보여서요.

− 코로나요? 확실해요?

실장이 다그치자, 척후팀장이 머뭇거렸다.

− 아직 그놈들을 잡지 못해서 확인 못 하고 있습니다. 확인하는 대로

보고하겠습니다.

상황실에 미묘한 긴장감이 흘렀다. 두 종류 바이러스 동시 침입이라니.

그러자 앞자리 미사일팀장이 나섰다. 목소리가 날카로워졌다.

— 아니, 척후팀장은 아직 확인도 안 된 걸로 상황실에 비상을 걸어요? 난 오늘이 첫날이라고요. 감기 하나로 왜 난리를 치냐고요. 그건 1차 방어선, 즉 당신네 '선천' 면역팀이 처리할 일 아닌가요?[9]

미사일팀장의 언성이 높아지자, 척후팀장이 벌떡 일어서더니 분통을 터뜨렸다.

— 뭐라고요? 내가 할 일 없어서 여기까지 온 줄 알아요? 후방 상황실은 편하신가 보네요. 전방 척후팀은 코앞에 적들이 왔다 갔다 한다고요. 나 이런 더러워서….

분위기가 험악해졌다. 그러자 뒷좌석 킬러팀장이 나섰다.

— 아, 척후팀장님, 멀리서 오시느라 고생 많으셨습니다. 이 친구가 뭔가 불편한 게 있나 보네요. 내가 대신 사과하죠. 그런데 바이러스 두 종류가 동시에 침입하는 건 흔한 일이 아닌 걸로 아는데요. 어떻게 그런 일이 가능하죠?

척후팀장의 얼굴이 조금 풀렸다. 그래도 말이 통하는 친구가 상황실에 있다고 생각했다.

— 네, 저도 그게 찜찜해서 일부러 온 겁니다. 두 개가 동시에 들어온 건 제가 근무하는 동안 처음 본 일이었어요.

척후팀장 미간이 일그러졌다. 그의 표정에서 뭔가 심상치 않다는 직감이 읽혔다. 이건 단순한 감기가 아닐지도 모른다.

세포들의 대화를 듣던 수철과 혜숙이 놀란 얼굴로 서로 마주 봤다. 수철이 먼저 외쳤다.

"그래, 두 종류 바이러스가 들어온 거야! 우리는 몰랐지만, 저 녀석들은 이미 알고 있었네. 한 놈은 코로나고 다른 하나는 아데노야. 그런데 왜 두 바이러스가 동시에 들어왔지?"

딸의 몸속에서 벌어지는 일을 실시간으로 코앞에서 보는 기분이다. 이보다 생생한 진단이 있을까.

"김 교수님, 우리는 멀리서 혈액 샘플을 조사하지만, 저 세포들은 코앞에서 바이러스와 전쟁하는 놈들이에요. 당연히 저들이 훨씬 많은 걸 알고 있을 거예요."

"그래, 저들 이야기만 잘 들어도 영미는 금방 깨어날 수 있을 거야."

"그러면 얼마나 좋겠어요. 저 세포들 이야기를 더 들어 보죠."

수철과 혜숙은 다시 대형 화면에 집중했다.

그때 대형 화면이 흔들리기 시작하더니 척후팀장의 말이 끊어졌다. 화면은 정상이지만 소리가 들리지 않았다. 혜숙이 벌떡 일어나 영미 침대에서 컴퓨터로 연결된 라인을 점검했다. 혜숙의 이마에 땀방울이 맺혔다. 화면 상단의 AI-아바타 앱 설정을 변경하고 다시 시작한다. 잠깐의 중단이었지만 수철의 심장이 덜컥했다. 이 연결이 끊어지면 영미와의 소통도 끝난다. 10초 후 대형 화면에 다시 면역 상황실이 나타났다. 음성이 정상으로 돌아왔다. 척후팀장의 음성이 계속됐다.

－물론 제가 가서 다시 확인해 봐야겠습니다. 감기는 확인됐는데 코로나는 미처 잡지 못했습니다.

그러자 미사일팀장이 다시 나섰다. 목소리 톤이 한층 더 날카로워졌다.

– 저기요, 뭘 잘 모르시나 본데. 척후팀은 일단 확인만 하면 됩니다. 코로나인지 아직 확인도 안 하셨잖아요. '코로나일지 모른다'? 그런 막연한 걱정은 저희에게 맡기시고 척후팀은 확인한 것만 보고하세요. 나머지는 여기 상황실에서 알아서 명령 내립니다.

미사일팀장의 입술이 약간 비틀렸다.

– 그리고…. 자꾸 동시 감염이라 하는데 그게 뭐 대단한 발견이라고 그러십니까? 킬러팀장님도 아셔야 할 게 세상에 바이러스가 한두 개입니까? 감기 바이러스만 아데노 포함해서 200종이 넘어요. 그게 저희끼리 다니다가 한꺼번에 들어올 수도 있지, 뭘 그리 걱정합니까? 당장 할 일은 들어온 놈들을 때려잡는 겁니다.

상황실 분위기가 격해지자, 실장이 나섰다.

– 자, 이제 그만들 하시고. 그럼, 척후팀은 앞으로 뭘 하시려는지요?

– 저희는 감기가 어떤 종류인지 해부해서 공개해야 합니다.

척후팀장은 현장에서 잔뼈가 굵은 티가 역력했다.

– 잘 아시다시피 저희는 바이러스를 잡으면 바로 통째로 먹어 삼킨 후 속에서 잘게 분해해서 우리 어깨에 걸어 놓습니다. 그걸 보고 다른 면역세포들이 어떤 침입자인지 알게 되고 쉽게 대응하죠. 하지만 척후 리스트에 있는 침입자들만 알 수 있습니다.

척후팀장의 표정이 어두워졌다. 그의 눈빛에서 뭔가 불안한 그림자가 스친다. 단순한 바이러스 감염이 아닐 수도 있다는 불길한 예감이 든다.

– 저희로서는 새로운 것들은 알아낼 방법이 아직 없어요. 바이러스 같은 외부 침입자는 외모가 달라서 금방 알고요. 인체 내부에 있던 놈, 예를 들면 암세포라면 금방 알지 못합니다. 척후팀 장비로는 암세포 구분이 힘

듭니다.

그러자 뒷좌석 킬러팀장이 일어섰다.

─ 암세포 판별은 저희 킬러팀에게 맡겨 주시면 됩니다. 저희는 모든 세포의 신분증이 위조인지 아닌지 금방 알 수 있으니까요. 그건 걱정하지 마세요.

실장이 킬러팀장을 보더니 엄지를 치켜세웠다.

─ 킬러팀장님은 경험이 많아서 암에 대한 걱정은 전혀 안 합니다.

뒷자리에서 이를 지켜보던 미사일팀장의 눈꼬리가 올라갔다. 미사일팀장이 속으로 이죽거렸다. '얼씨구, 저 두 놈이 같은 1 사관학교 출신이라 이거지? 꼴값하고 있네. 너희들, 그러다가 물 먹는다, 조심해!'

미사일팀장은 제2 사관학교 출신이다. 뼛속 깊은 골수에서 태어난 면역세포들은 두 사관학교 중 한 곳을 나와야 면역세포가 된다. 두 사관학교 졸업률은 모두 2% 미만이다. 2 사관학교 출신들은 모두 미사일을 다루는 B세포로 부임한다. 반면 실장은 면역 보조 세포, 킬러팀장은 암 전문 T세포로 둘 다 1 사관학교 출신이다. 2 사관학교 출신들은 아무리 뛰어나도 상황실장이 될 수 없다. 그 점이 늘 불만이다.

미사일팀장이 열을 받았는지 얼굴이 붉어졌다.

상황실장은 모든 대응을 매뉴얼대로 하겠다고 한다. 바이러스는 전방에서 우선 처리한다. 이게 외부 침입자 대응 기본 원칙이다. 모든 침입자에게 총공격 명령을 내릴 수는 없다. 총공격 명령은 모든 면역세포가 동원되어 엄청난 에너지가 소모된다. 따라서 전방 경비대에서 처리할 수 있으면 하고, 처리 안 되는 위험한 경우에만 총공격 명령을 내린다. 이게 군사작전의 기본 전략이다. 단계적 대응으로 자원을 효율적으로 사용하는 것이다. 실장의 대응 방안을 듣던 요원들이 수군댔다.

— 별명이 '매뉴얼'이라더니 모든 상황을 완전히 정석대로 꿰고 있네. 아무튼 우리는 편하긴 하지. 내리는 명령대로만 따르면 되니까.

실장은 전방 CCTV를 켜라고 지시한다. 현지 상황을 직접 보겠다는 거다. CCTV는 일부만 작동하지만, 전체 상황을 파악하기엔 충분하다.

드디어 딸 몸속 모습을 직접 볼 수 있다. 수철의 가슴이 두근거렸다. 점막에 달라붙은 바이러스들이 CCTV에 보였다. 늪 속 끈끈이를 피해 나가려고 필사적이다. 화면 속 바이러스들이 마치 끈끈한 거미줄에 걸린 곤충처럼 몸부림쳤다. 생생한 전투 현장이다. 바이러스들이 꼼지락거리는 모습이 섬뜩하면서도 신기하다.

이를 보던 미사일팀장이 한마디 했다.

— 저 끈끈이 항체가 얼마나 무서운지 여러분은 잘 모르실 거예요. 한번 달라붙으면 떨어지지 않아요. 그래서 이 항체가 붙은 놈들은 밤에도 반짝반짝 잘 보이죠. 이걸 보고 면역병사들이 집중사격을 합니다. 늪에 나가 있는 우리 항체들은 침입자를 둘러싸서 죽이거나 죽게 만들어요.

미사일팀장의 목소리가 한층 높아졌다.

— 하지만 우리에게 도움이 되는 놈들, 예를 들면 유산균들은 서로 뭉치게 하고 둘러싸서 보호하죠. 그래서 아군의 공격 피해를 보지 않게 해요. 우리 미사일팀이 없으면 면역은 그대로 무너집니다. 미사일팀의 80%가 전방, 즉 늪 지역 바로 뒤에 배치되어서 끈끈이 항체를 만들어 내보냅니다. 우리가 바로 면역이라고요![10]

이를 듣던 상황실 요원들이 조용해졌다. 몇몇이 서로 눈치를 보며 속삭였다.

─ 누가 뭐라고 했나? 왜 저리 흥분하지? 아, 실장하고 킬러팀장이 죽이 잘 맞는 것 같으니 질투하는 모양이지?

CCTV는 늪의 끈끈이를 통과한 바이러스들이 점막 상피세포에 달라붙은 모습을 보여 줬다. 바이러스들은 성벽에 해당하는 상피세포로 들어가는 문을 이미 알고 있다. 한번 성안으로, 즉 세포 내부로 들어가기만 하면 100배로 수를 불려 빠져나온다.[11] 감염된 세포는 터져 죽는다. 마치 트로이 목마 같은 전술이다. 터진 세포 조각들과 분비물의 냄새, 바이러스 조각들 냄새가 스멀스멀 났다. 이 냄새는 곧 근처 척후 세포들에 감지됐다. 척후 세포들은 곧 SNS를 보냈다. '사이토카인'이라 불리는 이 SNS는 근처 척후병들에게 전파되고 이들은 더 많은 SNS를 내보냈다.

이 신호를 받은 혈관세포들이 늘어나서 혈관이 커졌다. 이어 혈관을 타고 면역병사들이 몰려왔다. CCTV에는 SNS를 받고 순식간에 몰려든 면역병사들이 보였다. '중성구', '단핵구' 명찰을 달고 있다. 이들은 SNS에 표시된 지역으로 우르르 몰려갔다. 마치 화재 신고를 받고 출동하는 소방대처럼 전속력으로 움직였다.

드디어 본격적인 전투가 시작되었다. 화면 속 병사들의 움직임이 생동감 있다.

CCTV로 이 광경을 보던 실장이 놀란 표정으로 킬러팀장을 봤다. 사관학교에서는 면역병사인 중성구와 바이러스의 싸움을 실제로 본 적이 없다. 바이러스를 추격해서 접촉과 동시에 집어삼키는 면역병사 중성구 모습은 토끼를 추격해서 한입에 집어삼키는 사자들과 같다. 도저히 게임이 될 것 같지 않다.

킬러팀장은 그 심정을 이해했는지 고개를 끄덕이고 실장에게 엄지를 세워 보였다.

'그래, 믿을 만한 건 분명 우리 면역병사들이야.'[12]

하지만 바이러스도 공격이 만만치 않았다. 그 숫자가 기하급수적으로 불어나서 면역병사들이 죽여도 죽여도 수가 줄지 않고 오히려 조금씩 늘어나고 있었다. 그 숫자에 놀란 면역소대장 대식세포가 계속 지원요청 SNS를 보냈다.

중성구 전투부대는 자기 몸에서 DNA를 뽑아내서 그물망을 만들어 바이러스들에게 뒤집어씌웠다. 그물에 걸린 놈들에게 중성구 병사들이 화학탄을 쏘아 바이러스를 그대로 녹여 버렸다. 바이러스들이 연기를 내며 사라져 갔다. 자기 DNA까지 무기로 사용하는 면역병사들이다. 목숨을 건 처절한 전투다.

처음 보는 바이러스와의 실시간 전투 장면에 상황실장의 큰 눈이 더욱 커졌다. 이론으로만 배웠던 전투를 직접 목격하는 충격이다. 교과서에는 이런 생생함이 없다. 바이러스들과 면역병사들의 전투는 그칠 줄 모르고 계속됐다. 면역병사들은 혈관을 통해 공급됐다. 점점 더 많이 공급하기 위해 혈관이 확장됐다. 병사들은 혈관 속에서 빠른 속도로 헤엄치다가 '전투 지역'이라고 표시된 혈관 부근에 도달하면 속도를 낮추다가 느슨해진 혈관 사이로 재빨리 빠져나왔다.

'어떻게 저렇게 정교할 수 있지?'

실장은 코앞에서 벌어지는 전투 장면에 넋이 나갈 정도였다. 면역병사 공급 과정이 너무 정교해서 바이러스가 불어나는 속도보다 훨씬 많은 병사들이 쏟아져 나왔다. 마치 정밀하게 계획된 상륙 작전 같다. 병력 수송과 배치가 완벽하게 조율되고 있다.

잠시 후, 혈관 사이로 레고 덩어리 같은 것들이 몰려나오기 시작했다. 보체(혈액 내 단백질)였다. 이들은 침입자에게 달라붙는다. 마치 소시지에 뿌리는 빵가루 같다. 보체는 병원균의 특정 모양을 보고 달라붙는다. 레고처럼 생긴 보체들이 달라붙으면 이게 '이놈을 죽이시오'라고 붙이는 주홍 글씨 같다. 끈끈이 항체는 보체가 달라붙은 바이러스를 공격한다. 보체는 GPS 위치 추적기 같다. 이게 붙어 있는 곳을 면역병사들이 쉽게 찾아냈다.

보체까지 공격에 가담할 즈음이면, 염증 전투는 클라이맥스다.[13]

실장이 현장 화면과 대응 매뉴얼을 들여다보는 걸 반복하고 있다. 매뉴얼을 빠르게 넘기는 실장의 손가락이 미세하게 떨렸다. 매뉴얼에 없는 '참혹한 현장'에 당황한 모습이다. 전투지에는 면역병사, 바이러스 사체들이 가득해졌다. 병사들이 보내는 SNS는 뇌에도 전달됐다. 뇌는 자동으로 체온을 높였다. 이건 프로그램화가 되어 있다. 즉, 바이러스나 병원균이 들어오면 일단 온도를 높여서 바이러스 움직임을 둔화시킨다. 40도만 되어도 바이러스는 움직임이 1/200로 줄어든다. 하지만 감기에 걸린 사람은 열이 나서 죽을 지경이다. 몸의 지혜다. 고통스럽지만 생존을 위한 필수 전략이다.

'그렇지, 바이러스가 이제야 밀리기 시작했군!'

전투를 걱정스럽게 바라보던 상황실장이 안심했다. 무엇보다 감염된 목의 점막 세포가 근처 다른 세포들에 '인터페론'이라는 경보 물질을 내

보내기 시작하면서 근처 세포가 모두 문을 걸어 잠그기 시작했기 때문이다. 더 이상 감염시킬 목의 상피세포가 없어지자, 감기 아데노바이러스는 조금씩 그 숫자가 줄기 시작했다. 승기를 잡은 면역병사들의 함성이 전투지역에 울려 퍼졌다. 드디어 승리의 순간이다. 영미 몸의 전투에서 면역병사들이 승리하고 있다.

수철은 대형 현장 화면에서 눈을 떼지 못하고 있다. 수술실에서 환자의 환부, 특히 벌겋게 부어오른 염증 부위를 보기는 했다. 하지만 실제로 일어나는 일을 코앞에서 직접 보니 염증만 해도 그 부작용이 만만치 않았다.

'이거, 염증을 만만하게 봐서는 안 되겠네.'

화면을 바라보며 수철이 속으로 중얼거렸다. 몸속에서 벌어지는 전쟁의 생생함은 의학 교과서에서는 절대 느낄 수 없는 생생한 현장감이다.

면역이 완벽하게 작동하는 것이 가장 건강한 상태를 유지하는 방법임을 뼈저리게 느꼈다. 감기처럼 순한 아데노바이러스도 이럴 정도로 염증 반응을 일으키는데 코로나나 사스, 메르스같이 폐 세포에 직격탄을 날리는 놈들은 폐 전체에 큰 피해를 줄 것이다. 문제는 한번 생긴 상처는 재생이 안 된다는 데 있다. 특히 폐의 경우는 조심해야 한다. 염증이 이럴진대 암세포가 발생해서 정상세포를 압박한다면, 그 폐해는 훨씬 심할 것이다.

지금 영미의 몸에서는 가벼운 염증이 지나가고 있다. 영미 면역세포들의 활동 상황을 보고, 빨리 깨어나게 하는 방법을 찾아야 한다. 딸의 회복을 위한 실마리가 여기에 있다. 이 귀중한 정보를 놓칠 수 없다.

수철의 턱이 아래로 단단히 조여졌다. 전투 상황이 종료된 폐점막에는 대식세포가 현장을 청소하고 있었다. 청소 방법은 꿀꺽 삼켜서 분해하는 것이다. 적이건 아군이건 하나라도 그냥 버리는 것이 없는 인체의 철저한 자원 재활용을 보여 주고 있다. 완벽한 청소부대다. 전투 후 수습까지 체계적으로 이뤄지는 모습이 놀랍도록 완벽하다.

연구실 대형 화면에는 상황실장, 킬러팀장, 미사일팀장이 현장 CCTV를 보고 있다. 상황실장이 요원들과 팀장을 보며 싱긋 웃었다.

− 오늘 첫 출근인데 제대로 신고식을 했네요. 덕분에 대응 매뉴얼을 다시 점검하는 계기가 되었고요. 두 팀장님도 처음 근무지에서 염증 상황을 만나 고생하셨습니다. 요원들도 잘 대처해 주어서 고마워요.

실장이 인사하자 모두 손뼉을 치며 무사 대응을 축하했다. 박수 소리가 가라앉자, 킬러팀장이 자리에서 일어나며 대형 스크린 앞에 섰다. 표정이 굳어 있다.

− 실장님, 오늘 수고하셨습니다. 실제 상황에서는 대부분 당황하는데 아주 잘하셨습니다. 그런데….

킬러팀장의 말에 상황실이 조용해졌다.

− 아까 척후팀장 보고에 의하면 한 종류가 아닌 것 같다고 했습니다. 실제로 CCTV를 보니 두 종류처럼 보이는데요. 현장 척후 세포인 수지상 세포의 최종 보고를 들어 봐야 알겠지만, 아데노바이러스와 또 다른 바이러스처럼 보였습니다. 그런데….

상황실의 모든 이목이 킬러팀장에게 쏠렸다. 불길한 예감이 든다. 뭔가 중요한 것을 놓쳤다는 것인가.

− 그런데, 오늘 염증 전투는 아데노와의 싸움이었습니다. 즉 보통 감기 증상처럼 열이 나고 목이 붓는 정도였다는 거죠. 다른 바이러스는 자라지도 않았고 아무런 증상도 없었고 CCTV에서도 잘 보이지 않았어요.

그게 이상하군요. 오늘로 다 끝난 게 아닌 것 같다는 생각이 드네요. 상황을 좀 더 두고 봐야 할 것 같습니다.

숨어 있는 적이 있다는 뜻이다. 그 소리를 듣던 미사일팀장이 나섰다. 목소리에 짜증이 묻어났다.

─ 팀장님이 잘 모르시고 하는 말씀입니다. 설사 두 종류라고 해도 염증 전투에서는 우리 면역병사가 이놈 저놈을 구분하지 않잖아요. 설마 그것도 모르시지는 않겠죠? 즉 면역병사인 중성구나 대식세포, 단핵구는 바이러스 패턴만 보고 공격하지, 그놈이 아데노인지 다른 놈인지 구분하지 않는다고요. 그래서 그런 면역세포를 '선천' 면역이라고 하는 거예요. 적인지 아군인지만 구분하지, 어떤 적인지는 구분하지 않는다는 말이에요. 그 정도는 아시잖아요?

미사일팀장이 거만스럽게 상황실을 훑어봤다. 상황실이 조용해졌다.

─ …그러니 그놈도 아데노와 함께 공격당해서 사라졌을 겁니다. 처음 실전을 경험하신 실장님이 잘 처리했으니, 공연한 걱정은 하지 않게 하는 게 어떻겠습니까?

긴말을 쉬지 않고 토해 내는 미사일팀장을 상황실 요원들은 넋 놓고 쳐다봤다. 몇몇 요원들이 서로 이상하다는 표정으로 눈짓을 주고받았다.

'뭐야, 왜 저리 열변을 토하지? 킬러팀장은 조심하자는 이야기인데 그게 뭐 잘못되었어?'

수군거리는 소리에 미사일팀장은 마무리하듯 톤을 높였다.

─ 미사일팀에서는 매일 하는 일이 침입자를 보고 거기에 맞는 미사일을 만드는 겁니다. 즉, 두 종류 바이러스가 들어왔다고 해도 그놈들을 구분하는 일은 우리 미사일팀이 해야 할 일이라는 겁니다. 킬러팀장께서는

암세포를 찾아내는 일이 주어진 일이고요.

제 할 일이나 똑바로 하라는 식으로 들리는 미사일팀장의 말투였다. 킬러팀장은 싱긋 웃으면서 답했다.

— 팀장님 말이 맞습니다. 인체 방어는 각자 맡은 바를 다하면 되죠. 그런데 힘을 합치면 더욱 좋고요.

킬러팀장의 미소 뒤로 걱정스러운 기색이 스쳤다. 두 사람의 대결하는 듯한 대화에 긴장했던 상황실장은 킬러팀장의 협력 이야기로 분위기가 누그러들자, 속으로 '후유~' 숨을 내쉬었다. 이마의 땀을 몰래 닦았다.

— 오늘은 첫날이니 제가 한번 쏘죠. 함께 가시죠. 어디 추천할 만한 데 있어요?

미사일팀장이 기다렸다는 듯이 외쳤다.

— 상황실 앞에 유명한 집이 있습니다!

— 무슨 요릿집인가요?

팀장이 자신 있게 말했다.

— 랍스터!

다른 요원들이 미사일팀장의 느닷없는 랍스터 발언에 어안이 벙벙했다. 팀장은 그런 반응을 즐기는 듯 득의만만한 표정을 지었다.

— 내 친구 중에 인체가 아닌 갑각류, 그중에서도 랍스터, 즉 바닷가재에 배치된 놈이 있습니다. 그 친구 전공은 저기 저 팀장님, 그러니까 킬러팀이죠. 그런데 이놈이 얼마 전 나에게 전화를 한 거예요. 자기는 랍스터에 배치된 이후 한 번도 전투한 적이 없다는 겁니다. 랍스터는 그 종족 중에서도 암세포가 평생 거의 생기지 않는 종류랍니다. 그래서 자기는 매일 놀고 있다는 거죠. 바닷속 마음대로 여행 다니지, 목숨 걸고 암세포와 한

판 벌이지 않아도 되지, 하루하루가 천국이라는 겁니다.

그 말을 듣고 있던 킬러팀장이 물었다.

- 아니, 그럼, 랍스터는 평생 암에 걸리지 않고 그냥 늙어서, 노화되어 죽는다는 이야기인가요?

- 그게 웃기는 게 랍스터는 다른 동물과 달리 세월 따라 늙는 게 아니고 평생 청년처럼 팔팔하게 산다는 겁니다. 어떤 놈은 140살까지나 살았다나요?

상황실장이 웃으며 이야기에 끼어들었다.

- 미사일팀장 말이 맞아요. 하지만 결국에 죽기는 하는데, 그 이유가 탈피를 못 해서 죽는다는 거예요. 즉, 랍스터는 게처럼 자라면서 계속 껍질을 벗고, 좀 더 큰 새로운 껍질로 바꿔야 한다는 거지요. 그런데 랍스터 덩치가 커지면서 껍질 벗고 새로 만드는 게 에너지가 많이 소모된다는 거예요. 그래서 녹다운되고, 그래서 죽는다지 뭐예요. 뭔가 중요한 것을 알려 주는 것 같지 않아요? 욕심부려 몸집만 키우다가는 제풀에 지쳐 죽는다? 뭐 이런 비슷한 이야기 아닌가요?

미사일팀장이 상황실장의 해박한 지식에 놀랐다. 그래도 질세라 어깨를 으쓱하며 한마디를 거들었다.

- 그런데, 아주 중요한 정보를 랍스터에 배치된 친구가 전해주었어요. 이건 특급 비밀이라는데 내가 그냥 공짜로 알려 줄게요.

다른 상황실 요원들이 모두 미사일팀장을 쳐다봤다.

- 그 친구는 랍스터 내부를 잘 알잖아요. 그래서 면역세포로서 이곳저곳을 돌아다니는데, 랍스터 세포 내에 좀 이상한 게 있더라는 거예요.

주위가 조용해지는 걸 즐기는 듯 미사일팀장은 잠시 말을 멈췄다.

─ 모든 세포에는 텔로미어(염색체 양 끝부분)가 있잖아요. 왜 DNA 덩어리, 그러니까 염색체 양쪽 끝에 붙어 있는 마개 같은 거 말이에요. 그 운동화 끈 맨 끝에 플라스틱 마개가 있어서 운동화 끈이 닳지 말라고 하는 거 말이에요.[14]

실장이 미사일팀장을 쳐다보며 이야기했다.

─ 네, 텔로미어는 알죠. DNA 사슬이 모여서 유전자가 되고 이게 모여 염색체가 되잖아요. 그 염색체 끝에 달린 일종의 보호장치죠. 이게 시간이 지나면서 조금씩 닳고 그게 너무 닳으면 세포들이 분열 못 하죠. 그래서 세포는, 즉 인체는 유통기한이 정해져 있다고 하잖아요. 그런데요?

미사일팀장이 약간 기가 죽은 듯하더니 다시 힘을 냈다.

─ 그 텔로미어 길이가 짧아지지 않으면, 세포는 나이 들지 않고 계속 쌩쌩하잖아요. 그런 일을 하는 놈을 알고 있어요? 킬러팀장님?

미사일팀장이 이 판에 킬러팀장 코를 납작하게 해 놓으려는 듯 제 딴에는 어렵다고 생각한 질문을 했다. 뒷자리에 있던 킬러팀장이 그런 미사일팀장을 보고는 씩 웃었다. 킬러팀장의 눈에 여유로운 빛이 반짝였다.

─ 와, 팀장님이 면역에 대해 아주 해박하시네요. 텔로미어 길이가 짧아져서 세포가 수명이 다한다는 것도 아시고, 또 텔로미어 길이를 늘이는 텔로메라아제도 아시네요? 그런데 친구분이 근무하는 랍스터 내부의 모든 세포는 텔로메라아제가 평생 활발하다는 거 아니에요? 와, 놀랍네요. 그런 동물이 있다는 게.

킬러팀장의 거침없는 지식에 미사일팀장은 공연히 물어봤다고 후회했다. 미사일팀장의 어깨가 살짝 움츠러들었다.

─ 여하튼 킬러팀장 말처럼 랍스터는 세포 수명을 늘리는 텔로메라아

제가 평생 활발해서, 세포들이 나이 먹어도 쌩쌩하다는 거예요. 그래서 내 친구가 할 일이 없다고 자랑하는 거고요.

실장이 길어지는 이야기를 종료하려는 듯 마무리했다.

— 그게 참 묘한 이야기인데요. 텔로메라아제, 그놈이 활발하면 세포는 죽지 않는데, 죽지 않는 세포는 또 있죠. 여러분도 잘 아시잖아요. 암세포, 이놈도 죽지 않고 계속 자라잖아요. 이놈도 당연히 텔로메라아제가 활발하고요. 암세포와 죽지 않는 세포, 두 개의 구분이 참 쉽지 않네요.[15]

킬러팀장이 미사일팀장을 슬쩍 바라봤다.

— 그럼, 미사일팀장께서는, 기회가 된다면, 친구가 근무하는 랍스터처럼 텔로메라아제를 활발하게 만들어서, 늙어도 죽지 않고, 오래 살고 싶은 거네요? 150년이건 200년이건? 그런가요?

미사일팀장이 킬러팀장을 쏘아보면서 입술을 실룩였다. 목소리에 비아냥이 담겼다.

— 아니, 세상에 오래 살고 싶지 않은 사람이 있어요? 킬러팀장은 아닌 것처럼 말씀하시는데…. 그건 위선입니다, 위선. 나는요, 랍스터보다도 더 오래 살고 싶고요. 나는, 죽고 싶지 않고 평생, 계속, 영원히 살았으면 좋겠다고요. 내 말이 틀렸나요? 속으로는 다 죽지 않고 싶은 거 아니에요?

킬러팀장이 열변을 토하는 미사일팀장의 등을 툭툭 두들기면서 웃었다.

— 네. 미사일팀장 말이 맞기는 하네요. 다만, 그냥 오래 사는 게 아니고 뭔가 살만한 목표가 있으면서 오래 살면 좋기는 하겠죠. 자, 실장님, 우리 랍스터 먹으러 가는 건가요?

실장이 '짝짝' 손뼉을 치며 마무리했다.

―자, 오늘 부임 첫날부터 일이 많았네요. 오늘 랍스터는 제가 쏠 터이 니 모두 가도록 합시다.

비밀연구소 대형 화면으로 면역 상황실의 세포들 이야기를 음성으로 듣고 있던 수철과 혜숙은 놀란 눈으로 서로를 쳐다봤다. 수철의 눈이 반짝 빛났다.

'랍스터가 암 정복 열쇠를 쥐고 있는 것 같은데?'

혜숙이 조심스럽게 말문을 열었다.

"김 교수님, 면역세포들이 아주 세세한 내용까지 알고 있네요. 하기는 면역사관학교인 흉선과 골수에서 어려운 선발 훈련을 통과해야만 면역세 포가 되니, 웬만한 지식은 외부에 있는 우리보다 나을 것 같네요."

수철은 혜숙의 말에 고개를 끄덕였다.

"그래, 생각보다 면역세포들이 정확하게 알고 있네. 그럼 혹시 이놈들 이 그 '스위치' 위치를 알고 있을까?"

혜숙이 눈이 동그래졌다.

"스위치라니요?"

수철은 스위치 이야기를 한 것이 유돈 초청 만찬장에서 흰머리 TV 국 장에게 한 말임을 기억해 냈다.

"아, 미안. 혜숙은 처음 듣는 이야기구먼."

수철은 유돈 병원장이 초청한 그룹 만찬장에서의 일들을 하나하나 기 억하고 있었다. 유일한 외출이었던 만찬 후 수연이 병원에 실려 왔기 때 문이다.

'그 만찬이 함정이었을까.'

수철이 주먹을 움켜쥐었다.

그날 만찬장에는 식약처 차관, 그룹 임원, 병원 간부들이 와 있었다. 평소 이런 곳에 참여하는 걸 좋아하지 않는 수철과 수연이었지만 병원장인 유돈의 말을 무시하기도 힘들었다. 수철의 테이블에는 흰머리의 한국 방송 TV 국장이 와 있었다.

세포들도 서로 SNS를 한다는 수철의 논문이 《사이언스》 표지 논문으로 실린 소식을 TV 국장은 기억하고 있었다. 《사이언스》면 세계 최고 과학 잡지다. 수철의 논문은 그곳에 표지 논문으로 실린 데다 《사이언스》 편집장이 극찬하기까지 하였다. 국내 인터넷 포털에 기사가 나더니 하루 만에 그 기사는 사라졌다. 대신 그룹 연구소장이기도 한 유돈의 바이러스 항암제 임상 통과 소식이 대신 올라왔다. 그룹의 댓글 작업 때문이다.

흰머리 국장이 수철의 SNS 칩에 관해 물어 왔다.

"그러니까 교수님이 만든 SNS 칩은 암세포와 면역세포의 대화를 들을 수 있고 그러면 암이 발생하는 이유를 알 수 있다는 이야기네요."

"희망 사항이죠. 정상세포가 수많은 상처를 입었을 때, 정상이라면 자폭 단계로 가야 하는데 자폭 장치마저 부서진 상황이 되면 암세포가 생깁니다. 다시 말해 돌연변이가 누적되어 세포가 정상분열을 못 할 경우, 살아남기 위해 비상 방법을 쓰는 거지요. 즉, 처음 진화한 세균처럼 이분법으로 자라나기 시작합니다."

암의 진화 전략이다. 절망적이면서도 경이로운 생명의 의지다. 암의 생존 기술을 이야기하는 수철의 눈이 빛났다.

"…그때 처음 켜지는 유전자가 암의 마스터 스위치라고 생각하고 있습니다. 그걸 찾아내면 암 발생 자체를 막을 수 있지 않을까 생각합니다. 저는 그 스위치 유전자를 몸속 면역세포, 암세포들이 알려 줄 수 있을 거라 바라고 있고요.[16]"

"하지만 병원장님은 아까 연설에서 암의 천적인 항암 바이러스를 이용하는 것이 암을 정복하는 최고의 방법이라고 하지 않았나요?"

수철은 잠시 말이 없었다. 유돈에 대하여 이러쿵저러쿵하는 것은 수철에게는 안 맞는 방식이다. 수철의 표정이 굳어졌다.

"네, 병원장님의 암 치료 방식도 기대가 됩니다. 암세포만을 골라서 침투하고 100배씩 퍼져 나가는 항암 바이러스는 아주 효과적일 수 있죠. 그런데 국장님, 우리 몸속 DNA 속에 바이러스 유전자가 들어가 있다는 거 아세요?"

흰머리 국장이 화들짝 놀랐다.

"아니, 우리 유전자 DNA에 바이러스 DNA가 들어 있다고요? 무슨…?"

"저희 몸에는 바이러스 유전자가 8% 들어 있습니다. 즉 한번 우연히 들어온 바이러스가 나가지 않고 우리 몸속 DNA 사이에 끼어들어 거기에서 사는 겁니다. 바이러스가 생존의 귀재란 말입니다. 항암 바이러스가 인체 내에 들어와서 암을 죽일 수는 충분히 있습니다. 하지만 그다음에 필요 없어진 바이러스를 완벽하게 제거해야 하는데 그게 쉽지 않을 수 있습니다. 이미 그런 방식으로 들어와 있는 바이러스 DNA가 8%나 있다는 것이 그 증거입니다.[17]"

그 이야기를 듣고 있던 흰머리 국장은 눈이 동그래졌다.

"그럼…. 교수님은 암의 천적이 무어라고 생각하세요?"

"그야 당연히 면역세포입니다. 면역세포만이 암세포를 구분해서 죽일 수 있습니다. 물론 지금은 면역세포가 암세포를 하나하나 접촉해서 죽이는 걸로만 알고 있습니다. 하지만 혹시 알아요? 이 면역세포들이 암 발생 자체를 막는 방법을 알고 있을 수도 있지 않나 하는 것입니다. 그걸 '암 마스터 스위치'라고 불렀고요."

수철이 이런 이야기를 TV 국장과 이야기하면서 유돈이 만찬 자리에서 발표한 항암 바이러스 임상 성공 소식을 곰곰이 생각했다. 유돈을 개인적으로도 좋아하지 않는데 암 정복 접근 방법도 맘에 들지 않았다. 수철과는 결이 다른 유돈이었다. 수철은 언젠가는 이곳을 떠나야겠다는 생각을 했다. 그렇게 끝났던 유돈 초청 만찬장이었다.

수철이 깊게 한숨을 내쉬었다. 수철이 설명한 그날의 만찬 이야기를 듣던 혜숙이 물었다.

"그럼, 암이 생기려면 돌연변이가 연속 축적되는 좋지 않은 상황이 되고, 그때 어떤 스위치가 켜져야 암세포로 돌변한다는 말씀이네요? 그걸 상황실 세포들이 알 수 있을지도 모른다고요? 그걸 알면, 즉 그 스위치를 끄는 방법을 찾으면, 암 발생 자체를 막는 거네요. 암 백신을 만들 수 있다고요?"

수철은 혜숙의 빠른 머리 회전에 고개를 끄덕였다.

'역시 혜숙이다. 혜숙이 곁에 있어서 다행이다.'

"그래, 그건 내 희망 사항이지만, 어쩌면 면역세포들이 알 수 있을지도 모르지."

수철은 건너편 침대에 누워 있는 영미를 바라보다가, 문득 다른 생각이 들었는지 고개를 들었다.

"그런데, 지금 영미 겨드랑이에 삽입된 SNS 칩 내부로는 어떤 물질을 보낼 수 있던가? 가령, 킬러팀장 T세포에게 인터페론이나 인터류킨 등의 신호 물질을 주입할 수 있지?"

수철의 질문에 혜숙은 그 의도를 알아챘다. 혜숙의 눈이 반짝였다.

"그러니까 김 교수님은 필요시 상황실장 세포나 킬러팀장 세포에게 어떤 신호 물질을 주입해서 행동하게 만들자는 거죠? 물론 가능합니다. 칩 내부에는 아주 미세한 관이 각각의 세포들 방에 연결되어 있습니다. 그런데 현재로는 두 개 방에만 연결할 수 있습니다. 교수님은 킬러팀장에게 뭔가 지시를 하고 싶은 게 있으신 거죠? 그놈이 암세포를 직접 찾아서 죽이는 킬러세포니까요."

혜숙의 통찰력이 빛난다. 수철의 의도를 정확히 파악했다.

"그래, 나는 킬러팀장과 연결하고 혜숙은 상황실장과 연결해 놓지. 아바타처럼 우리가 직접 세포 역할을 할 수는 없지만 최소한 외부에서 어떤 신호는 그 세포에게 보낼 수 있을 거야."

"그런데 김 교수님, 교수님도 잘 아시다시피 외부에서 특정 세포에 신호 물질을 보내는 경우는 학계에 한 번도 보고가 되어 있지 않아요. 그게 제대로 작동할지는 잘 모르겠어요."

혜숙이 걱정스러운 얼굴이 됐다.

"…그리고 그게 어떤 작용을 할지도 잘 모르고요. 일단 킬러팀장의 방 안에 교수님만이 로그인할 수 있도록 해 놓고, 로그인 상태에서만 특정물질을 주입할 수 있는 식으로 할 것입니다. 그래야 외부에서 침입해서 특정 세포에 신호를 보내는 일을 막을 수 있을 것입니다."

수철은 혜숙이 면역학에 상당히 해박한 지식을 갖고 있음에 놀랐다. 이런 동료가 있어 얼마나 다행인가. 혜숙 없이는 처음부터 불가능했을 일이다.

영미의 겨드랑이에 삽입된 SNS 칩에는 눈으로 잘 보이지도 않는 초미세 관이 연결됐다. 컴퓨터를 통해 로그인해야만 초미세 관으로 어떤 물질을 주입하는 것이 가능하도록 보안 장치도 했다. 이제 영미 몸에서 감기 바이러스에 의한 염증 반응이 사라졌다. 면역상황실 요원들도 대화가 줄어들고 조용해졌다.

혜숙과 두 연구원이 비밀연구소를 나가고 수철이 연구소 맨 뒷방의 침대에 몸을 눕혔다. 그때 연구소 대형화면에 보이는 영미의 바이탈 사인 중 심장 박동과 체온이 조금씩 오르기 시작했다. 연구소에 '삐삐' 날카로운 경고음이 울린다.

이제 생사를 건 전쟁의 막이 오르기 시작했다.

8
사이토카인 폭풍

연구소에 비상이 걸린 건 수철이 침대에 몸을 눕힌 지 채 세 시간도 안 되어서다. 연구소에 경고음 소리가 요란하다. 영미의 바이탈 사인이 모두 정상을 벗어나기 시작했다.

한 시간 전 37.5도였던 영미 체온이 40도까지 치솟았다. 수철이 잠에서 깨어 벌떡 일어났다. 지난 3시간 동안 열은 급커브를 그리며 올라갔다.

연구실 비상 신호를 받은 혜숙과 연구원이 뛰어 들어왔다. 혜숙의 얼굴이 창백하다.

"김 교수님, 영미 감기는 지나가지 않았어요? 왜 열이 갑자기 오르죠?"

지난 3시간 동안의 바이탈을 체크하던 수철이 고개를 갸우뚱했다.

"감기라기에는 너무 고온인데, 아무래도 코로나나 사스, 인플루엔자 같은 독한 바이러스 같은데. 이게 왜 갑자기 나타났지?"

숨어있는 적이 있을 거라는 킬러팀장의 우려가 현실이 된 건가.

혜숙이 대형화면 하단의 AI-아바타 앱 버튼을 누르자 화면이 잠시 흐리더니 초점이 잡혔다. 영미 겨드랑이에 삽입된 SNS 칩을 통해 면역세포들의 상황실 모습이 보였다.

'실장' 모자를 쓴 상황실장과 킬러팀장, 미사일팀장이 서둘러 상황실로 들어왔다. 미사일팀장이 짜증스러운 표정으로 투덜거렸다.

— 아니, 이거 랍스터 회식은 시작도 못 했는데. 무슨 일이에요?

당직 상황병이 대형 화면의 바이탈 사인을 가리켰다.

— 바이탈, 특히 체온이 빠른 속도로 오르고 있어요. 지금은 39.5도까지 올랐습니다. 감기 증상이 아닌 독성 호흡기 바이러스 같습니다.

— 아니, 회식 전에 감기는 이미 상황 종료되지 않았나?

실장은 폐기도 부분 CCTV를 켰다. 상황실 요원들이 CCTV를 보더니 모두 놀랐다. 몇몇이 헉, 하고 숨을 들이켰다. 목을 지나 폐로 들어가는 기관지 부분이 시뻘겋게 충혈되어 있다. 염증이 심해져서 폐렴 단계까지 진행한 거다. CCTV를 확대하니 점막을 뚫고 기관지 상피세포 벽에 달라붙은 바이러스들이 새까맣게 보였다.

상상 이상으로 심각한 상황이다. 이미 폐렴까지 진행됐다니.

킬러팀장이 걱정스러운 목소리로 말했다.

— 저놈들이 어디로 들어왔죠? 전방 척후팀장 이야기로는 두 종류처럼 보인다고 했는데, 아직 확실한 증거는 없고….

그러자 옆에 있던 미사일팀장이 비아냥대듯 참견했다.

— 킬러팀장님, 한 놈이건 두 놈이건, 동시에 왔건 따로따로 왔건 지금 그게 뭐가 중요합니까? 내가 만든 점막 끈끈이 항체들로 둘 다 잡아 버리면 되잖아요. 바이러스를 이놈 저놈 구분하지 않고 무조건 공격하는 것이

1차 방어선인 '선천 면역'의 장점 아니에요?

미사일팀장이 조용해진 상황실 분위기를 즐기려는 듯, 씩 웃었다.

— …어떤 놈인지 구분하는 데 시간 쓰지 말고 일단 침입자면 모조리 격퇴하라, 이게 점막에서 하는 일 아니에요? 1 사관학교에서 그 정도는 다 배우지 않아요?[18]

미사일팀장의 비꼬는 듯한 말에 상황실 요원들이 수군거렸다.

— 저 팀장은 왜 킬러팀장을 못 잡아먹어서 안달이냐?

— 실장하고 킬러팀장이 같은 사관학교 출신인 데다가, 실장이 킬러팀장을 좋아하는 것 같으니까 그게 심통이 나는 모양이지.

실장이 두 사람 사이에 끼어들었다. 실장의 목소리가 높아져 있다.

— 자, 자, 지금 그걸 따질 때가 아니고 침입한 바이러스를 어떻게 처치할 것인지부터 상의합시다.

상황실장이 매뉴얼을 대형 화면에 띄워 놓고 차례로 하나하나 짚어 나갔다. 매뉴얼 페이지를 넘기는 손이 미세하게 떨렸다. 이론과 실전 차이를 절감하는 떨림이다.

— ….매뉴얼에 따르면 먼저 침입 지역 근처에 있는 대식세포, 즉 면역 순찰병이 먼저 적을 먹어 치웁니다. 그리고 5분 대기조 면역병사인 호중구, 중성구를 부르는 SNS를 보냅니다. 그러면 혈관이 확장되고 여기를 통해 지원 병력이 도달하게 합니다.

완벽한 매뉴얼 암송이다. '매뉴얼' 실장다운 모습이다.

— 마치 댐이 터져 밀려오듯 중성구가 밀려옵니다. 여기에 적의 모양을 보고 달라붙는 추적자인 보체들도 같이 밀려 나옵니다. 이 보체는 수억 년 된 무기, 그만큼 단순하고 확실합니다. 반으로 쪼개져 레고처럼 적

에게 GPS처럼 달라붙습니다. 나머지 반은 대식세포나 중성구에 달라붙습니다. 그러면 면역세포들이 반쪽 GPS가 달라붙어 있는 침입자들을 찾아 나섭니다.

매뉴얼을 보지도 않고 설명해 나가는 실장의 얼굴이 굳어 있다. 상황실은 쥐 죽은 듯 조용했다. 실장은 정면을 보며 대응 매뉴얼을 넘겨 나갔다. 모든 시선이 실장에게 집중되어 있다.

— …이 단계에서 대부분 침입자가 궤멸하고 전투는 끝이 납니다. 죽은 침입자, 면역세포들과 보체 등이 엉켜 고름이 됩니다. 이게 염증입니다.

실장의 목소리가 한층 더 또렷해졌다. 미세하게 떨리던 손에 힘이 들어갔다.

— 여기까지는 어제 이미 한번 겪어 본 염증 반응과 같습니다. 1차 저지선입니다. 이건 '후천' 면역이라 부르는 총공격 명령을 내리기 직전의 행동 요령입니다. 후천 면역, 즉 총공격 명령은 지옥의 문이 열리는 거죠. 엄청난 비용이 들고요. 이보다는 그전에 상황 종료되는 것이 제일 좋은 방안입니다. 제가 알고 있는 매뉴얼 내용인데, 혹시 잘못된 점이 있나요?

대응 방법을 하나의 오차도 없이 줄줄 외워 나가는 상황실장을 보고 킬러팀장이 엄지를 치켜들며 칭찬했다. 미사일팀장이 눈을 굴리며 손을 들어 질문했다.

— 실장님, 대응 매뉴얼은 정확히 꿰고 있으십니다. 그런데 왜 거기에 저희 미사일팀 이야기는 없죠?

실장이 싱긋 웃더니 대답했다.

— 없기는요. 1차 방어인 타고난 면역에 미사일팀이 아주 중요한 무기를 만들어 놓죠. 그건 점막에 설치해 놓은 끈끈이 항체 아니에요? 이놈들이 들

어오는 침입 균에 달라붙어서 움직이지 못하게 하죠. 우리 몸의 외부는 피부로 보호하고 있지만 내부는 모두 점막으로 보호되잖아요. 점막이 아주 중요한 방어선이죠. 미사일팀이 배치해 놓은 끈끈이 항체를 포함해서요.

실장이 힐끗 미사일팀장을 바라본다.

— 물론 미사일팀의 진가는 2차 방어선인 후천 면역에서죠. 적의 모습을 기억하고 그걸 끝까지 추적하는 크루즈 미사일 항체가 우리 몸의 최고 무기입니다. 밖으로 돌아다니는 침입자는 모두 이 항체 미사일로 한 방에 날아가죠. 그럼요. 미사일팀이 없으면, 우리 상황실은 눈먼 장님입니다. 아무것도 못 합니다.

실장이 미사일팀장을 치켜세우자, 팀장의 입꼬리가 살짝 올라가고 허리가 꼿꼿해졌다.

상황실 요원들은 CCTV를 통해 현지 전투 상황을 지켜보고 있지만, 별로 긴장한 모습이 아니었다. 지금은 간단한 염증 상황이다. 면역 경비대는 늘 이런 작은 전투를 치른다. 전투니까 불꽃이 튄다. 그래서 염증이란 단어는 '불'에서 왔다. 핀에 찔려서 살갗이 붓고 붉어지는 것도 면역병사들이 달려오느라 혈관이 확장되어서다. 전투가 끝나면 시체들로 고름이 생긴다. 건강한 몸에서는 염증이 종이에 붙은 불처럼 확 올랐다가 금방 꺼져야 정상이다. 몸이 약해지면 잔불이 남아 있다. 잔불로 근처 세포들이 상처를 계속 입는다. 이런 정도는 늘 있는 일이다. 그러나 잠시 후 상황실 요원들이 술렁이기 시작했다. 몇몇 요원들이 의자에서 몸을 앞으로 기울였다. CCTV 화면을 보던 한 요원이 "어?"하고 외쳤다.

폐 기관지의 염증 부위가 점점 커지고 있었다. 코로나바이러스는 호흡기 전문 바이러스답게 급격하게 세를 늘리고 있다. 기관지 최외곽인 상피세포에 붙어 있던 바이러스들이 상피세포 출입문에 해당하는 곳에 몸을 착 붙이고 아주 쉽게 들어가고 있다.

일단 폐점막 세포 내부에 들어선 바이러스들은 자신들의 생명 코드인 RNA를 내뿜었다. 폐 세포들은 이미 바이러스에 의해 내부 시스템이 모두 장악된 좀비로 변했다. 바이러스 RNA를 마치 자신들 것인 양, 부지런히 내부 공장을 돌려서 손오공 복제술처럼 바이러스를 연속으로 만들어 냈다. 순식간에 백 개의 바이러스 본체가 만들어졌다. 이놈들이 밖으로 나오면서 세포는 터져 버렸다.

새로 만들어진 바이러스들을 만난 면역 순찰대가 이들의 모습만을 보고 바이러스라 바로 판단했다. 긴급 SNS 물질을 혈관으로 쏘아 댔다. 이 신호를 받고 면역병사인 중성구와 호중구들이 혈관을 타고 쏜살같이 몰려들었다. 바이러스와의 백병전이 시작됐다. 중성구는 주특기인 끈끈이 그물망을 쏘아 대며 바이러스들을 묶어 댔다. 호중구, 대식세포들이 이들에게 칼을 꽂으며 집어삼켰다. 하지만, 바이러스들이 폐 세포들을 침입해서 백배로 늘리는 속도를 따라잡을 수가 없었다.

늘어나는 바이러스를 쳐다보던 상황실장의 얼굴이 굳어졌다. 실장이 매뉴얼을 급히 뒤적거리기 시작했다. 킬러팀장은 뒷자리에서 팔짱을 끼고 말이 없다. 폐점막을 지나 허파꽈리 부분까지 침입해 들어가는 바이러스가 퍼지는 속도를 면역병사들이 따라잡기는 힘들어 보인다.

바이러스가 점점 퍼지면서 영미의 체온이 41.5도까지 올랐다. 바이러스가 세포들을 감염시키기 시작하면 면역 척후병인 대식세포가 뇌 시상하부에 신호 물질을 보낸다. 체온이 올라간다. 1도가 올라가면 바이러스는 1/200로 활동이 급격히 떨어진다.[19] 하지만 영미 체온이 저런 상태로 고온이 유지되면 뇌세포가 익는다. 빨리 대응해야 한다.

미사일팀장이 다급히 실장에게 달려왔다.

– 실장님. 초기 대응을 놓치면 걷잡을 수 없습니다. 지금 강력히 대응해야 합니다.

– 팀장님, 현장 전투는 현장에서 대응해야지, 여기 상황실에서는 달리 할 방도가 없습니다. 좋은 아이디어가 있나요?

미사일팀장이 최근 개발된 기술이라며 면역 순찰팀을 현지로 내보내는 SNS 물질인 인터류킨6을 자기가 쏘아 보낼 수 있다며 자랑했다. 지금이야말로 이 방법이 꼭 필요한 때라고 강력히 주장했다.

– 일단 한번 효과를 봅시다. 내가 자신합니다. 내가 책임질 수 있어요.

책임질 수 있다는 미사일팀장의 말에 실장은 한번 보겠다는 심정으로 허락했다. 의기양양해진 미사일팀장이 가슴을 쭉 펴고 미사일팀에 연락해서 현장으로 인터류킨6을 발사토록 했다.

비밀연구소에서 대형 화면으로 면역 상황실의 세포들 대화를 듣던 수철이 혜숙을 쳐다봤다.

"면역팀이 바이러스를 못 따라잡고 있네. 저러면 위험해지는데…. 미사일팀이 발사한 인터류킨6도 아직 효과가 없네. 왜 미사일팀장 말처럼 좀 더 강력한 초기대응을 하지 않는 거지?"

화면을 쳐다보고 있던 혜숙이 근심스러운 얼굴로 대답했다.

"글쎄요, 세포들 나름대로 생각이 있는 건 아닐까요?"

"그러기에는 체온도 높아지고 바이러스들도 빨리 퍼지고. 내가 직접 대응하는 것이 낫겠는데."

"우리가? 직접요? 외부에서 신호 물질 주사를 한다는 말씀이에요? 좀 기다려 보는 건 어떨까요?"

"아니야. 염증은 불이야. 불은 초반에 꺼야지 다른 데로 퍼져 나가면 위험해져. 면역병사들을 더 불러들여서 바이러스를 눌러야 해."

혜숙이 말릴 사이도 없이 수철은 영미의 겨드랑이에 삽입된 SNS 칩의 미세관을 통해 인터류킨6 100유닛을 주입했다. 인터류킨6은 바이러스를 발견한 면역병사가 더 많은 병사를 부르는 신호다. 혈액 속에 있던 호중구들이 인터류킨6의 신호를 받고 전투 장소인 폐기도 부근으로 몰려가기 시작했다.[20] 갑자기 몰려드는 수많은 면역병사를 보자 단발머리 실장은 한순간 호흡을 삼켰다. 실장의 눈썹이 치켜 올랐다.

— 아니, 왜 갑자기 면역병사들이 저렇게 수천 명이 몰려오는 거죠? 미사일팀에서 발사한 인터류킨양은 10유닛이라 그리 많지 않을 터인데. 현장에 있던 면역 보초가 증원군을 더 부른 겁니까? 저렇게 몰려들면 좁은 지역에서 아군끼리도 총질할 수도 있는데, 너무 많은 구조 신호가 한꺼번에 전달된 것 같네요. 이게 어떻게 된 일이죠? 미사일팀장님, 인터류킨6을 얼마를 쏘아 댄 거죠? 기본량이 10유닛 아니에요? 저렇게 많은 면역병사가 쉴 새 없이 쏟아져 들어오는 걸 보니 전국적으로 인터류킨 100유닛은 발사된 것 같은데요? 빨리 현장의 인터류킨 양을 확인해 보세요. 미사일팀장님!

미사일팀장이 폐 속의 인터류킨양을 보고받았다. 110유닛이다. 팀장의 얼굴에서 핏기가 싹 가셨다. 실장 얼굴이 험악해졌다.

— 미사일팀장, 도대체 일을 어떻게 하는 거야! 사관학교까지 나왔다는 팀장이 발사하는 탄약의 유닛도 못 맞춘 거야!

실장이 '팀장님' 대신 '팀장'이라 부르며 강하게 질책하자, 미사일팀장은 얼굴이 붉으락푸르락했다. 그러더니 주먹을 불끈 쥐고 상황실 문을 걷어차고 밖으로 나갔다.

비밀연구소 대형 화면으로 이 장면을 지켜보던 혜숙이 깔깔거렸다.

"김 교수님, 잘못은 교수님이 하셨는데 혼나기는 엉뚱한 미사일팀장이네요."

수철도 본인이 인터류킨을 주사한 것이 잘못된 거라는 걸 깨달았다.

"이거 함부로 외부에서 조종하면 큰일 나겠군. 몸속 세포들은 나름대로 최적의 전략으로 대응하고 있는 거야. 간단한 염증도 이렇게 세밀하게 대응하고 있는데, 교묘한 암세포에 대응하는 면역세포는 어떻게 대처할까?"

수철이 대형 화면을 넋 놓고 바라보며 중얼거렸다.

"…수백만 년 동안 인간의 몸 안에서 자라난 암세포를, 역시 수백만 년 대응해서 죽이는 면역세포들은 또 얼마나 정교할까. 인간이 모르는 게 너무 많아. 면역세포를 잘 알아보면 암세포에 대한 답이 있지 않을까? 잘하면 암도 정복할 수 있는 거 아닌가? 우리는 코앞에 있는 보물을 몰라보는 건 아닌가…?"

수철이 생각에 잠겨 있을 때 혜숙이 수철의 어깨를 톡톡 쳤다.

"김 교수님. 넋이 나가셨어요? 지금 사이토카인 이야기를 하고 있어요. 갑자기 암세포, 면역세포 이야기가 왜 나와요?"

그제야 수철은 정신을 차렸다.

"그래, 인체가 너무 정교하게 조정되는 게 신기해서 넋이 나갔나 보군. 그나저나 멋모르고 내가 개입해서 일을 망쳐 놓은 건 아닌지 모르겠어."

지금 같은 때에 웃은 게 미안했던지 혜숙이 웃음기를 거두며 수철에게 말했다.

"괜찮을 거예요. 저 정도는 치사량은 물론 아니고요. 다만 바이러스가 한참 퍼져나 가던 때라 아마도 사이토카인 폭풍이 발생할 가능성은 있어요."

수철이 눈을 찌푸렸다.

"사이토카인 폭풍? 그래, 그게 올 수 있어. 내가 일을 망쳐 놓은 건 아닌지 몰라."

19세기 스페인 독감으로 세계 인구 3%가 사망했다. 사망자 대부분은 청년층이었다. 이는 조절되지 않는 SNS, 즉 사이토카인 폭풍이 얼마나 무서운지를 보여 준 사건이다.[21]

"우리가 미리 대비해 놔야 하는 거 아니에요?"

혜숙이 걱정스러운 얼굴로 수철을 쳐다보았다.

"면역세포들이 스스로 조절할 수 없을 정도까지 되면 그때는 우리가 개입해야 할 거야. 조금 더 지켜보자고."

우려는 곧 현실이 되었다.

면역 상황실의 경보등이 붉게 켜지고 '앵앵' 경보음이 울리기 시작했다. 코로나가 폐 세포에 침입하면서 경보장치를 건드렸다. 너무 많은 SNS 경보물질이 분수처럼 퍼져나갔다. 침입한 바이러스보다 더 큰 문제는 급격히 늘어난 면역병사, 즉 호중구, 단핵구, 대식세포들이었다. 전국의 모든 면역병사가 모두 모였다 할 만큼 많았다. 이들 병사는 아주 예민해져서 바이러스가 보이기만 하면 모두 총과 수류탄으로 근처를 박살 냈다.

보통의 전투에서도 근처의 멀쩡한 세포들이 부서지는데, 이건 몇 배

많은 면역병사가 쏘아 대니 폐점막뿐 아니라 폐 내부, 허파꽈리들도 점점 붉게 변하고 있었다. 마치 불을 끄겠다고 너무 많은 소방차가 몰려와서 꼼짝달싹도 못 하는 사이, 그 위로 불길이 소방차까지 덮치는 상황이다. 아니 그보다 더 심각했다.

상황실장은 처음 보는 사이토카인 폭풍에 당황했다. 실장이 매뉴얼 책을 떨리는 손으로 이리저리 넘기기만 할 뿐 화면에서 눈을 떼지 못하고 있다. 이대로면 언제 심장 마비 쇼크가 올지 모르는 상황이다. 상황병들도 처음 겪는 비상사태에 모두 넋이 나가 있는지, 화면 속 붉은 점막만을 멍하니 쳐다보고 있다. 영미의 바이탈 사인 신호에 붉은색 경고등이 세 개까지 들어왔다.

그때 뒷좌석에서 팔짱을 끼고 있던 킬러팀장이 조용히 실장 앞으로 왔다. 실장의 이야기를 듣는 듯한 자세로 킬러팀장이 고개를 끄떡였다. 당황스럽던 실장의 눈이 팀장의 눈을 만나더니 이내 차분하게 가라앉았다. 그러기를 10초, 이윽고 실장이 깊은숨을 들이쉬었다. 실장의 떨리던 손이 서서히 멈췄다. 그리고 조용히 명령을 내렸다.

– 폐점막, 항염증제 인터류킨6 억제제 100유닛 공급!

그러자 상황병이 대형화면 왼쪽 앞에 설치되어 있는 채혈기로 가서 덮개를 열었다. 실장이 오른손 검지를 지문 인식기에 댔다. 잠시 후 화면에 'IL-6 억제제 100'이라는 문자가 뜨더니 약병이 하나 나왔다. 상황병이 그 약병을 상황실 우측의 많은 밸브 중에서 '폐점막'이라고 쓰인 밸브에 연결했다. 폐점막으로 항염증제가 전달됐다.[22]

상황실이 일순 조용해지더니 모두 중앙 화면을 주시했다. 잠시 후 폐점막에 조금씩 변화가 생겼다. 수백 명씩 몰려 있는 면역병사들이 조금씩 흩어지기 시작했다. 일부는 느슨해진 혈관으로 다시 들어가고, 일부는 점막 부근을 떠나기 시작했다. 병사들의 숫자가 눈에 띄게 줄자, 붉게 변했던 폐점막의 색깔이 점점 옅어지기 시작했다. 부어 있던 허파꽈리들이 다시 정상 모양으로 수축했고, 붉은 반점들이 하나둘 사라졌다. 영미의 체온은 42도에서 38.5도까지 떨어졌다. 혈압과 맥박이 정상 범위 내로 돌아오자, 상황실 경보들이 꺼지고 녹색으로 변했다.

구석에 있던 킬러팀장이 자리에서 일어나 손뼉을 치기 시작했다. 그러자 다른 요원들도 자리에서 일어나 모두 손뼉을 치면서 환호했다. 실장이 매뉴얼 책을 덮으며 킬러팀장을 슬쩍 바라봤다.

비밀연구소에서 이 상황을 대형 화면으로 보고 있던 혜숙도 실장처럼 손뼉을 치기 시작했다. 그러자 다른 연구원들이 따라서 박수하면서 환호성을 질렀다. 수철은 그런 혜숙을 보다가 화면 속의 상황실장을 봤다. 손뼉 치는 혜숙에게 외쳤다.

"혜숙이가 상황실장 판박이네. 아니, 혜숙이 아바타가 상황실장이야."

그 말을 들은 혜숙이 씩 웃었다.

"김 교수님은 그럼 킬러팀장이군요, 호호호."

혜숙의 밝은 얼굴을 보면서 수철은 오랜만에 마음이 편해졌다. 영미를 살릴 수 있을 거라는 생각에 힘이 났다. 수연이 죽고 나서 텅 빈 가슴이 조금씩 채워지는 것 같다. 그 가운데에는 혜숙이 있다. 수철은 고개를 들어 혜숙을 바라봤다. 혜숙도 그를 마주 봤다. 잠깐의 시간이 흘렀다.

'아니, 내가 이래서는 안 되지.'

수철이 얼른 시선을 영미에게로 돌렸다. 수철이 뛰는 가슴을 달래러 철문을 열고 밖으로 나갔다. 한강 너머로 노을이 지고 있었다.

모두가 퇴근한 비밀연구소 내부는 조용하다. 대형화면 건너편에 영미가 보인다. 오늘은 수철의 성급한 대응으로 위급상황이 왔었다. 하지만 영미 몸속 상황을 정확히 알려주는 SNS 칩 덕분에 위기를 모면했다. 이제 희망이 보인다. 영미가 깨어나면 무슨 소리를 할까?

'아빠, 진짜 의사 맞아? 어째 내 몸속 세포들보다 못해? 다음에는 잘 좀 해 봐. 호호호.'

미동도 하지 않고 있는 영미지만 곧 일어나 깔깔거리며 웃을 것 같았다. 면역세포들의 대화 속에 모든 답이 들어 있었다. 지금까지 수철이 알고 있던 것은 극히 일부분이다. 세포들의 이야기는 많은 것을 준다. 무엇보다 확실하다. 수철은 생각을 집중했다.

'면역세포들이야말로 최고의 스승이다. 인간이 만든 어떤 치료법보다 정교하고 효과적이다. 암의 천적은 면역세포들이다. 상황실장의 판단과 킬러팀의 공격이면 암도 정복할 수 있지 않을까. 수연에게도 좀 더 일찍 SNS 칩을 사용했더라면 살릴 수 있지 않았을까. 그런데 수연의 혼수는 왜 생겼을까. 수연의 마지막은 심장 마비 쇼크였지. 심장 마비, 쇼크, 사이토카인 폭풍, 바이러스….'

갑자기 수철이 벌떡 일어나 전화기를 집었다. 이곳에 온 이후로 꺼 뒀던 전화기다. 집에 거의 다 와 가던 혜숙이 전화를 받았다.

"면역 상황실 대화가 녹화가 되던가? 내가 다시 들어 보고 싶은 게 있는데…."

혜숙이 바로 차를 돌렸다.

이제 숨겨진 그림자가 서서히 윤곽을 드러냈다.

9
악마의 실험실

상황실에 급히 돌아온 혜숙을 보자마자 수철이 물었다.

"어제 척후팀장이 상황실에 들어오면서 영미 몸의 바이러스 이야기를 했지. 그런데 음성이 잘 나오지 않아서 제대로 못 들었는데, 그 부분만 다시 들어 볼 수 있을까?"

무언가 중요한 단서를 놓쳤다는 직감이 든다. 그 짧은 순간에 진실이 숨어 있을지도 모른다.

혜숙이 컴퓨터의 녹화 영상을 처음 시작 부분으로 돌렸다. 화면이 흔들리던 장면이 나오고 음성이 안 들린 시간이 15초 정도 됐다. 혜숙의 자판 두드리는 속도가 빨라졌다. 백업 파일을 열어 음성 부분만을 추출해서 원래의 화면과 연결했다. 소리가 없어진 부분이 복원됐다.

킬러팀장이 대신 나섰다.

— ……아, 척후팀장님, 멀리서 오시느라 고생 많으셨습니다. 미사일

팀장, 이 친구가 뭔가 불편한 게 있는 모양입니다. 내가 대신 사과하죠. 그런데 바이러스 두 종류가 동시에 침입하는 게 흔한 일은 아닌 줄 아는데요. 어떻게 그런 일이 가능하죠?

— 네, 저도 그게 찜찜해서 이렇게 일부러 온 겁니다. 두 개가 동시에 들어온 건 제가 근무하는 동안 처음 본 일이었어요.

상황실장은 두 눈이 동그래졌다.

— 두 종류가 동시에 관측이 되었다고요? 그게 종종 있는 일인가요?

척후팀장이 고개를 절레절레 흔들었다.

— 아니요. 제가 근무한 이래 처음 보는 현상입니다. 잘 아시다시피 바이러스에 감염된 세포는 주위 세포들에게 조심하라고 신호를 보내잖아요. 그게 인터페론이고요. 그걸 받은 이웃 세포들은 모두 문을 걸어 잠그고 대비하잖아요. 그래서 두 번째 바이러스는 못 들어온다고 알려져 있죠.[23]

그때 킬러팀장이 손을 들더니 물었다.

— 척후팀장님 생각에는 누군가 일부러 두 개를 동시에 감염시켰다는 이야기네요. 왜 그러리라고 생각하십니까?

팀장은 말이 통하는 친구가 있다고 느꼈는지, 말에 힘이 실렸다.

— 제 생각에는, 감기 바이러스에 뭔가를 실어 보낸 것이 아닌가 합니다. 감기 즉, 아데노바이러스는 흔히들 많이 보기 때문에 별로 신경 쓰지 않잖아요. 더구나 같이 감염시킨 놈이 감기보다 강력한 코로나바이러스이고요. 그러니 모든 보초가 코로나에 신경 쓰는 동안 감기는 그냥 무시하고 말죠. 물론 제가 가서 다시 확인해 봐야겠습니다. 감기는 확인되었는데 코로나는 미처 잡지 못했습니다.

척후팀장과의 대화를 듣던. 수철이 벌떡 일어났다. 혜숙도 무언가 집히는 것이 있는지 연구소 내의 서류철을 뒤졌다.

― 그렇지? 수연이 장기간 입원하고 있었는데 갑자기 열이 오른 것은 누군가 바이러스를 감염시킬 가능성이 크다고 최 팀장도 이야기했어. 그래서 코로나 외에 다른 바이러스가 있는가 보자고 했어. 그러다가 이곳으로 영미를 데리고 왔고 말이야.

수철의 얼굴이 점점 굳어졌다.

'이건 고의적인 감염이다. 누군가 수연과 영미를 노린 것이다.'

"…아직 최 실장에게 그 실험을 했는지는 물어보지 못했지만, 그 답은 이미 면역세포들이 가르쳐 줬네. 누군가 코로나와 더불어 아데노바이러스를 동시 감염시켰고 아데노에는 어떤 모르는 유전자를 실어 보냈고…. 그러니까 코로나는 관심을 돌리기 위한 위장용이고 아데노에 무슨 유전자인가를 실어서 수연과 영미의 몸을 변화시키려 한 거야."

그 말을 듣던 혜숙의 눈이 동그래졌다. 혜숙이 손으로 입을 막았다.

"아니, 그럼, 수연 언니나 영미에게 누군가가 어떤 유전자를 주입했다는 말이에요? 아니, 왜, 무엇 때문에 그런 위험한 짓을 해요?"

수철이 주먹을 불끈 쥐었다. 연구소에 무거운 침묵이 흘렀다.

수철은 바로 영미의 침대로 달려갔다. 손이 떨렸다. 영미 왼쪽 팔을 걷더니 바로 혈액을 뽑았다. 혜숙은 수철이 뭘 하려는지 금방 알아챘다. 바로 연구소 대형 화면 안쪽에 설치된 검은 색의 커다란 분석기로 달려갔다. 황금빛 패널이 달린 이 기계는 영미 혈액 속에서 감기 바이러스의 유전 정보를 추출하는 장치였다. 혈액을 주입했다. 기기가 윙윙 돌기 시작했다.

분석기 화면에 유전자 문자열이 주르륵 뜨기 시작했다. 숫자와 문자가 뒤섞인 복잡한 코드였다. 분석기는 그 유전자와 가장 가까운 생물 정보를 화면에 띄웠고, 수철과 혜숙은 동시에 그 글자를 읽었다.

'삽입된 외부 유전자: TERT(Homarus)'

수철의 얼굴이 창백해졌다.

"TERT…? 이건…, 늙지 않게 만드는 유전자잖아. 흔히 '불멸 유전자'
라 부르는 거 아니야?"[24]

그의 목소리는 낮았지만 떨고 있었다. 혜숙이 고개를 끄덕이며 덧붙
였다.

"세포가 나이를 먹지 않게 만드는 유전자예요. 시간이 지나도 세포가
계속 자라게 하죠. 그래서 과학자들 사이에선 마치 '생명을 연장시키는
열쇠'처럼 여겨졌어요."

수철은 화면을 뚫어지게 쳐다보다가 중얼거렸다.

"그런데… Homarus? 이건 인간 유전자가 아니네?"

혜숙이 재빨리 분석기 키보드에 "Homarus"를 입력했다. 화면이 바
뀌며 커다란 생물 사진 하나가 등장했다. 두 사람이 동시에 '헉' 하고 숨
을 들이켰다.

'랍스터!'

"랍스터 유전자가…. 영미 몸에 들어 있다고?"

수철은 혼잣말처럼 되뇌며 책상을 톡톡 두드렸다.

"이건 우연이 아니야. 누군가 일부러 넣은 거야…."

그는 갑자기 얼굴을 들고 물었다.

"혜숙, 수연의 혈액도 연구소에 있지?"

혜숙이 조용히 고개를 끄덕였다.

"냉장고에 있어요."

혜숙이 혈액을 꺼내자, 수철은 재빨리 유전자 분석을 시작했다. 10분 후, 분석기 화면에 결과가 떠올랐다. 수연에게도 랍스터의 '불멸 유전자'가 있었다.

"두 사람 모두, 랍스터의 불멸 유전자가 들어가 있어…."

모녀가 모두 같은 실험의 대상이었다. 수철이 소름이 돋은 듯 팔을 비볐다. 그때 혜숙이 화면을 다시 보더니 눈썹을 찌푸렸다.

"교수님…. 언니는 이상한 게 하나 더 들어 있어요."

수철이 고개를 들었다.

"뭔데?"

"TP53 유전자예요."

수철은 자리에서 벌떡 일어났다.

"TP53? 그건 '수호 유전자'인데?"[25]

그의 표정이 굳어졌다.

"몸속에서 이상한 세포가 생기면, 이 유전자가 감시하고 제거해. 그게 안 되면 암이 생기지…. 설마…?"

그는 곧장 컴퓨터에서 처음 입원 당시 수연의 유전자 검사 결과를 불러왔다. 결과는 예상대로였다. 확실했다. 수연의 수호 유전자는 손상된 돌연변이였다. 즉 그녀의 몸은 암을 막아 주는 방패가 부서진 상황이다. 그리고 그건 영미도 마찬가지였다. 그녀 역시 같은 수호 유전자 돌연변이를 갖고 있었다.

"이봐, 혜숙, 누군가…. 수연에게 정상 유전자를 넣은 거야. 손상된 유전자가 고쳐지는지 보려고…."

혜숙이 손으로 목을 감쌌다.

"그럼…. 언니가 죽기 전 걸렸던 감기, 그 감기 바이러스…. 그게 사실은, 유전자를 실어 나르는 도구였던 거네요?"

수철은 조용히 고개를 끄덕였다. 수철의 말을 듣던 혜숙이 고개를 갸우뚱했다.

"아니, 김 교수님, 아데노바이러스에 수호 유전자를 실어 보내는 방법은 이미 상용화되어 있지 않아요?"

수철이 이마를 짚었다.

"나도, 그게 이상해. 그런데 이미 상용화된 것은 효능이 별로야. 완벽하게 돌연변이를 치료하지는 못한단 말이야. 아마 감기인 아데노바이러스가 너무 약해서일 거야."[26]

"아니, 그렇다면 이번에는 아데노바이러스의 변종을 사용했다는 것 아니에요? 이건 말도 안 돼요. 변종 바이러스를 동물 실험도 하지 않은 채 사람에게 사용하는 건, 죽어도 상관없다는 거 아니에요?"

연구소에 긴 침묵이 흘렀다. 수철과 혜숙이 서로를 바라봤다. 둘 다 같은 생각을 하고 있었다. 인간을 실험용 쥐로 본 것이다. 죽어도 좋은 쥐.

수철이 스마트폰을 꺼냈다.

"최 실장, 나야. 전번 영미 일 고마웠어. 그런데 그 실험 결과 나왔나? 수연 혈액 속 바이러스 말이야."

잠시 후. 전화벨이 울렸다.

"지금 데이터 보냈습니다. 확인해 보세요. 이런, 세상에 어떤 놈이 이런 짓을…."

최 실장 말이 떨렸다. 혜숙이 연구실 대형 화면에 결과를 띄웠다. 화면

속 데이터를 본 순간, 혜숙의 입이 떡 벌어졌다.

"교수님! 이건 보통 감기 바이러스가 아니에요. 폐 침투력이…. 코로나를 훨씬 넘어서는 변종이네요!"

수철의 얼굴이 굳어졌다. 생물학적 무기 수준의 변종 바이러스다. 이런 걸 만들 수 있는 자는 많지 않다.

"교수님, 누군가 언니에게 정상 수호 유전자를 넣어서 치료 효과를 본 거라고 했죠? 그런데 왜 랍스터의 불멸 유전자까지 추가로 넣었지요?"

수철의 이마에 주름이 깊게 파였다.

"글쎄, '수호 유전자'와 '불멸 유전자'는 서로 반대 일을 하는 건데… 하나는 지키고 하나는 성장하려고 하고… 이 두 개가 무슨 관계지…? 혹시 불멸 유전자가 작동하려면…."

그의 목소리가 떨렸다.

"수호 유전자가 꺼져 있어야 하는 건가? 감시하는 놈이 없어야 불멸 유전자가 일할 수 있다는 이야기인가?"

수철이 주먹을 쥐었다 폈다 했다.

"수연에게는 먼저 정상 유전자를 넣어서 암 예방 효과가 있는지 보고. 그다음에 불멸 유전자를 추가로 넣은 건가?"

혜숙이 뭔가 깨달은 듯 수철을 똑바로 바라봤다.

"언니 실험 후에 영미에게는 수호 유전자 없이 불멸 유전자만 넣었어요. 그건…?"

혜숙의 목소리에 공포가 스며들었다. 수철이 자리에서 벌떡 일어났다.

"그래! 어떤 놈이 생체 실험을 한 거야!"

그의 목소리가 연구실에 울려 퍼졌다. 단계적 임상실험이다. 수연이 1

단계, 영미가 2단계 대상인 것이었다.

"수연에게는 수호 유전자와 불멸 유전자를 동시에 넣었어. 그런데 두 개가 충돌한 거야. 그래서 쇼크가 온 거고. 영미에게는 수호 유전자가 없는 상황에서 '불멸'만 넣었지. '불멸'이 제대로 작동하는지 보려고!"[27]

혜숙의 눈동자가 커졌다.

"그럼…. 불멸 실험을 위해 두 사람을 실험동물로 쓴 거예요?"

수철의 눈이 매섭게 빛났다. 누구일까? 불멸을 위해 자기 가족을 실험 대상으로 삼은 놈이?

수철이 벽에 붙은 유전자 설명도를 가리켰다.

"수호 유전자는 세포의 경비원 같은 거야. DNA가 고장 나면 고치고, 못 고치면 자폭시켜서 암을 막아. 반면 불멸 유전자는 세포를 계속 자라게 해. 마치 액셀을 계속 밟는 것처럼."

혜숙이 고개를 끄덕였다.

"경비원이 있으면 액셀을 못 밟게 하지만…. 경비원이 없으면…."

수철의 목소리가 낮아졌다.

"액셀을 마음대로 밟을 수 있어. 불멸도 가능하지…."[28]

수철이 말을 멈췄다.

"…암도 생길 수 있지."

완벽한 이중성이다. 영생과 죽음이 종이 한 장 차이다. 수철의 손가락이 책상을 톡톡 두드리기 시작했다.

"혜숙, 외국에서 불멸 유전자 동물실험 한 거 기억나?"

"네, 쥐 실험이지요. 불멸 유전자를 넣었더니 처음엔 잘 자라다가… 결국 암 때문에 다 죽었잖아요."[29]

혜숙의 목소리가 떨렸다.

"설마 지금…."

"그래. 이번엔 사람으로 실험한 거야."

쾅! 수철의 주먹이 책상을 내려쳤다.

"쥐 실험과 다른 점이 있어. 그때는 수호 유전자가 정상인 쥐였지. 이번엔 이게 돌연변이인 수연과 영미를 골라서 한 거야."

"왜 코로나바이러스도 함께 감염시켰지요?"

"눈속임이야. 코로나에 정신 팔린 사이 진짜 바이러스를 몰래 넣은 거지…."

혜숙이 입을 틀어막았다.

"그럼, 누군가 불로불사를 위해…."

완벽한 위장 전술이었다. 코로나의 공포를 이용해 진짜 목적을 숨긴 것이다. 수철의 손이 부들부들 떨렸다.

"수호 유전자 돌연변이는 이만 명 중 하나야. 그런 사람이 '불멸' 유전자를 가지면 정말로 불로불사가 될 수 있는지… 시험해 본 거지."

수철이 영미를 쳐다보다가 혜숙에게 고개를 돌렸다.

"수연과 영미에게 삽입된 불멸 유전자 개수, 알 수 있지?"

"PCR 하면 금방 나와요. 그런데 왜…."

혜숙이 냉장고로 달려가 혈액 샘플을 꺼냈다. 그녀의 손도 미세하게 떨리고 있었다.

PCR 기기가 윙윙 돌아갔다. 10분 후. 화면에 숫자가 떴다.

정수연: 30 정영미: 13

수철과 혜숙의 얼굴에서 핏기가 싹 가셨다.

정상이면 한 개여야 할 불멸 유전자가 30배, 13배로 늘어나 있었다.

수철의 다리에 힘이 빠졌다.

"잘못됐어. 유전자가 너무 많이 들어갔어."

그의 목소리가 갈라졌다.

"그래서 수연이 혼수상태였다가 쇼크로… 영미도 같은 길을…."[30]

수철이 벽을 주먹으로 쳤다.

'어떤 놈일까?'

그 순간, 연구실의 차가운 공기 속에서도 그의 등줄기에 식은땀이 흘러내렸다. 불멸을 위해 자기 가족을 제물로 삼은 악마가 누구인지, 이제 찾아내야 한다.

수철이 다시 볼펜을 톡톡 치기 시작했다. 이런 수철을 혜숙은 불안하게 쳐다보고 있다.

"아!"

수철이 짧게 외쳤다. 그의 얼굴이 순간 일그러졌다. 기억의 조각들이 하나씩 맞춰지기 시작한다. 한 달 전, 정 회장이 한 말이 떠올랐다.

'김 교수, 10년만 더 살아야겠네, 랍스터처럼 쌩쌩하게.'

시한부 뇌종양 선고를 받은 회장의 말이었다. K-메디컬로 세계 5위권 부자가 되겠다는 야심. 수철의 등골이 서늘해졌다. 랍스터라는 단어가 우연일 리 없다. 모든 게 계획된 거다. 정 회장이 불멸을 위해 수연과 영미에게 바이러스를 감염시켰을 수도 있다.

'딸을 살리려면 나부터 살려야 한다'라는 협박까지 하지 않았나.

그의 주먹이 서서히 쥐어졌다.

"정 회장 혈액이 있으면 수호 유전자 상태를 확인할 수 있겠지?"

두려움에 가득한 혜숙이 고개를 조심스레 끄덕였다.

혜숙의 목소리가 떨렸다.

"정 회장이 뇌종양이라고 하셨죠? 그래서 영미를 이리로……? 그럼…… 회장님도 수호 유전자 돌연변이?"

수철이 고개를 끄덕였다. 같은 돌연변이를 가진 세 사람. 우연이라고 하기엔 너무 완벽한 조합이다. 수철은 전화기를 켰다. 그의 손끝이 미세하게 떨렸다.

"회장님, 김수철입니다. SNS 칩이 잘 되고 있어서 회장님께 시술하려 합니다. 직접 오시겠다고요? 일주일 후에요? 알겠습니다."

혜숙이 팔에서 피를 뽑는 시늉을 했다.

"회장님, 시간을 줄이려면 제가 먼저 가서 혈액을 채취해 두겠습니다. 저녁 늦은 시간에 사무실로 가겠습니다. 네? 그럼, 모레 뵙죠."

전화를 끊은 수철이 책상에 털썩 주저앉았다. 그의 이마에 굵은 땀방울이 맺혔다. 다시 전화가 울렸다. 발신인은 유돈이다. 수철의 심장이 쿵 내려앉았다. 혜숙이 받아 보라는 제스처를 했다. 유돈 목소리가 연구실에 울려 퍼졌다.

"김 교수, 도대체 어디 있는 거야? 내가 김 교수 온갖 소문 막느라고 정신없어. 국내에 있긴 한 거지? 자네 SNS 칩 말이야. 딸에게 시험하고 있다던데. 내가 하는 항암 바이러스 연구에 써 봤으면 해. 내가 미국보다 빠른 속도로 하고 있거든.[31] 몸속 반응을 알아야 하는데, 그 칩으로 해 보자. 자네 위치만 알려 주면 내가 가지."

수철은 아무 말 없이 전화를 끊었다. 그의 손이 부들부들 떨렸다.

'어떻게 영미에게 SNS 칩을 사용한다는 것을 알고 있지?'

수철이 전화를 끊고 깊은 생각에 잠겼다. 혜숙이 조심스럽게 다가섰다.

"병원장님이 바이러스 연구를 하신다고 들었어요. 암세포만 추적하는 바이러스를 미국과 공동 개발 중이라고요."

혜숙의 목소리에 불안이 섞여 있었다. 수철이 고개를 저었다.

"항암 바이러스는 암세포를 죽이는 거야. 영미와 수연이 몸의 변형 아데노바이러스와는 달라."

혜숙의 표정이 어두워졌다.

"저는 병원장님이 마음에 안 들어요. 언니도 그런 얘기를 했어요."

"수연이가? 무슨 얘기?"

"고등학교 때 산에서 개를 만났는데, 그때 너무 무서웠다고요."

"개가?"

"아니요. 병원장님이요."

수철의 머릿속에 고등학교 시절이 스쳐 지나갔다. 그때의 유돈 모습이 선명하게 되살아나며, 오싹한 기분이 들었다.

수철이 수연, 유돈을 만난 곳은 서울 신현고등학교였다. 남녀공학, 한 반에 25명이었다. 수철 옆자리의 수연은 조용했다. 별로 말이 없고 보일 듯 말 듯한 미소를 지었다. 시끌벅적한 교실에서 조용히 책을 보는 타입인 수철과 달리, 유돈은 이곳저곳을 휘젓고 다녔다. 다른 아이들은 유돈 근처에 가려 하지 않았다. '일진'이라는 소문도 있었다. 수철과 수연이 책을 보면 유돈이 끼어들었다. 하굣길에 둘이 함께 가면 유돈은 사이를 비집고 들어왔다. 그렇게 셋은 함께 다니게 됐다.

유돈이 부잣집 아들이라는 소문이 돈 것은 고2 때였다. 성북동 저택에서 나오는 모습을 누군가 목격했는데, 그 집이 삼경그룹 회장 소유라는 거였다. 수철은 홀어머니와 봉천동에 살고 있었다. 봉천역에서 산 쪽으로 십 분쯤 올라가면 좁은 길이 나타났다. 겨울이면 얼음 때문에 연탄재를 뿌려야 다닐 수 있는 길이다. 끝자락 오른쪽 마지막 집이 수철의 집이었다. 식당에서 일하는 엄마와 단둘이 살았다. 아버지 얼굴은 기억나지 않았다. 수연도 엄마와 둘이 산다고 했다. 홀어머니라는 공통점이 둘을 더 가깝게 만들었다.

셋은 그날도 학교 운동장 뒤편 산기슭 벤치에 앉아 이야기하고 있었다. 2학년에 들어서 대학 진로가 주요 화제였다. 그때 산에서 개 짖는 소리가 들렸다. 세 사람이 벤치에서 벌떡 일어났다. 개 한 마리가 산에서 비탈길로 미끄러지듯 내려왔다. 유돈이 돌멩이를 집어 던졌다. 개가 맞고 주저앉으며 깽깽거렸다. 다리를 절룩거리는 유기견이었다. 털은 비에 젖어 지저분하고, 며칠 굶었는지 배는 등가죽에 찰싹 붙었다. 젖이 축 늘어진 걸 보니 어디선가 새끼를 낳은 모양이었다. 수연이 주머니 속 과자를 꺼냈다. 부스럭거리는 소리를 들은 개가 주춤주춤 다가왔다.

"저 개새끼가 날 놀라게 했네."

유돈이 더 큰 돌을 들었다. 수철이 막으려 했지만 이미 늦었다. 유돈의 눈은 이미 뒤틀려 있었다. 수연의 숨이 멎었다. 돌이 개의 허벅지를 맞췄다. 개가 털썩 주저앉으며 깽깽 울어 댔다. 유돈이 더 다가가 발로 개를 차기 시작했다.

"야, 이 개새끼야! 새끼를 내질렀으면 잘 키워야지! 책임도 못 질 거면서 왜 낳고 지랄이야! 이런 개새끼는 맞아 죽어도 싸!"

미친 듯 소리치며 개를 차는 유돈은 거의 미치광이였다. 수철의 온몸이 얼어붙었다.

개가 피를 흘리며 쓰러질 때까지 유돈은 멈추지 않았다. 수연이 '하지 마. 하지 마' 소리 지르며 울기 시작했고 수철은 유돈을 잡아 쓰러뜨렸다. 주먹으로 유돈의 얼굴을 때렸다.

"하지 마, 이 새끼야! 저 어미 개가 안 불쌍해? 새끼들은 어떻게 살라고!"

유돈이 코피 터진 얼굴을 들고 수철을 밀쳐 냈다.

"새끼들을 싸지르고 책임지지 않는 개새끼들은 죽여 버려야 해!"

유돈이 운동장을 달려 나가며 외쳤다.

"죽여 버려야 해! 죽일 거야!"

그 뒤로 수철과 수연은 유돈을 만나지 않았다. 3학년 때 반도 바뀌었지만, 유돈도 수연에게 다가서지 않았다. 유돈을 다시 만난 건 삼경대학병원에서였다. 유돈은 고3부터 성적이 급상승했다. 일타강사가 정 회장 집에 드나들었다. 삼경그룹이 삼경대를 인수한 그해, 유돈은 의대에 들어갔다. 입학 과정의 뒷소문은 묻혔다.

수철은 의대 진학을 고민했다. 삼경 의대 학비는 감당할 수 없어 지방 의대 장학생으로 들어갔다. 의대 졸업 후 군 복무를 마치고 수연과 결혼한 수철은 암 전문의가 됐다. 어머니가 뱉던 붉은 피가 잊히지 않았다. 국내에서 암 연구를 가장 깊이 하는 곳은 삼경의대였다. 수철이 삼경의대에 지원하자 일주일 후 바로 채용 통보가 왔다. 면접도 없었다.

의사들 사이에서 수군거림이 있었다. '지방의대 출신이 어떻게? 유돈 병원장이 고교 동창이라고 봐준 거 아냐? 그럴 사람이 아닌데…'

수철, 수연, 유돈이 고등학교 이후 다시 만난 셈이었다.

혜숙이 유돈 이야기를 하자 수철은 말이 없어졌다. 그 끔찍한 장면이 되살아났다.

'새끼들을 버리고 책임지지 않는 개새끼들은 죽여 버려야 해!'

무엇이 유돈을 그렇게 '미치게' 만들었을까. 유돈과 회장의 관계를 확인해야 했다. 우선 급한 건 회장의 혈액을 확인하고 누가 수연과 영미를 감염시켰는지 찾는 것이다.

수철은 영미 몸의 바이러스와 암세포를 죽여야 했다. 면역세포들에게 강력한 무기를 쥐여 줘야 했다.

하지만 수철은 몰랐다. 진짜 적이 누구인지를.

10
암과의 전투

햇볕 한 줄기 스며들지 않는 지하 연구소 속 영미 얼굴이 더욱 창백해졌다. 어제 사이토카인 폭풍으로 심장 마비 쇼크를 겨우 넘겼다. 수철이 딸의 손을 감쌌다. 통통했던 손은 이제 앙상한 나뭇가지다. SNS 칩으로 영미의 몸속을 들여다볼수록 희망보다는 걱정이 앞선다.

'과연 내가 영미를 제대로 치료하고 있는 건가.'

수철이 한숨을 내쉰다. 인기척이 들렸다. 혜숙이 근심 어린 표정으로 서 있다가 애써 밝은 목소리를 낸다.

"상황실에 아침부터 면역세포들이 모여들고 있어요."

대형 화면 속 면역 상황실은 아침부터 분주했다. 어제 사이토카인 폭풍 사건 후 실장이 전국 비상 회의를 소집한 것이다. 실장의 굳어진 표정이 사태의 심각성을 말해 준다.

— 어제 사이토카인 폭풍 대응에서 상황실 매뉴얼의 허점이 드러났습니다. 주인의 몸이 위험했습니다. 오늘은 전국 방어 네트워크와 비상 대

응 체계를 전면 점검하겠습니다.

실장의 단호한 목소리가 상황실을 압도한다. 상황 요원 둘이 속삭인다.

— 면역 1 사관학교 수석이 상황실에 배치되자마자 사이토카인 폭풍이 터졌잖아. 그런데 실장을 바라보는 킬러팀장 눈빛 봤어? 그 눈빛만으로 실장이 차분해졌어. 저 둘 사이엔 뭔가 있어.

— 그냥 동료 아닌가? 두고 보면 알겠지.

미묘한 긴장감이 상황실을 감쌌다. 웅성거림이 멈추고 상황실이 조용해졌다. 실장이 화면의 병력 배치도를 가리켰다. 입, 목, 기관지 점막에 척후팀들이 배치되어 있고, 피부 진피층에는 랑게르한스 세포가 자리 잡고 있다. 그중에서도 대장 부근에 전 병력의 70%가 집중되어 있다. 장내 세균을 감시하기 위해서다.[32]

상황실장이 영미의 바이탈 사인을 확인하며 설명을 이어 간다.

— 다행히 주인의 몸은 위기를 넘겼습니다. 하지만 침입한 바이러스 하나가 여전히 어딘가에 숨어 있습니다. 바이러스가 세포 안으로 들어가면 세포는 자폭 스위치를 켭니다. 자신이 죽더라도 백 개의 바이러스가 생기는 걸 막겠다는 최후의 수단이죠.

실장의 목소리가 무거워진다.

— 하지만 일부 바이러스는 자폭 스위치 자체를 아예 파괴합니다. 그러면 감염된 세포가 바이러스 공장이 되어 백 개씩 찍어 내다가 결국 터져 버리죠. 더 심각한 문제는 바이러스가 암을 일으킨다는 겁니다.

수철의 눈동자가 커졌다. 트라우마가 되살아난다. 어머니의 폐암과 그 절망적인 기억들이다.

— 파필로마 바이러스가 자궁경부암의 주범입니다. 자궁경부암 환자

99.7%에서 발견되죠. 바이러스 DNA가 세포 DNA 속으로 파고들면서 정상세포를 암세포로 바꿔 버리는 겁니다.[33] 지금 침입한 두 바이러스를 계속 추적해야 합니다.

실장이 화면 한가운데 바이러스 부분을 짚었다.

─ 코로나와 아데노, 이 두 놈은 폐 세포를 제집처럼 들락거리다가 다른 세포까지 침입합니다. 뇌세포도 위험해요.

실장의 표정이 어두워졌다.

─ 뇌혈관에는 BBB라는 혈관 장벽이 있지만, 뇌 염증 때문에 많이 망가졌을 겁니다. 바이러스들이 쉽게 뚫고 들어갈 수 있어요.

킬러팀장이 손을 들었다.

─ 바이러스 두 종류가 동시 들어왔다니 걱정입니다. 선천 면역 팀이 급하게 처리했지만, 살아남은 놈들은 어딘가 숨어 있을 거예요. 빨리 찾아서 없애야 합니다.

킬러팀장이 잠시 멈췄다가 말을 이어갔다.

─ 문제는 시간이에요. 우리가 찾기 전에 이놈들이 주인 세포를 돌연변이로 만들어 암세포로 바꿀 수 있습니다.

킬러팀장의 차분한 목소리에 상황실이 조용해졌다. 그의 말 한마디 한마디에 깊은 경험이 묻어났다. 실장이 가장 걱정하는 건 자궁경부 바이러스나 간염바이러스 같은 놈들이 영미 몸에서 자라날 가능성이었다.

수철이 몸을 앞으로 기울여 화면 쪽으로 가까이 간다. 하나라도 더 알아야 영미를 살린다.

─ 간염바이러스는 간세포의 성장 조절 장치에 달라붙어서 세포가 계속 자라게 만듭니다. 계속 자라는 세포, 그게 바로 암세포죠.

실장이 고개를 끄덕였다. 암의 15%는 바이러스가 주범이다.

— 암을 막으려면 이런 바이러스들을 찾아내야 하는데, 쉽지 않습니다. 대상포진 바이러스는 특히 숨는 기술이 뛰어나거든요. 어릴 때 등에 작은 물집을 만들고는 신경 속 깊숙이 숨어 버립니다. 나이가 들어 면역이 약해지면 다시 나타나지요.[34]

몸속 깊은 곳에 숨기까지 하는 바이러스, 수철의 이마에 주름이 깊어졌다.

— 킬러세포들이 바이러스에 감염된 세포나 암세포를 찾는 훈련을 하고 있지만 쉽지 않아요. 암세포도 나름 대응하거든요.

킬러팀장의 걱정스러운 말에 뒷자리에 앉아 있던 미사일팀장이 벌떡 일어났다. 어제 사이토카인 폭풍 때 제대로 대응하지 못해 실장에게 질책당하자, 상황실을 나가 버렸던 그다. 실장을 보는 눈이 아직도 뒤틀려 있다.

— 킬러팀장님은 암세포가 그렇게 무섭나 보죠? 저희 항체 미사일 한 방이면 모두 끝장낼 수 있는데요.

킬러팀장이 씩 웃었다.

— 미사일팀장님, 이제 화는 좀 풀리셨나요?

킬러팀장의 목소리는 여전히 차분했다.

— 그런데, 미사일팀에서 만드는 항체는 암세포에 달라붙기만 하죠. 실제로 죽이는 건 우리 킬러팀과 중성구, 대식세포, 자연살해세포들입니다. 항체가 표식을 남기면 우리가 그걸 보고 달려가서 처치하는 거예요.

미사일팀장의 얼굴이 붉어졌다. 킬러팀장이 말을 이어 갔다.

— 물론 미사일팀의 역할이 정말 중요합니다. 늘 감사하게 생각하고 있어요.

미사일팀장이 머쓱하게 자리에 앉자, 킬러팀장이 본격적으로 설명을 시작했다.

─ 지금 주인 몸에 숨어있는 바이러스를 찾기는 쉽지 않을 겁니다. 이 놈들이 세포 안에서 활동해야 그 흔적이 밖으로 나옵니다. 조용히 숨어 있으면 찾기 어려워요. 어떤 놈들은 아예 세포 DNA 속으로 파고 들어가 버리기도 합니다.

수철이 긴장한 표정으로 화면을 바라보며 중얼거렸다.

'아주 은밀한 놈들이야.'

─ 정말 걱정되는 건 이 바이러스들이 세포를 돌연변이 시켜서 암세포로 만드는 경우입니다. 우연히 생기는 돌연변이와는 완전히 달라요. 공장처럼 조직적으로 돌연변이 세포를 쉬지 않고 찍어 내는 속도를 당해 낼 수가 없어요.

킬러팀장의 목소리가 무거워졌다.

─ 이런 경우엔 암세포뿐만 아니라 숨어 있는 바이러스까지 완전히 없애지 못하면 또다시 암세포가 생깁니다. 과연 이길 수 있을까 걱정이에요.

실장이 두 팀장을 바라보며 걱정스러운 목소리로 말했다.

─ 암을 일으키는 바이러스는 우리 몸 세포의 약점을 정확히 알고 있습니다. 세포를 성장시키는 유전자에는 달라붙어서 더 빨리 자라게 하고, 암을 막는 유전자는 잘라 버려서 작동하지 못하게 만들어요. 완벽한 이중 공격 작전입니다.

실장이 손짓하며 설명했다.

─ 세포 성장 액셀러레이터는 끝까지 밟고, 브레이크는 완전히 풀어 버리는 거죠. 그렇게 생긴 암세포는 고삐 풀린 망아지처럼 마구 자라납니

다. 이런 특화된 바이러스들이 가장 무서운 놈들이에요.

킬러팀장이 대형화면 앞으로 나섰다.

— 실장님, 주인 몸에서 발견된 아데노바이러스는 지금 어디에 숨어 있나요? 이놈들이 수상합니다.

킬러팀장의 눈이 날카로워졌다.

— 원래 목, 코, 입 상피세포를 제집처럼 드나들던 놈들 아닌가요? 보통은 감기를 일으키고 면역에 의해 사라지는데, 아직 잡히지 않은 놈들이 있다는 건 뭔가 다르다는 뜻입니다.

실장이 긴장한 표정으로 물었다.

— 어떻게 다르다는 건가요?

— 이놈들이 변형되어서 상피세포 침투 능력이 뛰어날 수 있어요. 거기에 위험한 폭탄을 싣고 있다면 큰 문제죠.

— 폭탄이라니요?

— 진짜 폭탄이 아니라 발암 유전자 같은 위험한 유전자 말입니다.

킬러팀장이 설명했다.

— 원래 암 유발 바이러스는 침투 능력이 약해요. 그래서 침투를 잘하는 아데노바이러스에 암 유발 유전자를 실어 보내면 일거양득이죠.

실장의 얼굴이 굳어졌다.

— 그럼, 이번에 들어온 아데노바이러스가 그런 종류일 수도 있다는 건가요?

— 척후팀 보고를 보면 그럴 가능성이 있습니다. 최악의 시나리오에 대비해야 해요.

그러자 미사일팀장이 벌떡 일어났다.

— 킬러팀장님은 왜 그렇게 무서운 소리만 하세요? 킬러팀 임무는 암세포 찾아서 없애는 거 아닙니까? 그것만 잘하면 되는 거 아닌가요?

미사일팀장이 주변을 둘러보며 목소리를 높였다.

— 여기엔 전국에서 온 다른 면역세포들도 있는데 괜히 공포 분위기만 조성하지 마세요.

면역 상황실 대화를 듣던 수철이 놀란 눈으로 혜숙을 바라봤다.

"면역세포들이 아데노바이러스 작전까지 꿰뚫고 있네요. 바이러스에 뭔가 실려 있을 수 있다는 걸 알고 있잖아요."

혜숙이 고개를 끄덕였다.

"오랜 시간 치고받으면서 그런 걸 몸으로 기억하나 봐요."

수철의 눈에 희망이 스며들기 시작했다.

그때 상황실 문이 열리고 몸에 수류탄을 주렁주렁 매단 면역세포가 들어왔다. 살벌한 기운이 감돌았다. 실장이 다가가서 악수를 청했다.

— NK팀장님이시죠? 기다리고 있었습니다. 상황실장입니다.

NK세포가 다른 세포들과 가볍게 눈인사했다. 고참의 여유가 묻어났다.

— 반갑습니다. NK세포팀장입니다. 저는 상황실 소속이 아니라 접경지대 1차 저지선인 선천 면역에 속해있어요. 선천 면역은 외모만 보고 세균인지 바이러스인지 판단하죠. 어떤 종류인지는 여러분이 알아내시고요.

미사일팀장이 신경질적으로 말을 잘랐다.

— 자, 바쁜 일정인데 소개는 대충 합시다. 1차 저지선 소속의 NK팀장이 여기까지 오신 이유가 뭐지요?

NK팀장의 얼굴이 일그러졌다.

– 저희 NK팀은 미사일팀이 못하는 일들을 할 수 있습니다.

NK팀장이 차갑게 말했다.

– 미사일팀은 직접 암세포를 공격하지 못하잖아요? 기껏해야 깃발이나 GPS 표식 정도만 꽂아 놓는 거 아닌가요?

미사일팀장이 벌떡 일어나려 하자 실장이 손을 들어 제지했다.

– 사실 NK팀을 소집한 건 앞으로 암세포와 전투에서 서로 협력해야하기 때문입니다.

그때 킬러팀장이 앞으로 나서며 NK팀장과 악수했다.

– 반갑습니다. 저희 킬러팀은 NK팀 없이는 무용지물이에요. 암세포들이 신분을 속이고 우리를 기만해도 NK팀이 찾아서 처치하시잖아요.[35]

NK팀장의 표정이 밝아졌다. 미사일팀장과 달리 자신들을 제대로 알아주었다.

킬러팀은 이름처럼 위험한 세포를 죽인다. 바이러스에 감염된 세포도 바이러스를 만들어 내기 때문에 위험하다. 적을 찾는 검사가 시작된다. 모든 세포는 킬러세포들에게 신분증, 즉 자기 얼굴을 보여 준다. 자기가 만드는 물질들 목록이 바로 신분증이고 이게 세포 표면에 나타난다.

바이러스에 감염된 세포는 만드는 물질이 정상세포와 달라진다. 킬러팀이 이걸 확인해서 그 세포를 죽이는 것이다. 암세포도 마찬가지다. 암세포에는 정상세포에 없는 특이한 단백질이 표면에 만들어진다. 신분증, 즉 세포 표면에 암세포 단백질이 포함되면 킬러팀이 알아채고 끌고 가서 처치한다. 하지만 암세포도 만만치 않다. 어떤 놈들은 킬러팀을 속이려고 아예 신분증 자체를 만들지 않는다. 교활한 암세포다. 이때 NK팀이 나선다. 신분증이 없는 놈은 무조건 끌고 가서 가운데 구멍을 뚫고 수류탄을 집어넣는다. 완벽한 이중 방어망이다.

면역 상황실 대화를 듣던 혜숙이 수철에게 물었다.

"지금 NK팀장이 말하는 신분증이 MHC-1(세포 표면 단백질 세트)이죠? 이게 서로 달라서 장기 이식할 때 맞춰야 하고, 가족끼리 장기기증이 쉬운 이유이기도 하고요."

수철이 엄지를 들어 올려 '오케이' 사인을 보냈다.

면역 상황실에서는 실장이 대형 화면을 보며 팀장들을 독려했다.

— 이제 NK팀, 미사일팀, 킬러팀, 척후팀이 모두 모였습니다. 암을 쳐부수기 위한 팀이 완성됐어요. 대응 매뉴얼을 다시 점검하겠습니다. 문제 있으면 지금 말씀하세요.

전국에서 모여든 면역세포들이 서로를 둘러보았다. 긴장감이 공기를 무겁게 만들었다.

— 바이러스든 자연발생이든 정상세포에서 돌연변이가 생깁니다. 치료되지 않으면 대부분 세포는 자폭합니다. 이것마저 작동하지 않으면 암세포가 됩니다.

실장의 목소리가 무거워졌다.

— 특히 암 억제 유전자, 즉 수호 유전자에 변이가 생기면 암세포 발생 확률이 훨씬 높아집니다. 암세포가 생기면 세포 내부에 특이한 단백질이 만들어져서 암세포 표면, 즉 얼굴이 변합니다. 얼굴이 일종의 신분증인 셈이지요. 순찰 중인 척후팀이 얼굴이 변한 세포, 즉 신분증이 이상한 세포를 발견하면 즉시 세포를 삼켜서 변해 버린 얼굴, 즉 암 항원을 떼어 낸 후 상황실로 가져옵니다. 여기까지 문제없나요?

구석에 있던 척후팀장이 손을 들었다.

– 실장님, 먼저 암세포를 만나면 신분증 검사 키트로 정상적인 신분증을 가졌는지 확인해요.

척후팀장이 잠시 멈췄다가 이어 갔다.

– 하나 더 합니다. 암세포가 죽으면서 내놓은 물질을 한 번 더 확인해서 암세포가 확실하다고 판단되면 그때 비로소 상황실에 '암세포 발생' 경고를 보내고 암 항원을 가지고 갑니다.

미사일팀장이 다시 끼어들었다.

– 척후팀장님, 암세포 발견이면 비상사태인데 왜 굳이 암세포를 박살 내서 그 조각을 확인하는 겁니까? 시간 낭비 아닌가요?

척후팀장이 미사일팀장을 비웃듯 쳐다보며 말했다.

– 그러면 팀장님은 신분증이 이상한 놈은 모조리 암이라 판단하고 전국에 비상경보를 울린다는 말씀인가요? 암 비상경보가 울리면 어떻게 되는지 알기나 해요?

척후팀장의 목소리가 높아졌다.

– 전군 비상령이 뭐 애들 장난입니까? 전국 면역세포들이 모두 무장하고 만나는 암세포는 즉시 사살하는 지옥 전쟁의 시작이에요. 전쟁이 시작되면 군인뿐만 아니라 민간인도 죽고 많은 시설이 파괴될 수 있어요. 전쟁은 신중에 신중을 기해야 한다는 기본 상식도 모르세요?

척후팀장의 격한 반응에 상황실이 웅성거렸다.

– 저희 척후팀은 늘 현장을 돌아봅니다. 구석구석 세밀하게 조사하죠. 간단한 침입자인 세균과 바이러스는 현장에서 면역병사들이 처리합니다. 척후팀은 침입자를 삼켜서 잘게 부순 후 그걸 밖으로 내겁니다. 그걸 본 면역 상황실이 판단하는 거죠.

척후팀장이 낮은 목소리로 침착하게 설명했다. 그 진중함에 상황실이 조용해졌다.

– 현장에서 충분히 처리됐으면 상황 종료, 아니면 전군 비상령입니다. 하지만 대부분은 현장 전투 요원들이 처리하죠.

척후팀장이 목소리를 높였다.

– 하지만 암세포는 심각한 문제입니다. 전군 비상령을 발동해야 하는 상황이에요. 그래서 우리 팀에서 삼중 검사를 거칩니다. 주민증(MHC-1), 도민증(MHC-2: 척후세포 외부 단백질), 암 분비물질을 검사하죠.[36]

척후팀장의 주민증, 도민증 이야기에 상황실 요원들이 서로를 쳐다봤다.

척후팀장이 싱긋 웃었다. 흥분을 가라앉히라는 듯 실장이 잠시 침묵을 유지했다 이야기를 시작한다.

– 척후팀장이 정확한 암세포 정보를 가져오면 제가 킬러팀장에게 넘겨줍니다. 킬러팀장은 그 정보를 팀원들에게 나누어 주고 같은 모습의 암세포를 발견하는 즉시 처치해야 합니다. 문제없죠?

킬러팀장이 손을 들었다.

– 척후팀 이야기대로 세 가지 정보를 모두 가져와야만 저희 킬러팀이 움직입니다. 저희는 한번 무장하면 인정사정 보지 않아요. 잘못된 정보로 비상령이 발동되면 엉뚱한 사상자가 발생할 수 있거든요.

킬러팀장이 턱을 바짝 당겼다.

– 저희 팀원들은 굉장히 과격합니다. 암세포들이 혈액 같은 곳에 있으면 쉽게 처리하지만, 고형암이 되어 동굴, 즉 조직 속에 숨어 버리면 공격하기 아주 힘들어집니다. 혈관에서 놓치면 이놈들이 암 동굴을 만들기 때

문에 강력하게, 한 번에 끝내야 해요. 그래서 정확한 암세포 정보 전달이 필수입니다.

수철이 고개를 좌우로 흔들었다. 혜숙이 그런 수철을 쳐다보며 물었다.

"왜요? 너무 완벽해서요?"

"그러게. 이 정도로 완벽한 대응을 하는 면역인데, 왜 바이러스가 들어오고 암세포가 생기는 걸 못 막을까?"

혜숙이 잠시 말이 없더니 손뼉을 쳤다.

"뛰는 놈 위에 나는 놈 있다고 하잖아요. 면역세포보다 더 영악한 놈들이 바이러스나 암세포 아니겠어요?"

수철이 고개를 끄덕였다. 혜숙 말이 맞다. 뛰는 놈 위에 나는 놈이 암세포다. 면역세포의 약점을 파고들어 어떻게든 면역 공격을 피하는 놈들이다. 이런 영악한 암세포들이 자리 잡고 암 동굴을 만들면, 가뜩이나 약해진 영미의 면역세포들이 제대로 공격할 수 있을까.

수철의 얼굴이 어두워졌다.

'아빠는 유능한 의사니까 엄마 금방 고칠 거예요.'

영미의 말이 떠올랐다. 영미마저 잃는다면 내가 과연 버틸 수 있을까.

상황실에서는 전략 회의가 한창이었다. 팽팽한 긴장이 감돌고 있다. 상황실장이 미사일팀장을 힐끗 쳐다봤다.

— 미사일팀장님은 암세포 전투 매뉴얼 잘 알고 계시죠?

갑자기 지목받은 미사일팀장이 당황하며 얼굴이 붉어졌다.

— 저희 미사일팀은 척후팀장이 가져온 주민증 정보를 받아서 그걸 기

반으로 암 추적 미사일을 만듭니다.

실장이 목소리가 날카롭게 허공을 갈랐다.

– 뭐라고요? 미사일팀장은 내 명령대로 움직여야 하는 거 몰라요? 척후팀장의 주민증 정보를 받는 사람은 팀장, 당신이 아니라 나입니다. 내가 그 정보를 받아 보고 공격할지 판단해서 킬러팀, 미사일팀, NK팀에게 공격 지시를 내리는 거예요.

실장의 왼손이 거칠게 탁자를 '탁' 쳤다.

– 대응 매뉴얼 제대로 알기는 해요? 그리고, 어디서 맘대로 자리 이탈해요! 한 번 더 그런 모습 보이면 팀장 자리 박탈할 테니 알아서 하세요.

미사일팀장의 얼굴이 붉으락푸르락했다.

– 이제 대응 매뉴얼은 대부분 확인했습니다. 잠시 휴식 후 추가 행동 요령을 다시 확인하겠습니다.

상황실장의 말이 끝나자마자, 미사일팀장이 실장을 싸늘하게 노려보더니 문을 꽝 닫고 나갔다. 상황실 요원들이 수군거렸다.

– 실장이 사관학교 수석 졸업 맞네. 대응 매뉴얼을 완벽히 외우고 있어. 그런데 미사일팀장은 왜 처음부터 실장이나 킬러팀장과 꼬여 있지? 저래서 암 발생 상황에서 제대로 공격이나 하겠어?

– 공격은커녕 뒤통수나 안 치면 좋겠다!

– 뒤통수라니?

– 작년에 탈영한 친구 있었잖아. 그 친구가 바이러스 꼬임에 빠져서 미사일팀 발사 장치 나사를 빼 버렸어. 그래서 미사일팀이 제대로 쏘지도 못했다고. 만약 미사일팀장이 맛이 가 버리면 탈영 정도가 아니라 가장 위험한 암세포가 될지도 몰라.

– 에이, 상상은 자유라고 하지만 그건 너무 심하다. 그래도 팀장인데.

– 너는 모르는구나. 가장 무서운 적은 늘 내부에서 나타나는 거야. 암세포는 사실 우리 동료들이었잖아.

혜숙이 수철의 등을 톡톡 두들겼다. 화면을 보던 수철이 고개를 돌렸다.

"저 친구들도 미사일팀장 행동을 이상하게 보고 있네요. 우리도 잘 지켜봐야겠어요. 팀장급이 맛이 가서 암 줄기세포로라도 변절하면 큰일이에요. 암세포들의 두목이 된다는 거잖아요."

혜숙은 입술을 깨물며 불안한 표정을 감추지 못했다.

"그놈이 몸속 깊은 곳에 동굴이라도 만들면 난공불락인데요. 그나저나 암세포가 만들어지는 걸 처음부터 완벽하게 막을 수만 있으면 좋을 텐데."

혜숙의 근심 어린 얼굴을 보며 수철은 오히려 안도의 숨을 내쉬었다. 혜숙은 내가 힘들 때 힘을 주는 사람이다.

'이런 사람이 곁에 있다는 게 다행이야.'

면역 상황실 대형화면 우측 아래에서 상황실장이 킬러팀장과 척후팀장을 불렀다.

– 척후팀장님, 암세포가 처음 발생하면 발견하는 게 척후팀이잖아요? 암세포가 왜 생기는지는 모르겠지만, 어떤 상태에서 발생하는지는 알 수 있나요?

– 실장님, 저희도 발생 전에 사전 차단하면 가장 좋은데 쉽지 않네요.

척후팀장이 머리를 긁었다.

– 저희 척후팀 고참이 있는데 그 친구 말로는 암세포가 될 놈은 이미

엄청난 스트레스를 받은 상태라는 거예요.

척후팀장이 설명을 이어 갔다.

― 멀쩡한 놈이 갑자기 암세포가 되는 게 아니라, 많은 돌연변이가 쌓인 놈이 어떤 계기가 생기면 암세포로 돌변한다는 거죠. 그 고참은 어떤 계기를 '암 마스터 스위치'라고 불러요. 그게 켜져야 암세포로 돌변한다고요.

― 스위치가 언제 켜지는지 알면 미리 대기했다가 없앨 수 있을 텐데….

척후팀장의 아쉬움이 눈에 묻어났다.

― 여하튼 암세포로 변하기 전 그 세포는 죽기 직전 상태까지 몰린다는 거예요. 그때 암 스위치가 켜지고요. 고참의 경험담이라 확실하진 않지만, 정상세포가 바닥 상태까지 가야, 암세포가 되는 건 분명한 것 같아요.

킬러팀장이 두 사람을 보며 말했다.

― 실장님, 사관학교에서 '암은 수억 년 진화의 산물이라서 쉽게 없앨 수 없다'라고 하던 노교수 기억납니까?

실장이 천정을 잠시 보다가 고개를 돌렸다.

― 아, 네. 그 암 불멸론 교수님?

― 맞아요. 그 교수님이 암 불멸론 이야기하면서 암 스위치 얘기를 잠깐 했어요. 돌연변이가 많이 쌓이고 어느 선을 넘어서면 '찰칵' 스위치가 켜진다고요. 그러면 일사천리 암세포로 돌변한다고.

킬러팀장이 씩 웃으며 말을 이어 갔다.

― 그 스위치를 찾으려면 누군가의 희생이 있어야만 그런 상황까지 갈 수 있을 거라고 했어요. 그러면서도 암 불멸론을 계속 주장했죠. '너희들은 나이 든 내가 죽지 않고 계속 살아서 교수 자리를 차지하고 있는 게 낫겠냐, 아니면 일찍 죽어서 너희에게 교수 자리를 빨리 내주는 게 낫냐?'라

고 킬킬 웃으며 물었잖아요.

실장이 손뼉을 치며 박장대소했다.

— 아, 그래요! 그래서 내가 '그래도 오래 사셔야죠'라고 했더니 '너는 진화론을 헛배웠다'라고 하셨어요.

킬러팀장이 자리로 돌아가며 말했다.

— 저희 일은 암세포를 찾아서 죽이는 건데, 암세포 발생 자체를 막을 수 있다면 일이 줄어들어서 좋지 않겠어요? 미사일팀장 말처럼 랍스터 몸속 친구처럼 할 일 없어서 놀고먹을 거예요, 하하하. 그나저나 미사일팀장은 또 어디 갔죠? 아직도 정신 못 차리고 있네요.

상황실 대화를 듣던 수철이 혜숙을 손짓으로 불렀다.

"킬러팀장이 말하는 '암 스위치' 말이야. 그걸 찾으면 암 발생 자체를 막을 수 있을 텐데. 그런데 세포가 돌연변이가 쌓이고 죽기 직전 상태까지 가야 그 스위치가 켜져서 암세포가 생긴다는 거잖아. 알아내기가 거의 불가능할 것 같은데?"

수철이 고개를 멀리 한강 쪽으로 돌린다.

"세포들이 죽기 직전이 되면 좀비 세포처럼 되겠지. 그러다가 어느 순간 암세포로 변하고. 그런데 좀비가 되면 세포는 비정상 물질을 만들어 낼 터인데…. 그러면 무슨 신호나 냄새 같은 게 나타나지 않을까? 그걸 면역 척후 세포들이 미리 알아낸다면 암세포 되기 직전 세포들을 없앨 수 있지 않을까?"

혜숙이 고개를 끄덕였다.

"암세포가 되기 직전 세포들을 면역세포가 알아볼 방법이 없을까요? 무슨 냄새를 심하게 뿜는다든지…."

수철은 그렇게만 되면 암 발생 자체를 막는 암 백신이 가능할 거로 생각했다.

"면역세포들에게 그런 전략이 있을지도 몰라. 잘 들어 보자고. 그나저나 미사일팀장을 잘 살펴봐야겠네. 저렇게 삐딱한 놈은 여차하면 변심해서 암세포가 될 수도 있지."

수철이 대형 화면 오른쪽 위를 가리켰다.

"그보다 척후팀이 대단히 중요한 일을 하고 있네. 암을 확인하는 세 가지 검사로 확인해야만 암세포를 삼켜 부순 다음 그 정보를 면역 상황실로 간다는 거잖아. 만약 척후팀이 비실비실해서 암세포를 못 알아보면 큰일이야."

수철이 눈을 들어 혜숙을 본다.

"킬러팀은 스스로 암세포를 확인할 수 없고, 미사일팀도 척후팀이 준 정보가 있어야 움직이니까 척후팀이 제일 중요한 거 아니야? 영미의 척후팀은 그나마 활발하니 다행이네."

혜숙이 미간을 깊게 찌푸린 채 손으로 책상 끝을 잡았다.

"척후팀이 약해지면 암이 발생해도 면역 상황실에 알리지 못하는 거 아녜요? 면역공격팀이 아무리 강해도 척후팀이 정보를 못 주면 말짱 도루묵이네요."

혜숙의 눈이 반짝였다.

"그럼, 암세포가 영미 몸에서 생겼는데 척후팀이 제 역할을 못 하면 이런 방법은 어때요? 암세포와 척후 세포를 몸에서 꺼내서 실험실에서 같이 키우는 거예요. 척후팀을 암세포와 한판 싸움 붙여서 훈련하는 거죠. 그러면 암 정보를 완전히 갖춘 척후팀이 만들어지잖아요. 이걸 다시 몸에 주사하면 이 척후팀이 몸속 면역공격팀에 완벽한 공격 정보를 줄 수 있지 않을까요?"

수철이 손뼉을 쳤다.

"그거 좋은 방법이네. 역시 머리가 좋군."

수철의 칭찬에 혜숙의 얼굴이 불그스름해졌다. 수철은 얼마 전 발표된 척후 세포 논문이 떠올랐다. 암 환자 몸에서 분리한 척후 세포를 암세포와 함께 키우는 거다. 그러면 암세포 정보를 충분히 몸에 새긴다. 이 세포들을 다시 암 환자에게 주사하면 암세포 정보를 면역 상황실에 전달하고 전군 비상이 걸리면서 킬러팀들이 득달같이 암세포를 찾아내서 처치한다는 것이다.

몸으로 직접 적을 기억한 면역세포들이 암세포들에는 최고의 킬러들이다.

이제 척후팀이 중요한 면역세포로 떠오르고 있다. 인체에 돌아다니는 외부 침입자 바이러스와 변절자인 암세포를 알아보고 신문해서 그 정보를 면역 상황실에 전달하는 놈들이다. 1차 현지 방어도 하면서 2차 전면전도 시작하게 하는 면역의 핵심 멤버들이다.[37]

면역세포들의 이야기를 들으니, 암을 처치할 좋은 묘수가 떠오를 것 같아서 수철의 얼굴이 서서히 환해지고 이마의 그림자가 걷혔다.

"혜숙, 면역세포 이야기를 들으면 영미 상태를 미리 알 수 있을 것 같네. 영미 상태가 안 좋아지면 외부에서 이미 만들어진 항암제를 지원할 수도 있을 것 같아."

혜숙이 깔깔 웃었다.

"김 교수님, 이번에는 잘하셔야 할 것 같은데요. 전번에는 면역전투병들을 많이 부르려고 너무 많은 사이토카인을 주사해서 사이토카인 폭풍으로 쇼크가 올 뻔했잖아요. 그래서 미사일팀장이 교수님 때문에 곤욕을 치렀고요."

미사일팀장 이야기를 하는 혜숙의 표정이 걱정스러워졌다.

"그나저나 미사일팀장이 상당히 비협조적이네요. 세포 밖에 돌아다니는 침입자는 미사일팀장이 항체를 날려서 적군에 표식을 해놔야 다른 공격팀이 그 표식을 보고 사격하는데, 저리 삐딱하면 안 되는데. 걱정이에요. 추적을 좀 해 봐야겠네요."

상황실 문을 차고 나가버린 미사일팀장의 싸늘한 얼굴을 보자 수철에게 한 얼굴이 떠올랐다. 고등학교 시절 절뚝거리던 유기견을 발로 찼던 유돈의 광기 어린 얼굴이다. 수철이 고개를 흔들어 그 얼굴을 지웠다. 다시 보고 싶지 않은, 메두사 같은 얼굴이었다.

수철은 정 회장을 오늘 저녁 만나기로 했다. 수연과 영미에게 불멸 유전자를 대량 삽입한 사람이 회장인지 확인해야 한다. 회장의 뇌종양 치료를 위해 혈액 샘플이 필요하다는 핑계를 대면, 문제없을 것이다.

수철이 창이 있는 모자와 색안경으로 얼굴을 가렸다. 한강 비밀연구소를 벗어나는 건 처음이었다. 더 이상 뒤로 물러설 수도 없다. 이제는 호랑이 굴로 들어가야 한다.

하지만 수철은 아직 몰랐다. 진짜 호랑이가 누구인지를….

11
절망의 시간

수철은 혼란한 저녁 퇴근 시간에 정 회장을 몰래 만났다. '혼수상태 아내를 살해하고 정부와 딸을 데리고 야반도주한 유명 의사'라는 선정적 기사가 여전히 포탈 검색 순위 상위를 차지하고 있었다. 이미 사진까지 공개된 상황이다. 수철은 선글라스를 쓰고 택시에 올랐다.

저녁 시간에 선글라스를 쓴 승객을 택시 운전사가 의심스럽게 힐끗거렸다. 삼경 그룹 본사 앞에 내리자 미리 연락받은 수위가 회장 전용 엘리베이터로 안내했다. 엘리베이터 안 여자 안내원은 가슴이 파인 상의와 허벅지까지 올라간 미니스커트 차림이었다. 다시 만난 정 회장은 변해 있었다. 한 달 전, 시한부 뇌종양이라며 자신을 살려 주면 회사 지분 30%를 주겠다고 제안했던 정 회장은 70대 노인이었다. 하지만 지금은 70대 고령이라고는 믿기 어려운 건장한 몸매와 주름 한 점 없이 청년처럼 팽팽한 피부가 수철을 놀라게 했다.

'그동안 무슨 일이 있었던 거지?'

정 회장이 수철을 식사가 준비된 방으로 이끌었다. 전번에는 용산 고급 뷔페였지만, 이제는 수철의 얼굴이 알려져 회장 집무실 옆 방이다.

"김 교수, 딸은 어떤가? 집사람은 못 지켰지만, 딸은 지킬 수 있겠지? 자네가 만든 세포 소통 칩, 아니 SNS 칩은 어떻게 되어 가나?"

정 회장은 겉으로는 태연한 척했지만, 가장 치명적인 교모세포종을 두려워하고 있다. SNS 칩이 그에게는 생명줄이었다.

"정 회장님, 지금으로서는 희망을 가지셔도 좋을 것 같습니다. 현재 딸의 몸속 세포들, 특히 면역세포들의 이야기를 듣고 있습니다. 암에 대해 우리가 몰랐던 중요 정보들을 쏟아 내고 있어요. 그 대화 속에서 치료의 해답을 찾을 수 있을 겁니다."

희망적이라는 말에 정 회장의 고개가 번쩍 들렸다. 눈동자가 살 수 있다는 기대로 번뜩였다.

"그렇다고? 이거 오랜만에 듣는 반가운 소식이네. 김 교수가 그렇게 단언할 정도면 내가 살아날 수 있다는 뜻이로군. 맞아, 아무리 좋은 약이라 해도 코앞에서 생사를 건 전쟁을 치르는 면역세포를 따라갈 수 있겠어?"

정 회장은 안도의 한숨을 내쉬었다.

"그런데, 듣기로는 자네가 암 불멸론자라면서? 아니, 암 전공 교수가 암은 없앨 수 없다고 떠드는 게 웃기지 않나?"

정 회장이 껄껄거린다.

"저는 SNS 칩으로 몸속 세포와 소통해서 암을 치료할 방법을 찾고 있습니다. 하지만 암을 쉽게 정복할 수 있다고는 생각지 않습니다. 암은 수억 년의 진화 경쟁에서 살아남은 놈들이거든요. 진화에 필요하니까 없어지지 않는 겁니다."

정 회장이 포크를 집어 들며 위협적으로 말했다.

"그래. 암을 정복하든 못 하든 그건 자네가 알아서 할 일이고, 나는 우선 더 살아야겠네. 먼저 내 머릿속의 이 시한폭탄 같은 암 덩어리부터 제거해 주게. 그래 주면 약속대로 지주회사 지분 30%를 넘기지. 한강 연구소는 이미 마련해 줬고, 또 필요한 게 있나?"

수철이 그동안 생각해 온 요구사항을 꺼냈다.

"회장님, 암 연구재단을 설립해 주세요. 아무런 제약 없이 암 연구에만 전념할 수 있도록 말입니다."

회장의 입꼬리가 한쪽으로 비틀어지며 올라갔다.

"아니야, 재단은 김 교수 개인 소유가 될 수 없어. 모두 재단 소속의 공적 자금이 되는 거라고. 그런 거 말고, 김 교수 개인에게 필요한 것 말이야. 현금도 좋고 땅, 건물, 회사 뭐든 마련해 줄 테니까."

수철이 고개를 저었다.

"전에도 말씀드렸지만, 저는 지금 받는 월급만으로도 충분합니다. 재단을 만들어서 암을 정복할 수 있는 암 백신 연구를 지원해 주시면 됩니다."

정 회장은 그런 수철을 한참 바라보았다.

"주겠다는 돈을 거절하는 놈은 또 처음이네. 오케이. 자네가 원하는 게 암 연구재단이라면 그 정도는 해 줄 수 있지. 또 다른 요구 사항이 있나?"

껄껄거리는 회장과 달리 수철의 마음이 조급해졌다. 정 회장이 영미와 수연에게 불멸 유전자가 탑재된 바이러스를 주입했는지 확인해야 했다.

"회장님, 본격적인 치료에 앞서 혈액 검사가 필요합니다. 오늘 채혈해서 혈액 상태에 맞는 치료 전략을 수립해야겠습니다."

수철이 준비해 온 채혈 도구를 꺼냈다. 회장은 아무 말 없이 왼쪽 팔을 걷어 올리더니 앞으로 내밀었다. 다음 주부터 뇌 속 암 덩어리를 제거할 SNS 칩 치료가 시작된다는 생각에 회장의 입꼬리가 올라갔다.

정 회장이 준비한 저녁 메뉴는 역시 랍스터 요리였다.

"김 교수, 전번에 말했던가? 나는 랍스터처럼 암 없이 청년처럼 팔팔하게 살고 싶다고. 그런데 요즘 내가 뭔가 달라진 것 같지 않나?"

정 회장이 자기 얼굴을 쓰다듬었다.

"그래, 자네가 봐도 내 피부가 팽팽해졌지? 보톡스 주사를 맞은 건 아니야. 그런데 이렇게 청년처럼 얼굴이 젊어졌네."

정 회장이 어깨를 쭉 폈다.

"내가 회춘하고 있는 건 분명해. 이제 머릿속 암 덩어리만 없애면 나는 완전한 청춘이 될 거야. 아니 어쩌면 진시황이 그토록 찾던 불로초를 내가 제일 먼저 손에 넣은 건지도 모르지. 하하하"

수철이 정 회장의 얼굴을 다시 한번 뜯어봤다. 역시 피부가 완전히 달라져 있었다. 한 달 전 용산 뷔페에서는 70대 노인의 주름진 피부였는데, 지금은 마치 시간이 거꾸로 흐른 듯 20대의 탄력 있는 피부로 변해 있었다. 믿기 어려운 변화였다.

'보톡스를 맞지 않았다면 도대체 무엇이….'

정 회장이 랍스터 몸통을 가르더니 포크로 찍어 수철에게 건네줬다.

"김 교수, 내가 전번에 말했던 'K-메디컬' 기억나나? 지금 동남아에서 K-메디컬이 폭발적 인기일세. 치료받으러 한국까지 올 필요도 없다는 말이지. 자네의 SNS 칩도 그 혁명의 핵심일세."

정 회장이 자기 얼굴을 만족스럽게 쓰다듬었다.

"이제 그게 꿈이 아니고 내 코앞에 와 있어. 내가 이렇게 20대로 회춘한 게 산 증거일세. 이건 어디 가서 절대 입 밖에 내지 말게. 때가 되면 한 방에 터트려서 삼경을 세계 5위권 메디컬 그룹으로 만들 거야."

정 회장의 목소리가 낮아졌다.

"내가 회춘한 건 유돈이, 내 아들 녀석 덕분일세."

수철의 가슴이 덜컹했다. 유돈 이야기다.

"내가 젊을 때 마누라 몰래 바람을 좀 피웠지. 만나던 여자가 둘 있었어. 하나는 아들을 낳고 다른 하나는 딸을 낳았지. 마누라가 어떻게 알아냈는지 죽인다고 극성이라, 두 여자하고 애들을 모두 미국으로 내쫓았어. 돈 좀 주고. 거기서 조용히 먹고살라고 말이야."

정 회장이 랍스터를 씹으며 차가운 목소리로 이어 갔다.

"딸 낳은 여자는 날 다시 안 보겠다고 연락을 끊었네. 지금 어디 사는지도 몰라. 그런데 다른 여자 집에서 문제가 터졌지. 유돈이 그놈이 고등학생 때 혼자 날 찾아온 거야."

정 회장이 씩 웃는다.

"와서는 협박하더군. 자기를 아들로 인정하지 않으면 모든 걸 까발리겠다고. 내가 할 테면 해보라고 하자, 내 앞에서 자기 배에 칼을 꽂아 버린 놈일세."

수철이 숨을 멈췄다.

"만약 자기가 죽으면 모든 방송에 녹화한 비디오가 배달될 거라고 했어. 자기가 회장 집에 와서 죽었다는 것도 폭로하고 말이야. 나는 속으로 '옳다구나' 했지. 내 집안에 독한 놈이 하나 있으면 하던 참이야. 일거양득이었어. 그놈이 머리는 날 닮았는지 조금 받쳐 주니 금방 삼경의대에 들어오지 않았나. 내 계획에 날개가 달린 셈이지. 게다가 그 녀석이 만든 신약이 나를 이렇게 젊게 만들었으니, 살맛이 나지 않겠나?"

정 회장 목소리가 한 옥타브 높아졌다.

"이제 자네가 내 머릿속 암 덩어리만 없애 주면 돼. 난 진시황이 되는 거야. 하하하!"

수철이 자기 귀를 의심했다.

'유돈을 받아들였다고? 그럼, 유돈이 정 회장의 서자라는 말인가?'

그 순간 유돈이 고교 시절 유기견을 발로 차며 뱉던 말이 불현듯 떠올랐다.

'싸질렀으면 책임져야지. 아니면 내가 죽여 버릴 거야.'

그렇다면 정 회장과 어떤 여자 사이에 태어난 아들이 유돈이었고, 고등학생 때 친부를 찾아가 협박으로 병원장 자리를 차지했다는 말이다.

"회장님, 유돈 병원장이 만든 신약을 쓰셔서 얼굴이 젊어지신 거라고요? 유돈 연구팀의 항암 바이러스는 아직 실험실 단계인데요. 그걸 어떻게 회장님에게….'"

정 회장이 냉소적으로 웃었다.

"김 교수, 아직 순진하구먼. 삼경 그룹 연구는 모두 극비일세. 하지만 이미 인체 임상실험에서 놀라운 결과가 나왔어. 그 증거가 바로 이렇게 젊어진 내 모습이라고."

"제가 아는 바로는 삼경 그룹 임상실험은 현재 없는 걸로 아는데요. 어떤 걸로, 어디서 임상했다는 거죠?"

회장 목소리가 차가워졌다.

"이봐, 김 교수. 뭘 그리 꼬치꼬치 캐내려 하나. 너무 많이 알려고 하지 말게. 다친다고."

정 회장이 위협적으로 몸을 앞으로 기울였다.

"무엇보다 다 국가를 위한 일일세. 처음 하는 연구엔 누군가의 희생이 필요한 거지. 영국이 처음 천연두 백신 만들 때 누구를 대상으로 실험했나? 사형수들이야. 어차피 죽을 목숨이니까 주사 맞은 거지. 운이 좋으면 사형도 면하고 천연두도 낫고."[38]

정 회장의 눈빛이 잔인하게 빛났다.

"처음엔 희생을 각오하는 거야. 이 신약도 처음엔 대여섯 명이 문제가 생겼지. 나는 그런 건 잘 몰라. 알 필요도 없지. 중요한 건 최종 결과야. 최근 인체 임상에서 완벽한 결과가 나왔고, 그래서 나도 불멸 주사를 맞은 것뿐이네."

정 회장이 랍스터를 우두둑 씹으며 말을 뱉는다.

"신약 허가야 나중에 받으면 되지, 뭘 걱정이야. 자네는 그런 거 신경 쓰지 말고 SNS 칩으로 내 머릿속 암 덩어리나 없애라고!"

정 회장의 위협적인 말에 수철은 더 이상 캐묻지 않았다. 하지만 회장의 고백은 놀라웠다. 누군가를 대상으로 불법 임상을 했는데 처음엔 결과가 참혹했다. 이후 개량과 불법 임상을 반복해서 지금의 효과가 나왔다는 것이다. 사형수까지 언급하는 걸로 보아 사람이 죽었다는 얘기다.

수철의 머릿속에 끔찍한 기억이 되살아났다. 얼마 전 응급실에 혼수 상태 노숙자들이 여러 명 연속으로 실려 온 것이다. 설마, 그들을 대상으로 불법 임상을? 그들 대부분이 숨졌다. 당시는 코로나 유행 시기라 이들 죽음은 별문제 없이 처리되었다.

회장을 바라보는 수철의 팔뚝에 좁쌀 같은 소름이 돋았다.

정 회장은 어른 팔뚝만 한 랍스터를 포크로 찍어서 하얀 속살을 입안에 집어넣었다.

"랍스터, 이놈들은 자네도 잘 알다시피 늙지 않는다면서?"

정 회장이 랍스터를 씹으며 광기 어린 웃음을 지었다.

"그래, 텔로미어? 보통 사람들은 이게 줄어들어서 결국 늙어 죽는데 랍스터는 그게 줄어들지 않는다 했지? 몇백 년도 살 수 있다며? 아주 마음에 드는 놈이야. 하하하!"

수철은 머리를 집중해야 했다.

'유돈의 불로초 주사 정체가 무엇이지?'

병원 연구팀의 항암 바이러스는 아니다. 그건 암세포만 찾아 파괴하는 치료용이다. 그렇다면 삼경 그룹에서 따로 극비리에 연구하는 것은 무엇인가? 그룹 바이오연구소는 철저히 베일에 가려져 있었다. 그때 수철의 스마트폰이 급작스럽게 울렸다. 혜숙이다. 수철이 긴장하며 전화를 받았다. 혜숙은 정 회장과 함께 있음을 아는지 짧고 긴급하게 말했다.

"영미 몸에 암세포가 나타났어요."

수철의 가슴이 덜컹 내려앉았다. 정 회장에게 다음 주부터 SNS 칩 치료를 시작한다고 말하고 급히 자리를 떠났다. 수철이 한강 비밀연구소로 뛰어 들어서자, 혜숙이 창백한 얼굴로 기다리고 있었다.

"영미 몸속 면역 상황실에서 긴급 회의가 열리고 있어요."

수철은 침을 삼켰다. 드디어 최악의 시나리오가 시작된 것이다.

연구소 중앙 대형 화면에 굳은 얼굴의 실장과 킬러팀장 모습이 나타났다. 킬러팀장이 급하게 앞으로 나섰다.

─ 실장님, 척후팀장이 오늘 오전 처음 암세포 출현을 보고했다는 거죠?

그래서 긴급 회의를 소집한 거고요. 그런데 미사일팀장은 어디 있나요?

— 계속 연락하고 있는데 아직 응답이 없습니다.

대응 매뉴얼도 제대로 모른다고 실장에게 망신당하고 문을 박차고 나간 미사일팀장이 감쪽같이 사라진 상태였다. 실장이 초조하게 말했다.

— 하루 더 기다려 보고 상부에 보고하겠습니다.

이 대화를 듣던 혜숙이 불안하게 고개를 끄덕였다.

"김 교수님, 미사일팀장이 완전히 맛이 간 것 같네요. 김 교수님, 제 말 듣고 있으세요?"

다른 생각을 하던 수철이 그제야 정신을 차리고 번뜩 고개를 들었다.

"언제 처음 암세포 발생 보고를 받았다고?"

"오늘 아침이요. 왜 그러세요?"

수철이 손가락으로 책상을 초조하게 두드렸다.

"영미가 혼수상태가 된 지 얼마 되지도 않았는데 암세포가 나타났다고? 이건 보통 바이러스가 아닌 것 같아. 바이러스에 암을 아주 잘 일으키는 무언가가 실려 있어."

혜숙이 수철의 말을 다시 떠올렸다. 암세포로 변하려면, 비정상적인 돌연변이가 누적되어야 한다. 아니다. 지금 영미 같은 경우는 세포 손상으로 인한 돌연변이라고 하기에는 기간이 너무 짧다. 혹시 특별한 암 유발 유전자가 들어간 것 아닐까?

누적된 세포 손상이건 암 유발 유전자이건 어느 순간 임계점을 넘으면 세포 속 특정 유전자가 켜지면서 암세포로 완전히 변신한다는 것이다. 그 유전자, 즉 암 발생 스위치를 알면 암 발생 자체를 차단하는 새로운 암

백신이 가능하다.[39] 그러면 암을 정복할 수 있다.

"영미 몸에서 암 발생 스위치를 찾을 수 있을까요? 이미 늦은 건 아닌 가요?"

혜숙이 침대에 누운 영미를 애처롭게 바라보며 말했다.

"암세포가 나타났으면 스위치를 찾기엔 이미 늦었다고 봐야지. 그런 데 미사일팀장이 맛이 갔다고?"

수철의 미간에 깊은 주름이 파였다.

"세포에 돌연변이가 일어났는데, 자체 수리도 안 되고 자폭도 실패하면, 결국 암세포가 될 수 있다는 거 아냐? 골치 아픈 일이 생겼네. 그럼, 미사일팀은 누가 지휘하지?"

"상황실 이야기를 더 들어 보죠."

상황실장의 입꼬리가 돌처럼 굳어 있었다. 암세포가 출현했는데 미사일팀장은 실종 상태다. 당황한 표정을 단발머리로 가리고 있다. 그때 척후팀장이 상황실 문을 급하게 열고 들어섰다.

— 실장님, 재확인 결과 확실한 암세포입니다.

척후팀장의 목소리가 긴장으로 떨렸다.

— 혈액 순찰 중인 척후 1팀 보고를 받고 제가 직접 현장에서 확인했습니다. 최전방 척후팀은 세균, 바이러스 같은 외부 침입자는 쉽게 색출하지만, 암세포는 까다롭습니다. 일일이 붙잡고 신원을 확인해야 합니다.

척후팀장이 숨을 한 번 고르고 보고를 이어 갔다.

— 잡은 놈의 얼굴은 우리 동료인데 뒤통수에 기괴한 뿔 모양이 나와 있었습니다. 1팀이 이놈을 처치하고 뒤통수의 괴상한 뿔을 가지고 방금

상황실에 도착했어요. 확인 결과 그 암세포는…. 우리와 같은 면역세포였습니다.

— 뭐라고요? 우리 동료 면역세포가 암세포로 돌변했다고요?

실장 목소리가 높아졌다.

— 설마, 미사일팀장인가요?

킬러팀장이 섬뜩한 표정으로 얼굴을 찌푸렸다.

— 그건 아닙니다. 하지만 암세포 중 하나가 척후팀에 포착된 거라면, 미사일팀장이 변절해서 암세포가 되었을 가능성도 있습니다.

수철과 혜숙이 동시에 서로를 보았다. 최악의 시나리오인가. 혈액암은 골수에서 생긴 백혈병도 있지만 면역세포, 즉 림프구가 변한 림프종도 많다.

— 실장님, 림프종이건 백혈병이건 암세포 척살은 저희 킬러팀의 전문분야입니다.

킬러팀장이 단호하게 나섰다.

— 저에게 맡겨 주십시오.

경험 많은 킬러팀장이 나서자, 실장의 얼굴에 화색이 돌았다.

— 당연히 킬러팀이 앞장서야지요.

킬러팀장이 상황실 대형 화면으로 성큼 다가섰다.

— 우리는 두 종류 바이러스가 동시 침입한 걸로 알고 있습니다. 코로나바이러스가 사이토카인 폭풍을 일으켰고요.

킬러팀장의 목소리가 날카로워졌다.

— 정말 걱정되는 건 다른 놈, 변종 감기 아데노바이러스입니다. 두 놈이 동시 침입한 건 위장술이고 감기 바이러스에 치명적인 유전자가 실려 있을 가능성이 높습니다.

킬러팀장이 화면을 가리키며 목소리를 높였다.

— 주인 몸에서 사이토카인 폭풍 이후 감기 바이러스가 완전히 자취를 감췄어요. 가장 걱정되는 건 감기 바이러스에 실린 암 유발 유전자가 암을 계속 양산하는 겁니다.

팀장이 잠시 말을 멈춘다.

— 우연한 돌연변이와 달리 조직적으로 암을 유도하는 유전자가 침투했다면 이건 재앙입니다. 주인 몸에 암세포 공장이 건설되어 쉬지 않고 빠른 속도로 암세포가 대량 생산될 겁니다.

상황실이 조용해졌다.

— 하지만, 벌써 걱정할 건 없습니다. 우리도 그 정도는 대비하고 있습니다.

실장이 매뉴얼을 덮으며 벌떡 일어섰다.

— 척후팀장님, 발견된 암세포가 우리 면역세포 출신이라고 했죠? 그럼, 림프액이나 혈관에 떠돌아다니는 거네요? 그럼 잡아내기가 더 쉽지 않을까요?

킬러팀장이 고개를 끄떡인다.

— 실장님이 매뉴얼에 없는 핵심을 정확히 짚으셨네요. 맞습니다. 면역세포 출신 암세포는 혈액과 림프액을 떠돕니다. 그놈들은 우리를 만나면 숨을 곳이 전혀 없어요. 평지에서 적과 맞닥뜨리는 격이죠.

킬러팀장의 눈빛이 타올랐다.

－혈액 속 암세포는 우리 킬러팀이 처치하기 훨씬 쉽습니다. 어제까지 동료였던 놈들이 변절해서 암세포가 되었으니 모조리 척살해야죠.

척후팀장이 림프종 암세포의 특징인 '뿔' 정보가 담긴 서류를 킬러팀장에게 넘겨주었다.

－순찰 중 뿔 같은 돌출부가 있는 세포는 모두 신분증을 요구하라. 정상 신분증이 아니면 즉시 배에 구멍을 뚫어 척살하라.

팀원을 향한 킬러팀장의 굵은 목소리가 상황실에 낮게 깔렸다.

근심스러운 얼굴의 상황실장이 킬러팀장을 조용히 불렀다.

－팀장님, 미사일팀장이 실종되어 항체 미사일을 제작할 수 없는데 어떻게 하죠?

－실장님, 그건 걱정하지 마시고 상부에 즉시 보고하세요. 팀장급이 안 되면 부팀장이라도 긴급 파견 요청하십시오. 지금 당장 항체 미사일팀을 지휘할 인력이 필요합니다. 그리고 척후팀장의 암세포 정보를 받아서 대식세포팀을 즉각 무장시키세요. 미사일팀 부팀장이 오면 그 정보를 전달해서 항체 미사일을 신속하게 제작하라고 하시고요.

－실장이 킬러팀장을 완전히 신뢰하는군.

상황실 요원들이 일사불란하게 업무를 처리하는 킬러팀장과 그를 믿음직스럽게 바라보는 실장을 보며 속삭였다.

면역 상황실 화면을 응시하던 수철이 혜숙을 급하게 손짓으로 불렀다.

"지금 영미의 몸 상태가 바닥이라 새로 생겨나는 암세포들을 면역세포들이 제대로 공격할 수 있을지 의문이네."

혜숙이 화면 오른쪽 위의 영미 바이탈 수치를 확인했다.

"김 교수님, 영미 상태가 안 좋다고 하셨는데 NK세포, 그러니까 자연 살해세포 숫자를 보고 하시는 말씀인가요? NK 숫자로 면역 상태를 측정하는 방법이 정확한가요?"

수철이 고개를 좌우로 흔들었다.

"면역은 킬러팀, 미사일팀, 상황실팀, NK세포, 대식세포, 척후팀이 하나로 뭉쳐서 얼마나 신속하고 정확하게 대응하느냐에 달렸어. 물론 NK가 많으면 적은 것보다 낫겠지만 그걸로 전체 면역력을 판단하기는 어려워."

"맞네요. 영미 몸속 수많은 면역세포가 완벽한 팀워크를 이뤄야 하는 거군요."

혜숙의 얼굴이 어두워졌다.

"그나저나 영미 상태가 좋지 않다니 걱정이에요. 아, 저기 미사일 부팀장이 오는군요."

면역 상황실 대형 화면에 방금 도착한 미사일 부팀장이 나타났다. 팀장의 탈영과 새로 발생한 암세포가 미사일 부대 출신이라는 놀라운 보고를 들은 부팀장은 침울해 있었다. 킬러팀장이 그런 부팀장의 어깨를 두드렸다.

─ 힘내라, 부팀장. 암 발생이 자네 잘못은 아니잖아.

킬러팀장이 격려했다.

─ 어서 상황실장에게 암세포 뿔 정보를 받아서 항체 미사일 발사 준비를 마쳐. 항체 미사일이 암세포에 달라붙어 표식해야 NK팀이 달려들어 척살할 수 있어. 자네 팀 없이는 암세포 공격이 불가능해.

킬러팀장의 격려에 부팀장이 환한 얼굴로 팀원들을 이끌고 나갔다.

"킬러팀장이 저 정도는 돼야죠."

상황실 대화를 듣던 혜숙이 감탄했다.

"킬러팀장이 김 교수님과 SNS 칩으로 연결되어 있죠? 김 교수님의 아바타 맞네요. 둘 다 든든해요."

혜숙의 농담에 수철도 긴장이 풀렸는지 대형 화면에서 고개를 돌리며 웃었다. 잠시나마 평온한 순간이었다. 그때 면역 상황실의 경보가 삐익삐익- 날카롭게 울렸다.

상황실로 연결되는 면역 고속도로에서 척후팀들이 대량의 암세포를 발견하고 긴급 신호를 발신한 것이다. 전쟁이 시작되었다. 킬러팀장이 팀원과 NK팀을 이끌고 고속도로 방향으로 급히 출동했다. 상황실장이 전방 림프관 CCTV 작동을 지시했다.

상황실로 연결되는 림프관에 정상 림프구들의 모습이 드러났다. 그런데 그 사이사이에 형태가 미묘하게 다른 암세포들이 섞여 있었다. 조금씩 그 숫자가 증가하고 있었다.

그때 킬러팀장과 팀원들이 화면 오른쪽 아래에서 나타나기 시작했다. 킬러팀장은 팀원들을 'ㄷ' 자 형태로 배치하고 지나가는 세포들을 한 명씩 검문했다. 팀원들이 보유한 암세포 패턴과 세포들의 신분증을 하나하나 확인했다. 암세포로 확인되는 순간, 킬러 팀원들이 휙 멱살을 잡았다. 암세포들도 돌변하여 주머니에서 ROS 칼을 빼 들었다. ROS 칼에서는 살을 녹이는 강력한 화학물질이 나온다. 하지만 멱살을 잡은 킬러팀들이 먼저 암세포의 좌측 허리에 단도를 꽂았다. 단도 끝에서는 '그랜자임'이라는 강력한 독극물이 암세포로 주입되었다. 암세포들이 그대로 녹아 버렸다.

킬러팀 뒤에는 NK팀이 바짝 따라붙었다. 암세포 중에는 신분증을 아예 제시하지 않는 놈들이 있다. 킬러팀은 이런 놈들을 포착하지 못한다. 그 빈틈을 메우기 위해 NK팀이 밀착 지원하는 것이다.

혜숙이 NK팀이 킬러팀이 놓친 세포들을 잡아내는 모습을 보고 눈이 동그래졌다. 교과서에서는 킬러팀과 NK팀의 협동 작전 이론만 들었는데, 지금 눈앞에서 실제 합동 작전을 목격하는 것이다.

"이 정도로 정교한 면역 시스템이면 암세포를 모두 소탕하는 건 시간문제 아닌가요?"

혜숙의 감탄에 수철이 고개를 끄덕였다. 하지만 그의 표정에는 여전히 불안이 어려 있다.

새로 부임한 미사일 부팀장은 실장에게서 받은 암세포 정보, 특히 이마 뒤편 뿔 형태에 달라붙는 미사일을 제작하고 있다. 미사일은 GPS 유도탄이다. 뿔 모양을 가진 세포들에 달라붙는다. 그러면 NK팀과 대식세포팀이 달려들어 그 세포에 치명적 구멍을 뚫는다.

킬러팀장은 대형을 유지하며 림프관을 수색해 나갔다.

림프관에서는 숨을 곳이 전혀 없다. 평지 전투에서는 면역세포들이 압도적으로 유리하다. 암세포들이 인체 조직 깊숙한 곳으로 잠입할 때가 가장 위험하다. 그런 일이 발생하기 전에 완전히 박멸해야 한다.

수철이 대형을 이루며 림프관을 수색하는 킬러팀장을 긴장하며 주시했다. 킬러팀의 진행 속도가 점점 느려지고 있었다. 계속되는 검색과 살상 과정에 지친 킬러팀원들을 교체해야 하는데 영미의 체력 저하로 교체가 늦어지고 있었다. 미사일팀이 발사한 GPS 탄은 암세포의 뿔에 정확히 명중했다. 팀장이 사라졌지만, 부팀장의 지휘하에 순조롭게 진행되고 있었다. 하지만 GPS 탄을 추적해 살상하는 대식세포팀들도 서서히 지쳐 가고 있었다.

수철이 상황실 오른쪽 아래 NK 수치를 확인하고 눈이 커졌다. 정상 수치 500에서 100으로 급락해 있었다. 면역이 바닥이었다.

'이래서는 암세포 숫자가 급증할 텐데.'

수철의 걱정은 즉시 현실이 되었다. 킬러팀과 NK팀 전방에 암세포들이 급속히 증가하는 모습이 CCTV에 포착되었다. 암세포가 늘어나면서 이들의 독성 물질들 때문에 면역세포들이 하나둘 쓰러지는 참혹한 광경이 화면에 생생히 담겼다. 면역팀들이 밀리기 시작했다.

상황실장이 CCTV 화면을 보며 당황하기 시작했다. 절대 신뢰했던 킬러팀장의 움직임이 눈에 띄게 느려졌다. 무슨 방법을 찾아야 했다.

수철은 지금 발생한 림프암이 혈액암임을 떠올렸다. 이 경우 화학 항암제 사용하면 치료 효율이 상당히 높다. 하지만 정상세포와 달리 계속 자라는 암세포를 목표로 한 화학 항암제다. 계속 분열하는 머리카락, 피부 세포 등도 죽인다. 수철 얼굴이 어두워졌다.

"지금 상태로는 화학 항암제가 효과적인데 부작용이 걱정되는 거죠?"

혜숙의 걱정스러운 질문에 수철이 무겁게 고개를 끄덕였다.

화학 항암제는 1차 대전 중 사용한 겨자가스 화학탄이 골수의 백혈구를 파괴하는 것을 우연히 발견해서 만들었다. 백혈구가 급속히 자라는 백혈병에 사용하게 된 계기다.[40] 사람을 죽이는 화학탄인 만큼 독하다. 하지만 지금은 부작용을 걱정할 여유가 없다.

수철이 화면 오른쪽 위 NK 수치가 50까지 추락한 것을 확인하고 고개를 숙였다.

"대안이 없을 것 같아. 화학 항암제가 혈액암에 효과적이라는 게 그나마 희망이야."

혜숙의 표정이 어두워졌다. 마지막 희망이다. 지금은 화학 항암제만이 영미를 구할 수 있는 유일한 무기였다.

늘 재잘거리던 영미의 건강한 얼굴은 이제 석고상처럼 창백했다. 안타깝지만 지금으로서는 다른 선택이 없었다. 수철은 화학 항암제 주사병을 들었다. 영미의 팔은 희다 못해 투명할 정도로 파리했다. 주사를 꽂는 수철의 손이 가늘게 떨렸다.

급증하는 암세포에 기진맥진한 팀원을 킬러팀장이 부축하고 있었다. 그때 전방에 있던 암세포들이 하나둘 쓰러지기 시작했다. 뭔가 거대한 파도가 림프관을 타고 몰려오는 게 느껴졌다. 그 물결이 킬러팀 방어선에 도달하자 킬러팀원들도 뒤로 넘어지기 시작했다.

킬러팀장과 팀원들이 갑작스러운 상황에 놀랐다. 실장은 암세포들이 일제히 쓰러지는 광경에 눈동자가 커졌다. 면역세포가 증가한 것도 아닌데 갑자기 암세포들이 무너지기 시작했다. 킬러팀의 피해도 있었다. 하지만 암세포보다는 훨씬 적었다. 시간이 흐르면서 영미에게 주입한 화학 항암제 효과가 절정에 도달했다. 림프관에 있던 림프종 암세포들이 모두 쓰러진 것이다.

— 무슨 비밀 무기를 사용한 거죠?

상황실로 돌아온 킬러팀장이 의아해하며 물었다.

— 저희도 잘 모르겠습니다, 갑자기 적들이 쓰러지기 시작했어요. 무슨

거대한 파도처럼 밀려왔어요.

상황실장이 갑작스러운 상황에 어리둥절해하고 있다.

– 이런 건 면역 대응 매뉴얼에 없어서 전혀 모르겠어요. 몰라도 상관
없어요. 일단 암세포를 완전히 박멸했으니까요.

화면을 보던 수철과 혜숙, 그리고 연구원들이 모두 박수를 치기 시작
했다. 수철은 생각보다 쉽게, 암세포가 쓰러지는 모습을 보며 그동안 너무
걱정했다고 자신을 달랬다. 이제 영미가 암의 위협에서 해방되었으니 곧
기운을 차릴 것이다. 그 아이의 깔깔거리는 웃음소리를 다시 듣고 싶었다.

"이번에는 전번 사이토카인 폭풍 때처럼 사고 치지 않으셨네요, 김 교
수님?"

혜숙의 농담에 연구원들과 수철이 웃었다. 잠시나마 평화가 찾아온
듯했다. 웃음에 취한 사이, 그들은 대형 화면 CCTV의 결정적 장면을 놓
쳤다. 암세포가 모두 쓰러진 오른쪽 림프관 구석에서 한 놈이 서서히 몸
을 꿈틀거리더니 기어서 시야에서 사라졌다. 미사일팀장이었다.

지옥문이 열렸다.

악몽이 시작되는 순간이었다.

12
좌절의 위기

영미의 림프종이 화학 항암제로 제압되자 수철의 온몸에서 힘이 빠져나갔다. 처음 목격한 전쟁의 참혹함이었다. 암세포들의 무자비한 진격, 면역세포들이 싸우다 지쳐 쓰러지는 소름 돋는 광경에 절망했다가 외부 화학 항암제로 겨우 살아난 것이다.

화학 항암제는 구원자인 동시에 무자비한 파괴자였다. 영미 머리카락이 듬성듬성 빠져나갔다. 입안이 헐어 피가 스며들었다. 피부는 거칠게 일그러졌다. 손톱까지 검게 죽었다. 대학병원 지하에 가발 가게가 있을 정도로 화학 항암제는 독하다.

침대 옆에서 멍하니 영미를 응시하는 수철에게 혜숙이 다가왔다. 죄책감과 절망이 그를 짓누르고 있었다.

"김 교수님, 화학 항암제를 맞은 영미를 보니 매우 괴로우시죠?"

수철이 영미의 손을 잡은 채 무겁게 고개를 끄덕였다.

"괴로운 게 아니라 두려워. 암세포들이 수를 불리며 확산하는 모습을 보니 과연 암을 이길 수 있을지 두렵네."

수철의 목소리가 떨렸다.

"면역 상황실에서는 암세포가 모두 전멸한 것처럼 보이지만 어딘가 생존자가 있을 거야. 그놈이 다시 번식하기 시작하면 영미는 더 이상 버틸 기력이 없어."

붉은 피를 토하고 돌아가신 어머니 기억에 고개를 떨군다.

'암은 불멸인가….'

"그래도 버텨 내셔야죠. 이제 겨우 전반전인데 벌써 감독이 포기하면 선수들은 어떻게 해요? 그런데, 정 회장 만난 건 어떻게 됐어요?"

혜숙의 말에 수철이 벌떡 일어났다.

"아, 맞다! 그 혈액 샘플이 어디 있더라? 저기 냉장고 아랫단에 둔 것 같은데."

수철이 실험실 구석 냉장고에서 정 회장의 혈액이 담긴 튜브를 꺼내 혜숙에게 건넸다. 혜숙은 즉시 왼쪽 테이블의 녹색 PCR 기기를 열었다. 혈액 샘플을 주사로 주입하고 노란색 스위치를 켰다. 바로 옆 DNA 분석 기기에도 0.1 cc 혈액이 들어갔다.

두 기기가 동시에 작동하기 시작했다. 정 회장의 수호 유전자 돌연변이 여부와 추가 삽입된 불멸 유전자 개수를 검사하고 있었다.

DNA 분석기에 푸른 빛이 깜박이더니 화면에 검사 결과가 떠올랐다. PCR 분석기 화면에도 적색으로 유전자 개수가 표시되었다.

'TP53 수호 유전자: 돌연변이'

'TERT 불멸 유전자 수: 33'

화면을 응시하던 수철과 혜숙이 동시에 '아!' 소리친다.

첫째 결과는 정 회장이 원래 가지고 있는 수호 유전자가 돌연변이란 이야기다. 두 번째는 불멸 유전자가 33개 들어있는 거다.

"정 회장도 수호 유전자가 돌연변이네. 그리고 삽입된 불멸 유전자 개수는 33개!"

"수연은 30개, 영미는 13개였죠."

혜숙이 숫자를 재확인하며 눈이 동그래진다. 수철이 중얼거린다.

"아니, 수연과 영미는 모녀지간이라 유전적 연관성이 있다고 쳐도, 정 회장과 수연이 왜 둘 다 수호 유전자 돌연변이인 거지? 단순한 우연인가? 정 회장, 정수연⋯."

수철은 혼자 중얼거리다가 화들짝 놀란다. 정 회장과 수연은 같은 성이다. 이게 단순히 우연일까. 그러다가 수철은 벌떡 일어났다. 어제 정 회장이 한 말이 생각났다.

'내가 바람을 피웠다가 마누라에게 들켰지. 그래서 마누라 몰래 그 여자와 딸을 미국으로 도피시켰는데 그 여자가 다시는 날 안 보겠다고 소식을 끊었네. 지금은 어디 있는지 몰라.'

정 회장의 말이 머리에 번쩍 떠올랐다.

'설마⋯. 정 회장의 숨겨진 딸이 수연인가?'

그러고 보니 수철의 결혼식에 처가 식구는 거의 오지 않았다. 수철네 집도 친척이 많지 않고 홀어머니마저 돌아가신 직후라 결혼식은 그야말로 초라했다. 수철은 수연의 어머니만을 기억하고 있었다. 그 장모도 세상을 떠난 지 벌써 십 년 전이다. 영미를 구하기 위해서는 정 회장과의 혈연관계를 밝혀야 한다.

"지금 여기서 친자 확인이 가능한가?"

"예? 친자 확인요? 왜 갑자기….."

혜숙이 당황스럽게 물어봤다.

"정 회장 혈액과 수연 혈액이 모두 있으니 금방 할 수 있겠네. 그 결과가 즉시 필요해. 빨리 시작하자고."

수철의 다급한 말에 혜숙의 눈이 커졌다. 상황을 알아차린 혜숙은 정회장과 수연의 혈액으로 PCR을 시작했다. 친자 확인 검사는 혈액 속 백혈구 DNA의 특정 15개 부위를 증폭해서 일치 여부를 비교하는 것이다.

10분 후, 수연과 정 회장의 DNA 밴드가 화면에 나타났다. 99.99% 확률로 표시된 두 결과가 정확히 일치했다.

정 회장의 딸이 수연이었다.

"이럴 수가…. 그럼 정 회장이 본인 뇌종양을 치료하겠다고 친딸인 수연에게 바이러스로 변형된 수호 유전자를 집어넣었다는 말이야?"

수철의 목소리가 분노로 떨렸다.

"그것도 모자라 회춘해 보겠다고 불멸 유전자까지? 이건 말이 안 돼! 아무리 악마라도 그럴 수는 없어!"

수철의 숨이 거칠어지며 소리쳤다. 검은 눈썹이 위아래로 격렬히 꿈틀거리고 손이 부들부들 떨리고 있었다. 김 교수가 그렇게 격노하는 모습을 본 적 없는 혜숙의 얼굴이 창백하게 굳었다.

수철의 머릿속이 혼란의 소용돌이에 휩싸였다. 뭔가 앞뒤가 맞지 않는다. 정 회장의 말을 다시 되새겼다.

'내가 바람을 좀 피웠지. 그걸 알아챈 마누라가 죽이겠다고 그래서 그 여자와 딸을 미국으로 내보냈는데 그 여자가 다시는 날 안 보겠다고 소식을 끊었네. 지금은 어디 있는지 몰라….'

회장은 미국으로 도피시킨 내연녀와 그 딸의 행방을 모른다고 했다. 그런데 어떻게 친딸인 수연과 손녀인 영미에게 수호 유전자와 불멸 유전자를 바이러스로 주입할 수 있을까. 수철이 천장을 쳐다보며 짧게 숨을 들이켰다. 회장이 거짓말을 하는가? 아니면 제3 자의 소행인가?

수호 유전자 돌연변이를 가진 누군가가 본인이 암에 걸리지 않기 위해서, 아니 그걸 넘어, 불로불사를 위해 이 짓을 저질렀다. 회장, 수연, 영미가 실험 대상이다. 어떤 놈인가.

수철은 볼펜으로 책상을 초조하게 톡톡 치고 있었다. 뭔가 해석이 안 된다. 수철이 놓치고 있는 중요한 단서가 분명히 있었다. 그때 혜숙이 책상 건너에서 다가왔다.

"김 교수님, 저도 이해가 안 되는데 이상한 게 있어요. 제가 병원에서 불멸 유전자 실험 시약을 주문하려다 보니 시약 공급처에서 실수했는지, 다른 곳 주소를 불러 주면서 이곳이 배달하는 곳 맞냐고 묻더라고요."

혜숙의 목소리가 높아졌다.

"그것도 소량이 아닌 엄청난 양의 불멸 유전자 관련 시약이에요. 그런데 그곳이 어딘지 아세요? 중랑구 선화동 174, 바로 삼경 그룹 바이오 2 연구소예요."

"제2 연구소에서 불멸 유전자 연구를?"

수철이 놀라며 고개를 갸웃했다. 삼경 그룹은 항암 바이러스 연구를 한다. 그걸로 신약 허가를 받으려는 것이다. 그런데 왜 2 연구소에서 은밀히 불멸 유전자 연구를 할까. 이게 회장 뇌종양 치료와 연관이 있는 건가?

'나를 살려야 한다'라고 애원하던 정 회장의 모습이 떠오른다. 정 회장을 만나서 진실을 확인해 볼까? 적어도 내 SNS 칩 연구가 정 회장을 구할 수 있다는 걸 알고 있으면서, 회장이 내 가족을 죽일 리는 없지 않을까?

하지만 회장이 수호 유전자와 불멸 유전자를 수연과 영미에게 주입했다면? 그것이 정 회장이 살 방법이라면 이런 불법 실험쯤은 식은 죽 먹기일 것이다. 본인 입으로 말했다.

'내 얼굴이 팽팽해진 데에는 약간의 인명 피해가 있었을지도 모른다. 그런 희생은 가끔 필요하다.'

정 회장을 조심해야 한다. 그런데 정 회장은 당장 내 도움이 절실한 사람이니 설마 나를 해치지는 못하겠지?

수철은 회장에게 직접 전화를 걸기로 했다. 날 살리라고 해 놓고 뒤에서 영미와 영미 엄마에게 생체 실험을 하다니 도저히 참을 수가 없었다. 전화번호를 누르는 손이 격렬하게 떨렸다. 그런 수철을 혜숙이 불안스럽게 지켜봤다. 하지만 정 회장 전화는 꺼져 있었다. 그룹 전화번호로 걸어 봤지만, 비서실을 통하지 않으면 연결이 안 된다고 했다. 극히 이례적인 일이었다. 그때 스마트폰을 보던 혜숙이 놀라며 연구실 좌측 TV를 켰다. 긴급 속보가 나오고 있었다.

'삼경 그룹 정성윤 회장, 지병으로 사망'

그 속보를 본 수철이 자리에서 벌떡 일어났다. 정 회장을 만난 게 불과 이틀 전이다. '내 얼굴 팽팽해졌지? 나 회춘하는 중이야!' 하며 어린아이처럼 좋아하던 정 회장이었다. 그 회춘 효과가 지속되는 사이 머릿속 뇌종양을 SNS 칩으로 제거해 달라던 그였다. 불과 이틀 만에 사망하다니. 이건 지병 때문이 아니다. 누가 정 회장을 살해했을까. 정 회장 때문에 패가망신한 의사들인가? 하지만 정 회장을 죽여서 얻는 게 너무 적었다. 그럼, 누구인가?

수철이 혜숙을 급하게 불렀다.

"수연이 혼수상태였다가, 갑자기 쇼크로 사망한 것 기억나?"

"네, 기억나요. 언니가 산소 수치가 떨어졌다가 조금씩 회복 중이었는데 갑자기 고열이 나서 심장 마비 쇼크가 왔어요. 아, 그리고 그 전날 누군가 병실에 침입한 것 같은 영상이 CCTV에 찍혀서 병원 보안팀에 확인하러 교수님이 가셨잖아요."

"맞아, 그리고 다음 날 형사들이 날 찾아와서 내 알리바이를 캐물으며 용의자처럼 협박했고. ……혹시 수연 사망 직전이나 직후 혈액 샘플이 우리에게 있나?"

"제 기억으로는 언니가 그렇게 된 후 왜 갑자기 심장 마비 쇼크가 왔는지 모르겠다며 교수님이 한참 고민하셨어요. 그래서 응급실에 실려 간 후 채취한 혈액으로 독극물 검사를 했었죠. 독극물은 당시 검출되지 않았어요. 기억 안 나세요? 그때 혈액은 제가 따로 보관해 뒀어요. 그런데, 그건 왜요?"

혜숙의 질문에 수철은 그동안의 사건들을 되짚었다.

"정 회장이 뇌종양을 몇 개월 앓다가 갑자기 이틀 만에 급사했어. 수연도 혼수상태로 몇 개월 있다가, 갑자기 고열이 나고 하루 만에 쇼크사했고."

수철의 목소리가 냉정해졌다.

"그런데 두 사람 모두 수호 유전자가 돌연변이야. 그걸 아는 누군가가 영미 엄마에게 아주 강력해진 정상 수호 유전자를 주입했던 거야. 그러면 자기는 정상으로 살 수 있나 알아보려고."

안개 속에서 뭔가 보이기 시작했다.

"영미 엄마가 입원하자, 두 번째로 불멸 유전자를 넣었지. 그게 실패해서 영미 엄마가 죽은 거고. 영미의 경우에는 엄마와 달리 수호 유전자가 삽입되지 않았어. 불멸 유전자만 집어넣었는데 주입량이 조절되지 않았어."

수철이 주먹을 쥐며 이어 갔다.

"수연, 영미 모두 너무 많은 불멸 유전자가 들어간 거야. 30개, 13개지. 그래서 뇌 혼수가 두 사람에게 생긴 거고. 회장은 이미 그 전에 뇌종양에 걸렸었지."

"그러니까 회장이 한 짓이라면 본인 뇌종양이 수호 유전자 돌연변이 때문이라 판단하고 수연에게도 수호 유전자를 넣어본 건데…."

수철이 고개를 저었다.

"아니야, 그건 말이 안 돼. 그걸 집어넣었더니 수연에게 뇌 혼수가 온 걸 알면, 자기에게도 그걸 넣지는 않겠지."

조금씩 그림이 잡히기 시작했다.

"그럼, 교수님은 다른 사람이 이 음모를 꾸몄다고 생각하시는 거예요?"

수철은 침묵했다. 하지만 굳게 다문 입술은 이미 범인을 알고 있다는 듯했다.

불멸 유전자를 다루는 연구실, 바이러스를 연구하는 그룹, 정 회장의 직계 가족, 정 회장을 죽이고 싶은 사람, 수연과 영미를 아는 사람….'

중얼거리는 수철의 눈이 사냥감을 포착한 맹수처럼 날카롭게 번뜩였다.

"내 이놈의 새끼를 죽여 버리겠어!"

두 주먹을 부들부들 떨며 수철이 연구소 중앙 테이블 사이를 미친 듯이 왔다 갔다 했다. 처음 보는 수철의 살기 어린 분노에 혜숙과 두 연구원의 얼굴이 굳어졌다.

그때 면역 상황실의 경보가 날카롭게 울렸다. 대형 화면 왼쪽 위에서 공포에 질린 척후팀장이 상황실로 뛰어 들어서고 있었다.

'저 척후팀장이 왜 저렇게 얼굴이 하얗게 질려서 들어오지?'

상황병들은 이제 지옥문이 열렸음을 온몸으로 직감했다.

전쟁이 시작되었다.

3막 —— ✦　　　욕망의 공간

13
암의 천적을 찾아서

수철이 중앙 화면으로 다가갔다. 대형 화면 왼쪽 위에서 척후팀장이 면역 상황실로 급히 뛰어들고 있다.

― 척후팀장님, 무슨 급한 일이 있나요? 암세포들은 저희 킬러팀과의 협공으로 거의 죽인 걸로 아는데요?

척후팀장 얼굴에는 아직 녹색 위장크림이 남아 있었다. 표정이 돌처럼 굳어 있다.

― 네, 그 소식은 들어서 알고 있습니다. 어디서 나왔는지 모르는 새로운 공격 물질이 파도처럼 몰아쳐서, 혈관 속 암세포들이 전멸했다고 들었습니다. 하지만 제가 온 건 그 때문이 아닙니다. 기이한 움직임을 포착했거든요.

혜숙이 무의식중 수철의 팔을 붙잡았다.

― 어제 전투가 승리로 끝난 후 상황실 킬러팀, NK팀, 척후팀이 잠시 휴식을 취하고 있었습니다. 그런데 세포 하나가 척후팀 검문소를 통과했어요. 면역세포 신분증을 소지하고 있었고, 저희는 전투 종료 후라 별 의

심 없이 보내 줬습니다. 나중에 확인 결과, 상황실 수배 명단에 오른 '탈영자', 미사일팀장이었습니다.

순간 상황실에 얼음장 같은 침묵이 흘렀다. 그러더니 곳곳에서 수군거림이 터져 나왔다.

— 미사일팀장이 탈영했다고? 검문소를 뚫고?

— 그래. 이거 대재앙이군.

수철의 얼굴이 창백하게 변했다.

'내부의 적…. 가장 위험한 배신자다.'

척후팀장이 상황 설명을 계속했다.

— 당시 척후병 증언으로는 가슴에 붕대를 감고 있었다고 합니다. 아마 하늘에서 쏟아진 '미지의 물결'에 부상당한 것 같았어요. 그 세포의 행동거지가 정상이 아니었거든요. 팀장이 검문소 통과 후 향한 방향은 혈관을 벗어나는 도로 쪽이었습니다. 면역세포의 혈관 이탈은 극히 비정상적 행위죠.

— 혈관을 벗어난다는 건, 우리 감시 영역을 완전히 이탈한다는 뜻인가요?

킬러팀장의 목소리에 긴장이 서렸다.

— 면역세포가 혈관을 벗어나는 경우는 단 하나입니다. 침입자가 혈관 밖에 있어서 추격 목적으로 나가는 경우죠. 하지만 변질된 세포, 즉 암세포가 혈관을 벗어날 때는 다른 조직으로 침투할 목적입니다.

— 잠깐만요, 팀장님. 미사일팀장이 변질됐다니, 그게 암세포로 배신했다는 뜻인가요? 그걸 어떻게 확신할 수 있죠?

실장이 날카롭게 되물었다. 척후팀장이 잠시 침묵하더니 조용히 말을 이었다.

─솔직히 말하면 저희 척후팀이 그놈을 놓쳤습니다. 그렇게 중상을 입은 놈은 둘 중 하나죠. 상처가 치명적이면 죽거나, 아니면 회복해서 살아나거나. 죽을 정도로 심한 부상을 입은 놈은 자폭 장치가 작동해야 합니다. 그래야 암 변이를 막죠. 그런데 자폭 장치 자체가 파괴된 경우엔 암세포로 돌변합니다. 저희 척후병들이 면역세포 신분증만 확인했어요. 주민증까지 요구했더라면 암세포 변신 과정을 발견할 수 있었을 텐데….

연구실에 무거운 정적이 내려앉았다. 최악의 시나리오가 현실이 되고 있었다.

킬러팀장이 손을 들고 의문을 제기했다.

─척후팀장님, 그놈이 검문소를 통과했다고 해서 반드시 암세포가 되었다는 확실한 증거가 있습니까?

─하지만 그 이후로 그놈이 돌아오지 않았습니다. 정상 면역세포라면 반드시 복귀해야 하죠.

척후팀장의 목소리가 어두워졌다.

─이놈은 혈관을 뚫고 나가서 그곳에 아지트, 즉 암 동굴을 구축한 게 분명합니다.

척후팀장의 말에 다른 사람들이 불안하게 고개를 끄덕였다. 상황실이 쥐 죽은 듯 조용해졌다.

─인체 혈관이 물속이라면 인체 내부 조직은 땅속입니다. 즉, 물에서 나와 땅속으로 기어들어 가는 격이죠. 암세포가 땅속으로 잠입하면 동굴을 파고 그곳에 아지트를 형성합니다. 그 안에서 끝없이 증식하며 암세포를 계속 생산하게 되죠.

척후팀장이 실내를 둘러봤다.

– 그렇게 되면 암이 덩어리를 이루는, 이른바 고형암이 됩니다. 고형암은 면역병사들이 가장 두려워하는 난공불락 요새예요.

척후팀장의 암울한 목소리에 상황실에 죽음 같은 정적이 흐른다. 수철이 화면을 응시하며 입술을 꽉 깨물었다.

상황실장은 실제 고형암을 본 적이 없고, 매뉴얼에도 특별한 공격 지침 대신 주의 사항들만 나와 있었다. 킬러팀장이 결연하게 앞으로 나섰다.

– 척후팀장님, 극히 중요한 정보를 주셨습니다. 사실 저희도 미사일팀장이 무단이탈 후 소식이 없어 '탈영'으로 상부 보고했지만, 그 뒤로 연락이 두절되었어요. 암 줄기세포, 그게 사실이라면 최악의 상황에 대비해야겠습니다.

늘 긍정적이던 킬러팀장이 '최악의 상황'이란 단어를 내뱉자, 웅성거리던 상황실이 얼어붙듯 조용해졌다. 상황실장이 분위기를 바꾸려는 듯 킬러팀장을 불렀다.

– 팀장님, 고형암이 면역세포들에게 최악의 상황이란 건 이해됩니다. 하지만 저희도 공격 방법을 찾아야 해요. 그동안 킬러팀장께서는 여러 차례 고형암 전투에 참여하신 걸로 압니다. 사관학교에서는 비밀로 하지만 실제 전투에 사관생도 일부를 파견했던 걸로 아는데요.

상황실장이 몸을 앞으로 기울였다.

– 주로 킬러팀 중 훈련 성적이 우수한 생도들을 선발해서 극비리에 투입했다는 소문이 돌고 있습니다. 지금은 그 비밀작전에서 얻은 경험을 공유해야 할 때입니다. 실장인 저도 알아야 대처할 수 있고, 여기 있는 NK팀, 대식세포팀, 그리고 새로 합류한 미사일팀도 모두 고형암과의 사투를

준비해야 합니다.[41]

그동안 킬러팀장의 숨겨진 과거를 모르던 팀원들 사이로 긴장감이 흘렀다. 그의 전투 능력이 상당한 수준인 걸 알았지만, 실제 고형암 전투까지 참여한 베테랑인 건 몰랐다. 모든 사람들의 시선이 킬러팀장에게 쏠렸다. 관자놀이 옆의 한 줄기 흰 머리카락, 두 배는 큰 가슴, 부풀어 오른 왼쪽 어깨, 자글자글한 목 부분 화상, 모두 동굴 속에서 암세포와 백병전을 치른 흔적들이었다. 암 동굴은 짙은 초산 냄새가 코를 찌른다. 그곳에서 살아남으면 머리카락 한 부분이 흰색으로 변한다. 게다가 암 동굴은 저산소 지역이다. 호흡량이 커져야 살아남는다. 가슴이 커진 이유다. 왼손 단도로 암세포 옆구리를 찌른다. 왼쪽 어깨가 부풀어 올랐다. 암세포들은 ROS 화염을 내뿜어 킬러세포 목 부분에 화상이 생긴다. 그중에서도 베테랑 킬러 팀원임을 한눈에 알 수 있는 건 흰 머리카락이 있는 왼쪽 관자놀이다. 유독 가스의 저산소 동굴에 적응했고, 그래서 동굴 안에서도, 강력한 공격을 할 수 있다는 상징이었다.

킬러팀장이 한 걸음 앞으로 나섰다. 그의 눈빛에 수많은 격전의 기억이 스쳐 갔다.

― 제가 생도 시절 고형암 전투에 참여한 건 비밀로 하라고 했습니다. 하지만 이제 우리는 하나가 되어 싸워야 할 때입니다. 하나라도 더 알아야 고형암, 즉 동굴 전투에서 살아남을 수 있어요. 우선 몇 가지 당장 필요한 것만 말씀드리겠습니다.

킬러팀장이 커다란 그림을 들고나왔다. 베트남 전쟁 당시 베트콩이 사용했던 땅굴 모식도였다. 베트남 전쟁에서 미군이 가장 악전고투했던 상대가 바로 땅굴이다. 발견하기도 어렵고 발견해도 그 속에 숨어 있는 베트콩을 색출하기가 더 어렵다. 반면 베트콩에게는 최고의 은신처였다. 외부 폭격에도 끄떡없고 설사 한 곳이 발각되어 미군 수색 대원이 침입해도, 덩치 큰 미군이 들어올 수 없는 좁은 동굴이었다.

킬러팀장이 땅굴 오른쪽 면을 손가락으로 찍으며 설명했다. 그의 목소리에 힘이 실렸다.

─ 이곳 땅굴로 침입한 미군 수색대는 극심한 정신적 공포에 시달립니다. 한 명이 겨우 들어가는 좁은 통로에서 진퇴양난에 빠지죠. 그런 굴이 사방팔방 뚫려 있어서 언제 어디서 베트콩이 출현해 칼을 들이밀지, 사격할지 모릅니다.

킬러팀장의 목소리가 낮아졌다.

─ 한번 그곳에 들어갔던 사람은 극도의 공포 때문에 다시는 땅굴 근처에 접근하지 않습니다.

상황실 곳곳에서 긴장한 한숨이 새어 나왔다.

─ 게다가 땅굴 입구는 위험한 함정으로 가득합니다. 철선을 건드리면 날아오는 죽창, 깊은 웅덩이 밑에 매설된 날카로운 나무 꼬챙이 등이 땅굴 입구를 지키고 있어요. 입구 접근도 지옥이지만, 입구를 발견해도 기껏해야 외부에서 수류탄만 투척할 뿐입니다.

킬러팀장이 상황실 전체를 둘러보았다.

─ 그 수류탄은 구불구불 꺾인 땅굴에는 전혀 쓸모없습니다. 미군이 베트남에서 철수할 수밖에 없었던 결정적 이유 중 하나가 이 땅굴이에요.

팀장의 눈빛이 절망적으로 어두워졌다.

─ 만약 암 줄기세포로 변한 미사일팀장이 이런 암 동굴에 진입해서 거점을 구축한다면, 면역팀은 전투 방식을 완전히 바꾸어야 합니다.

－ 외부에서 아무리 화력을 퍼부어도 소용없어요. 그 깊숙한 곳까지 도달하는 무기는 없습니다.

킬러팀장에게 시선을 고정했던 수철이 다시 책상을 초조하게 톡톡 치기 시작했다. 그러더니 번뜩 무언가를 깨달은 듯 손짓으로 혜숙을 불렀다.

"외부에서 투입하는 항암제가 왜 고형암에 무력한지 알겠어. 원인이 바로 베트남 땅굴이야. 혈관이나 림프액 속 혈액암은 공격하기가 비교적 쉬운 편이지. 문제는 고형암이야."

"김 교수님, 고형암은 보통 수술로 제거하면 되지 않나요?"

"큰 덩어리는 수술로 잘라 낸다고 하지만, 조직에 미세하게 침투한 작은 고형암들은 발견하기도 힘들어. 수술로는 어림도 없지. 결국 암세포를 죽이는 항암제를 투입해야 하는데, 이게 동굴 속 깊숙이 침투하기가 거의 불가능해."

수철이 주먹을 쥐었다.

"동굴 속 은밀한 곳에 잠복한 암 줄기세포를 찾아내서 죽여야 완전히 끝나는 건데 말이야."

혜숙이 고개를 갸우뚱했다.

"아니요, 교수님. 지금의 대표적인 암 치료법은 암 덩어리를 일단 제거할 수 있으면 떼어 내고, 주변에 남아 있을 암세포들은 항암 치료제로 박멸하잖아요. 1세대 화학 항암제, 2세대 표적 치료제를 사용하면 대부분 암세포가 전멸하지 않나요? 특히 2세대 표적 치료제는 효과가 탁월하다고 하지 않아요?"

혜숙의 이야기처럼 2세대 표적 치료제는 1세대 화학 항암제보다 치료 효율이 압도적으로 높다. 암세포의 특정 부위만을 정밀 타격하기 때문에,

효율이 높고 부작용이 적다. 1세대 항암제가 성장 세포들을 무차별 공격하는 155밀리 곡사포라면, 2세대 표적 치료제는 암세포 특정 부위만 저격하는 크루즈 미사일이다.

모친과 이모가 유방암을 앓다가 사망하자, 할리우드의 안젤리나 졸리는 유방 절제를 미리 했다.

87% 암 발생확률을 미리 제거한 거다. 유방암의 많은 부분은 유방 세포의 성장 안테나가 돌연변이인 경우다. 성장 신호를 비정상적으로 많이 받으니 제멋대로 성장한다. 유방암이다. 이 안테나를 봉해 버리는 항체 단백질이 2세대 표적 치료제다.[42]

2세대 표적 항암제는 효율이 뛰어나다. 하지만 치명적인 약점이 있다. 1세대 항암제처럼 오래 사용하면 암세포가 내성을 획득해서 죽지 않는다. 암세포가 내성을 갖추면 생존력이 급상승한다. 다른 치료법을 찾아야 한다. 혜숙은 표적 치료제도 내성이 생긴다는 사실이 믿어지지 않았다.

"교수님, 표적 치료제에 왜 내성이 생기는 거죠?"

혜숙의 질문에 수철의 얼굴이 어둡게 변했다.

"혜숙은 슈퍼 항생제 내성균이라고 들어 봤나?"

"항생제에도 죽지 않는 병원균 말씀이세요? 그게 왜요?"

"그럼, 이 말도 들어 봤을 거야."

수철의 목소리에 무게가 실렸다.

"…'균을 죽이는 항생제는 반드시 내성균을 탄생시킨다.', 어때?"

"아, 그건…. 노벨상 받은 플레밍이 시상식에서 한 예언 아닌가요? 페니실린을 분해해서 죽지 않는 균이 십 년 이내에 나타날 것이라고 경고한 사람 말이에요."[43]

수철이 깊게 고개를 끄덕였다.

"바로 그거야. 암세포도 마찬가지야. 살아남기 위해 진화하지."

항생제를 지속 사용할 때 우연한 돌연변이로 항생제 내성이 한번 생기면, 그놈은 항생제 환경에서도 급속히 자라는 악순환이 반복된다. 새로운 항생제를 만들면 내성균이 생기고 이런 것이 반복되면 결과는 치명적이다. 이제는 웬만한 항생제로는 죽지 않는 슈퍼 내성균, 즉 슈퍼박테리아가 등장한다.

1세대 화학 항암제나 2세대 표적 치료제도 마찬가지다. 암세포는 쉽게 돌연변이가 발생하고, 내성이 생긴다. 내성이 생기면 암은 재발과 전이의 위험한 길로 치닫는다.

"빌어먹을, 전이되면 생존 확률은 10% 미만이야."

수철이 절망에 찬 목소리로 중얼거렸다.

"그럼, 교수님 말씀은, 암이 동굴로 잠입해서 깊숙이 은신하면 1, 2세대 항암제로는 완전 박멸이 거의 불가능하고, 그래서 한 놈이라도 내성이 생기면 재발한다는 뜻이네요."

"맞아, 지금처럼 암세포들이 동굴로 기어들어 가 아지트를 구축하면 외부에서 아무리 항암제 폭격을 퍼부어도 완전 소탕은 어려워. 반면 항암제 부작용으로 암 환자는 체력이 바닥까지 추락하지. 그러면 목숨이 위태로워져."

수철이 홀어머니가 폐암 선고를 받고 화학 항암제를 맞던 날을 떠올렸다. 주사를 맞고 온 후 어머니는 사흘간 구토를 했다. 얼굴에는 붉은 반점이 곳곳에 번졌다. 다행히 암 수치가 떨어졌다. 암세포가 소멸했다고 기뻐하던 6개월은 그나마 희망이 있던 시절이었다.

재발이 시작되어 다시 각혈하기 시작하면서 어머니의 몸은 서서히 무너져 갔다. 병원에서 표적 치료제 사용을 결정했다. 성장 신호를 받는 안테나는 폐암 세포에도 있다. 성장 신호를 차단하는 표적 치료제라며 주사를 놨다.

어머니의 병세가 눈에 띄게 호전됐다. 얼굴에 조금씩 혈색이 돌기 시작하고 뱉어 내는 피가 줄어들었다. 하지만 거기까지였다. 다시 기침을 시작했고 피를 토했다. 의사는 표적 치료제에 내성이 생긴 것 같다고 했다. 그 이후 어머니는 급격히 무너졌다. 결국 세상을 떠났다.

어머니 폐암을 고치는 의사가 되겠다고 이를 악물고 공부했던 수철이었다. 하지만 화학 항암제에 속절없이 무너지는 모습을 옆에서 목격한 수철은 절망했다. 화학 항암제에도 살아남는 암세포가 무서웠다. 과연 내가 암을 고치는 의사가 될 수 있을까. 더구나 어머니처럼 고령 환자에게 암은 치명타다. 체력이 약해서 항암제를 견디기도 힘든 상황이라면, 어떻게 암을 치료할 것인가.

항암제 주사 후 연일 구토하던 모습과 기력 없이 누워 있던 어머니의 모습은 두고두고 수철의 뇌리에서 떠나지 않았다.

"화학 항암제는 암세포에는 강력한 펀치야."

수철이 그 당시를 떠올리며 얼굴을 찡그렸다.

"강펀치에 맞은 놈은 죽을 수도 있지만, 살아남은 놈은 더욱 강해져. 맷집이 더 좋아지는 거지."

"그러네요. 최후 승리자는 결국 생존자군요. 암은 나이 들어 발병하는데, 체력이 떨어진 상태에서 화학 항암제로 인체를 폭격하면, 암세포가 먼저 죽느냐, 암 환자가 버텨 내느냐의 사투란 말이네요. 참 잔혹한 일이에요."

수철이 영미의 검은 손톱을 조심스럽게 어루만졌다.

"이 손톱이 다시 자라서 처음처럼 분홍색이 되어야 하는데, 빠지지만 않았으면 좋겠어."

세상 모든 것을 다 바쳐도 되돌릴 수 없는 영미인데, 이 아이를 이렇게 만든 놈을 찾아내 갈기갈기 찢어 버리고 싶었다. 영미의 검은 손톱을 쓰다듬는 수철의 손이 미세하게 떨리고 있었다.

"손톱까지 빠질 정도로 독성이 강하면, 몸은 이미 많이 쇠약해진 상태겠네요. 게다가 남아 있는 암세포가 고형암을 형성한다면…."

혜숙은 말을 끝까지 잇지 못했다. 수철은 영미의 홀쭉해진 볼을 어루만지고 있었다. 수철의 눈이 붉어졌다. 이 아이의 볼을 만진 게 언제인지 기억이 나지 않는다. 초등학교 입학한다고 신나서 가방을 메던 영미의 볼을 꼬집으며 '우리 아기가 벌써 초등학생이 되었네.'라고 말하던 기억이 떠올랐다.

영미가 학교에 다니기 시작한 후로는 수철의 병원 업무가 더욱 늘어났다. 매일 밤늦게 돌아오면 영미는 이미 잠들어 있었다. 그렇게 시간이 흘러가 버렸다. 고등학교 때 영미 얼굴 보기는 더욱 어려워졌다. 고등학생이 된 영미는 주말에도 학교와 학원으로 나갔다.

그런 영미가 지금 여기 누워 있다. 독한 화학 항암제로 얼굴이 검게 변하기까지 했다. 수철은 영미를 끝까지 지켜야 한다. 그게 먼저 떠나 버린 수연과의 약속이기도 했다.

'영미야, 이제부터 조금 더 힘들어질 거야. 암 줄기세포가 동굴 속으로 들어가서 아지트를 구축했어.'

수철의 마음속 다짐이 이어졌다.

'그래도 조금만 버텨봐. 내가 어떻게든 동굴 속 암 줄기세포를 죽여 버릴 거야. 지금까지 잘해 왔잖아. 우리 조금만 참아 보자.'

수철과 혜숙은 암세포와의 혹독한 싸움 걱정으로 얼굴이 어두워졌다.

영미의 면역 상황실에서 킬러팀장이 땅굴 사진을 내려놓으며 다른 사진을 꺼냈다. 둥근 물체에 작은 점들이 달라붙어 있는 사진이었다.

ㅡ 여러분, 이 사진이 무엇인지 아십니까? 이건 면역사관학교 암 전공 교수가 보여 준 것입니다. 둥근 물체는 슈퍼 내성균입니다. 어떤 항생제로도 박멸할 수 없는 병원균이죠. 그런데 여기 달라붙은 작은 점들은 무엇 같습니까?

ㅡ 저게 뭐지?

상황실이 웅성거렸다.

ㅡ 이건 세균을 살상하는 '파지'라는 바이러스입니다. 세균의 천적이죠.[44]

ㅡ 아니, 저렇게 조그마한 놈들끼리도 천적이 있어?

킬러팀장이 파지와 세균을 각각 손으로 짚으며 힘주어 말했다.

ㅡ 이 세상 모든 생물에게는 각각 천적이 있습니다. 그게 자연의 법칙이에요. 그렇다면 암세포의 천적은 누구입니까?

팀장이 마지막 질문이라는 듯 '누구'라는 말을 강조했다. 상황실이 조용해졌다. 상황실장이 조용히 손을 들었다.

ㅡ 그건 물어보나 마나죠. 우리 킬러팀입니다. 면역 매뉴얼 첫 장에 명

시되어 있어요. 인체 병원균의 천적은 면역이고 암세포의 천적은 킬러세포라고 말입니다.

– 역시 실장님이 매뉴얼을 완벽히 숙지하고 계시는군요.

킬러팀장이 고개를 끄덕이며 실장을 응시했다.

– 사관학교에서 우리 면역세포들은 죽음의 선발 과정을 통과했습니다. 무려 98%가 탈락하고, 탈락자는 죽음을 맞이하죠. 우리는 단순한 세포가 아닙니다.

킬러팀장의 목소리가 카랑카랑해졌다.

– 우리는 진화형 AI입니다. 처음 만나는 침입자라도 그 형태에 맞춰 스스로 무기를 변형시킵니다.

킬러팀장의 말처럼 면역세포는 그냥 탄생하지 않는다. 태어나는 곳은 골수, 즉 뼛속 세포 공장이다. 이후 이들을 진정한 면역병사가 되기 위해 사관학교에 입학한다. 면역의 핵심인 T세포는 사관학교에서 죽음의 선발 과정을 거친다. 훈련 실패는 곧 죽음이다. 가슴 중앙의 달걀만 한 흉선에서 1~3주 혹독한 훈련을 받는다. 두 종류 시험을 통과해야 생존한다. 하나는 우리 몸속 세포를 적으로 인식하지 말아야 한다. 훈련병들은 사방이 막힌 밀실에 투입된다. 컴컴한 그곳에서 갑자기 정체불명의 세포가 나타난다.

'누구야?' 놀란 훈련병들이 기겁한다. 조교 세포들이다. 이들은 면역세포들과 같은 동료 세포들이다. 만약 훈련병이 이들을 적으로 판단하고 멱살을 잡으면 즉시 탈락이다.[45] 여기서 살아남은 훈련병들은 두 번째 밀실로 투입된다. 역시 어둠 속에서 조교들이 만든 갈고리를 만지게 된다. 이 갈고리는 침입자들을 붙잡는 장치다. 이 갈고리를 제대로 잡아당길 수 있으면 침입자를 인식할 수 있다는 증거다.

두 단계 죽음의 훈련을 통과한 T세포는 두 가지 완벽한 능력을 갖춘다. 내 몸속 동료 세포는 건드리지 않으면서 동료가 아닌 모든 침입자를 적으로 간주해 죽일 수 있는 능력이다. 암세포도 이미 동료가 아니기 때문에 적으로 판정해서 사살한다. 적과 아군의 명확한 구분, 이것이 면역의 핵심이다.

킬러팀장의 이야기를 듣던 상황병이 옆 동료에게 속삭였다.

— '면역이 진화형 AI'라는 게 무슨 의미야?

— AI가 진화한다는 뜻 아닐까? 최신 연구 내용을 킬러팀장이 꿰고 있네. 정말 대단한 사람이야.

면역의 핵심은 적과 아군의 구분이다. 아군 식별 기술은 이미 사관학교 훈련소에서 체득했다. 문제는 적이다. 성인은 살면서 조우하는 적, 즉 병원균을 기억하는 기억세포가 만들어진다. 같은 놈이 재침입하면 즉시 반응한다.

그렇다면 신생아가 처음 마주하는 병원균은 어떻게 방어할까? 우리 몸은 이런 상황을 미리 대비한다. 조상 대대로 전승되는 병원균 명단이 있다. 신생아는 부모가 물려준 이 명단의 병원균들에 대비해 미리 무기를 제작해 놓는다. 무기는 실제로 그 병원균에 달라붙는 항체, 즉 GPS 표식 장치다. 그걸 감지하고 온갖 무기들이 집중적으로 공격하고 면역 킬러세포들이 달려들어 녹인다.

그럼, 병원균 명단에 없는 놈들이 침입하면 신생아들은 어떻게 방어할까? 그동안 베일에 가려졌던 그 비밀이 드디어 밝혀졌다. 노벨상 수상 기술이다. 그것은 한마디로 '진화형 AI' 방법이다.

신생아는 부모로부터 각각 항체 유전자를 물려받는다. 부모들이 보유

했던 병원균 리스트인 셈이다. 여기 등재된 병원균들은 쉽게 식별되고 그에 맞는 항체를 제작한다. 하지만 리스트에 없는 새로운 병원균이 신생아 체내에 침입하면 어떻게 항체를 만들까?

놀라운 사실이 있다. 인체는 진화형 AI처럼 조금씩 맞춰 가며 제작한다는 것이다. 마치 AI처럼 학습한다는 말이다. 새로운 병원균을 발견한 보초 세포가 균의 껍질을 들고 면역 상황실로 달려간다.

'못 보던 놈이 들어왔어! 별처럼 생긴 놈이야.'

그럼, 면역세포, 그중에서도 미사일을 제조하는 B세포들이 분주해진다. 원리는 간단하다. 리스트에 없는 새로운 모양새다. 별 모양에 완벽히 맞는 항체를 새로 제작해야 한다. 제조법이 기발하다. 항체 제작 유전자들을 무작위로 조합해서 수십만 개 항체를 만들고 그중에 맞는 게 있나 확인한다. 그중 가장 유사한 놈들을 선별한 다음, 그놈들끼리 다시 무작위로 수만 개를 제작한다. 이렇게 몇 번 반복하면 별 모양 병원균에 완벽히 맞는 항체를 완성할 수 있다. 스스로 진화하는 AI처럼 창조해 낸다는 이야기다. 인류 최고 기술이 진화형 AI라고 하지만, 인체 면역세포들은 이미 수백만 년 전부터 이런 기술을 구사해 온 것이다.[46]

면역 상황실 대형 화면 앞에 킬러팀장이 섰다. 눈빛이 강렬하고 단호했다. 그는 깊게 숨을 들이쉬고 천천히 내쉬면서 대원들에게 암과의 결전을 독려하고 있다.

– 우리는 외부 균과 변절자 암세포를 철저히 가려내는 목숨 건 선발 시험에서 살아남은 최고 전사들입니다. 암세포들이 아무리 얼굴을 변조해도, 우리는 그 얼굴을 추적하는 기술을 몸으로 체득했습니다.

킬러팀장의 목소리가 더욱 높아졌다.

－ 하루 수백만 개의 다양한 얼굴 DB를 생성하고, 그중에서 암세포 얼굴과 동일한 놈을 골라냅니다. 우리는 일종의 진화형 AI입니다. 즉, 한 번에 완벽한 얼굴을 만드는 게 아니라 조금씩 얼굴과 흡사하게 만들어 갑니다.

킬러팀장이 주먹을 쥐었다.

－ 마치 도자기공이 실패작을 깨뜨리고 새로운 작품을 계속 창조해 내듯이 말입니다.

킬러팀장의 열정적인 연설에 상황병들이 서로를 바라보며 주먹을 불끈 쥐었다.

－ 이제 우리는 지옥문을 열었습니다. 그 안에 들어가서 끝장을 내야 합니다. 그게 우리 임무입니다. 우리가 암의 천적입니다.

실장이 조용히 일어났다. 가슴이 벅차오르는 감정을 숨긴 채 천천히 손을 들었다. 짝, 짝. 그리고 단호하게 손뼉을 두 번 쳤다. 연이어 다른 팀장과 상황병들의 박수가 터졌다. 실장은 말없이, 그러나 누구보다 뜨겁게 그를 응원하고 있었다. 팀장이 한 발짝 더 나섰다.

－ 이제 우리는 암 줄기세포를 상대로 전쟁을 벌일 것입니다. 완벽하게, 철저하게, 끝까지 추적해서 뿌리를 뽑을 것입니다. 지금부터 상황실은 비상 체제로 운영될 것입니다. 제가 앞장서서 동굴로 진입할 것입니다. 실장님, 그리고 다른 팀장님들은 후방 지원을 부탁합니다. 우리가 암의 천적입니다.

상황실 화면을 보던 수철이 주먹을 불끈 쥐고, 누워 있는 영미를 응시했다. 그의 눈에 아버지로서의 각오가 번졌다.

"암 줄기세포가 동굴을 요새화한다 해도, 저 킬러팀이 있는 한 우리는 널 구할 수 있어. 그래, 암의 천적은 킬러세포야. 우리가 암의 뿌리를 뽑아낼 거야."

수철이 영미의 차가운 손을 잡으며 속삭였다.

"영미야, 이제 진짜 싸움이 시작된다. 아빠가 반드시 널 구해 낼게."

수철이 연구실 모니터를 응시하며 중얼거렸다.

"우리에겐 세상에서 가장 믿음직스러운 동료들이 있어. 바로 면역세포들 말이야."

이제 지옥 속에서 거대한 전쟁이 시작되었다.

14
두 번의 살인

그룹 본사 건물 103층 꼭대기에서는 서해안 갯벌도 보인다. 정유돈은 회장 책상에 앉아서 갯벌에 막 가라앉는 석양을 보고 있다. 이곳 회장실로 출근한 지가 이제 일주일째다.

"회장님, 내일 오전 10시에 그룹사 사장단 회의가 있습니다. 전 회장님께서 추진하시던 K-메디컬 베트남 진출 건이 그저께 정부 허가가 떨어졌습니다."

앞뒤로 착 달라붙는 얇은 옷을 입은 늘씬한 몸매의 비서가 결재 서류를 놓고 돌아간다. 그룹 지주회사의 지분을 30% 확보한 유돈 병원장이 그룹 회장으로 취임한 것이 열흘 전이다. 2주 전 정 회장이 갑자기 사망했다. 그룹 홍보실에서는 평소 지병으로 앓고 있던 뇌종양이 악화하였다고 보도했다. 하지만 정 회장의 사망은, 누구도 예상하지 못했다. 사망하기 일주일 전까지도 랍스터를 세 마리씩이나 먹던 정 회장이었다.

'내가 청년처럼 젊어지기 시작했다'라고 주위 친구들에게 자랑했던 정 회장이었다. 무엇보다 그의 얼굴은 보톡스 몇 대는 맞은 것처럼 팽팽했다. 그룹에서 만들고 있는 '불멸' 신약이 빛을 보기 시작했다고 좋아했다. 해외로 확장하고 있는 K-메디컬의 주요 상품이 불멸 신약이 될 거라고도 했다. 그런 회장이 돌연 사망했다. 삼경대 응급실로 옮겨 간 지 한 시간도 안 되어서다. 사인은 뇌종양으로 기록되었다.

"그러기에 맘을 곱게 썼어야지, 이 양반아. 왜 애새끼를 싸질러 놓고 미국으로 쫓아 내냐고."

유돈은 회장 명패를 쓰다듬으며 중얼거렸다. 40년 전, 5살 되던 유돈은 한밤중에 엄마와 같이 공항으로 쫓겨가야 했다. '가더라도 뱃속에 있는 애는 낳고 가겠다'라고 유돈 엄마는 울면서 전화했다. 하지만 아파트 앞에서 기다리던 검은 승용차 속의 남자들은 두 사람을 공항으로 강제로 태워 갔다. 유돈 엄마는 미국에서 뱃속 아이를 잃었다.

'미국에서의 일은 하루도 기억하고 싶지도 않아!'

유돈은 기억을 지우려는 듯 머리를 흔들었다. 회장이 보내오던 돈도 정 회장 본부인의 방해로 끊겼다. 밤늦게 청소일을 끝내고 와서 술을 마시던 엄마 모습을 유돈은 똑똑히 기억했다. 엄마는 마시는 술이 늘고 우울증이 심해졌다. 몇 달이 지나지 않아 욕탕에서 손목을 그은 엄마가 발견되었다. 유돈이 한국에 돌아와서 첫 번째로 한 일은 정 회장 집을 찾아간 일이다.

"날 죽이든가, 아니면 아들로 입양시켜 주세요."

유돈의 협박에 정 회장은 낄낄 웃었다. 하지만 유돈이 그 자리에서 배에 칼을 꽂고 쓰러지자, 기겁한 정 회장은 유돈을 호적에 올렸다. 유돈은 정 회장 그룹에서 살아남는 방법은 의사가 되는 것임을 알았다. 돈 냄새를 잘 맡기로 소문난 정 회장이 건설업에서 번 돈을 재빨리 병원 인수에 쏟아부었고 이 병원들을 그룹으로 묶더니 이른바 'K-메디컬' 열풍을 만들었다. 집안에서 한 놈은 의사를 시켜야 했던 정 회장의 욕심에, 유돈은 딱 들어맞는 녀석이었다. 정 회장 집에 일타강사들이 줄을 이었다. 정 회장 아들이 그룹 소속 대학병원에 가는 건 일도 아니었다. 유돈이 삼경대 의대를 졸업하고 급속도로 승진하여 병원장이 되었다. 그런데 회장이 뇌종양에 걸렸다. 그게 한 달 전 일이다. 시한부 뇌종양이라는 진단을 받은 날 회장은 유돈을 불렀다.

"네가 날 살리면, 그룹 지주회사 지분의 30%를 주지."

회장은 주머니에서 30%가 명시된 계약서를 꺼냈다. 30%면 다른 경쟁자들을 제치고 회장 자리에 오를 수 있다. 괜찮은 거래다. 회장을 살려 보자. 병원장실로 돌아온 유돈은 회장의 뇌종양 검진 기록을 하나하나 살피기 시작했다. 부친의 유전자 검사 기록을 보던 유돈은 자리에서 벌떡 일어났다. 부친인 정 회장은 수호 유전자가 돌연변이였다. 이 유전자는 암을 막는다. 뇌종양 환자 50%가 바로 그 유전자 돌연변이다.[47] 이런 돌연변이 확률은 이만 명 중 한 명이다.

'씨도 더러운 씨앗이구먼.'

아버지가 돌연변이면, 아들 유돈도 돌연변이일 것이다. 뒷골이 오싹해졌다. 유돈은 급히 시내로 차를 몰았다. 유전자 검사 회사에 익명으로 수호 유전자 검사를 했다. 아침 10시에 접수하자, 12시에 결과가 나왔다. 역시 돌연변이다. 유돈은 마음이 급해졌다. 부친이 뇌종양에 걸려 시한부 선고까지 받았다. 아들인 유돈이 뇌종양으로 사망할 가능성이 급격히 커졌다. 죽음의 그림자가 갑자기 코 앞에 어른거렸다.

'안 되지, 내가 그 양반처럼 뇌종양에 걸려, 빌빌거리다 갈 수는 없지.'

유돈은 그룹 기획실장을 불렀다. 유돈이 죽으라면 그 앞에서 넥타이로 목을 매고 의자에 올라서는 친구다.

"기획실장, 이건 비밀로 따로 실행하고, 나에게만 보고해. 특히 정 회장에게는 절대 들어가게 하면 안 돼."

그룹 바이오 2연구실에서 정상 수호 유전자가 탑재된 변형 감기 바이러스를 만드는 작업이 비밀리에 시작되었다. 기존 것은 너무 성능이 약했다. 침투력이 훨씬 높아진 변형 감기 바이러스를 만들었다. 이걸 넣으면 수호 유전자 돌연변이가 정상이 될 수 있다.

'그래, 그렇게 되면 내가 암에 안 걸리지. 정상 수호 유전자를 내 몸 세포에 집어넣어 내 몸을 정상으로 바꾸어 보자. 그래야 저 노인네처럼 뇌종양으로 시한부가 되지 않지!'

유돈은 씩 미소를 지었다.

'이제 제대로 일이 될 듯하네.'

수호 유전자는 세포가 제멋대로 자라지 못하게 옥죄인다. 그래서 이 유전자가 너무 많이 들어가면 모든 세포 활동이 바닥으로 떨어진다. 이 유전자가 너무 많이 들어간 쥐의 30%가 뇌 혼수가 왔다.[48] 동물 실험이 이러하면, 사람을 대상으로 한 임상실험은 꿈도 못 꾼다. 하지만 유돈은 살아야 했다. 기획실장을 불렀다. 그는 이런 궂은일에 잔뼈가 굵었다.

"병원장님, 그런 건 저에게 맡겨 주세요. 소리 없이, 문제없이 해결할 수 있습니다."

그룹 2 연구소에서 수호 유전자가 삽입된 변형 감기 바이러스를 비밀리에 만들었다. 스프레이 형태다. 이를 노숙자들에게 감염시키는 건 일도 아니었다.

"병원장님, 말씀하신 자료, 여기 있습니다."

그룹 기획실장이 2주 후에 노숙자 대상 임상 결과를 들고 왔다. 20명에게 본인 몰래 스프레이를 뿌린 결과, 모두 감기에 걸렸다. 기운이 바닥까지 떨어졌다. 수호 유전자가 많이 들어갔기 때문이었다. 보고서엔 붉은 줄로 7명 '혼수'라고 쓰여 있다. 삼경대 응급실로 후송되었으나 모두 사망했다. 코로나가 한창이던 때라 코로나 감염 사망으로 처리되었다.

"20명 중 7명이라……. 뭐, 쪼금 독성이 있네. 그 정도야 뭐……. 그런데 이 사람들은 모두 정상 수호 유전자 보유자들이지? 내가 필요한 건 이 유전자가 비정상인 돌연변이 사람의 데이터인데…."

보고서를 보던 유돈이 실장을 빤히 쳐다본다.

"수호 유전자 돌연변이는 이만 명 중의 하나꼴로 있어서 대상을 찾으려면 좀 시간이 걸릴 터인데요."

뱀의 눈을 가진 기획실장 답변에 유돈은 고개를 살랑살랑 젓는다.

"아니야, 그럴 시간 없어. 전에 이야기한 사람들 찾아봤어?"

"전임 회장님의 내연녀……. 아, 죄송합니다."

'내연녀'라는 기획실장의 말에 유돈의 눈썹이 치켜 올라갔다. 회장 내연녀 출신 서자인 병원장 앞에서 말실수한 기획실장이 당황했다.

"전임 회장님의 다른 여자분을 알아보았습니다. 지금부터 40년 전 미국으로 강제로 내보낸 여자분과 딸은 뉴욕 외곽에서 지냈다 합니다. 그런데 여자분이 미국 도착 이후 회장과의 연락을 스스로 끊었다 합니다. 보내 주던 돈도 거절했고요."

'그래? 미국에서 내가 있던 곳과 멀지 않은 곳에 있었구면.'

유돈은 미국을 떠올리기도 싫다는 듯 고개를 저었다.

"그래서, 그 사람들은 아직도 미국에 있는 거야?"

"그게……."

말을 잊지 못하는 기획실장을 유돈이 빤히 쳐다본다.

"그런데? 왜 말 못 하는 거야? 모두 죽었어?"

"그게 아니라 그 여자와 딸 모두 살아 있고요. 한국으로 돌아왔습니다. 여기서 딸은 결혼해서 여자아이가 하나 있습니다. 그런데 남편 되는 사람이……."

"남편이 왜? 죽었어?"

"저, 그게……. 삼경 의대… 의사……."

"뭐? 남편이 삼경 의대 의사라고? 누구인데?"

"……그게 김… 수… 철 교수입니다."

그 말을 들은 유돈은 자리에서 벌떡 일어났다.

"김수철이라고? 병원 연구소에 있는 그 김수철 말이야? 정말이야?"

고개를 끄떡이는 실장을 보고 유돈은 한동안 입을 다물지 못했다. 잠시 후 유돈이 씩 웃는다.

'원수는 외나무다리에서 만난다고 하더니 잘되었네.'

유돈은 수철과 함께 다니던 수연만 생각하면, 지금도 가슴이 쓰려 온다. 평생 누구를 좋아해 본 적이 없던 유돈이 유일하게 따스함을 느끼던 수연이었다. 하지만 수연의 곁에는 늘 수철이 있었다. 말이 별로 없어도 수철과 수연은 오래된 친구처럼 언제나 붙어 다녔다. 오래된 친구 같은 따스함이 그리웠던 유돈이었다. 고3 때 모처럼 용기를 내서 수연에게 고백했다. 하지만 '산에서 만난 유기견' 사건으로 수연은 유돈을 무서워했다. 그 뒤로는 소식이 끊겼다. 그런데, 지금 유돈의 생명을 연장해 줄 수 있는 유일한 수호 유전자 임상 대상자가 수연이란다.

'악연인가, 아니면 나를 떠나 버린 데에 대한 최소의 보상인가, 후후.'

유돈의 쓴 미소를 보고 실장이 어리둥절해한다.

"왜, 여자분이 잘 아시는 분인가요?"

"아니야. 세상의 인연이란 게 참으로 묘해서 말이야. 여하튼 임상 대상자는 드디어 찾았네. 그 여자와 그 딸, 그렇지?"

'이제 내 가슴의 한을 녹여 버릴 때가 왔다. 수연은 차지하지 못했지만, 대신에 랍스터처럼 팔팔하게 살아야지, 그게 원수에 대한 최소한의 보답 아니겠어?'

유돈은 그동안의 스트레스가 한꺼번에 풀리는 것 같았다.

'그래, 세상은 공평한 거야. 수철이, 네가 모든 걸 가지면 안 되지.'

고교 시절 자기에게 관심을 가지던 수연이 수철에게로 완전히 돌아섰을 때의 그 쓰라림은 평생 그를 괴롭혔다. 그 때문에 오히려 이를 악물고 회장 집에서 살아남으려 했다. 다시는 보지 않아서 서서히 그 아픔을 잊어 갈 때, 삼경 대학병원에서 수철을 다시 만났다.

고교 시절 수철은 전교 1등을 놓치지 않았다. 아니, 누구도 그 성적을 따라갈 엄두조차 못할 만큼 높은 점수였다. 그런 수철을 병원에서 다시 만날 필요는 없었다. 수철이 삼경 대학병원에 낸 지원서를 책상 구석으로 치워 놨던 유돈이다. 우연히 이력서에서 수철의 가족 상황을 보던 유돈은 자리에서 벌떡 일어났다. 정수연의 이름이 거기 있었다. 하기는 고등학교 때부터 같이 붙어 다니던 두 사람이니, 결혼해서 부부가 된 것은 오히려 당연한 일인지 모른다. 하지만 정수연, 이름 석 자를 보는 순간, 유돈의 가슴은 방망이질 치기 시작했다. 고교 시절, 차오르는 가슴속 분노도 수연의 옆에 가기만 하면 가라앉았다. 유기견 사건 이후 수연과 멀어졌지만, 이제는 근처에서 꿈에도 그리던 그녀를 볼 수 있겠다. 유돈은 수철을 연구소로 발령 냈다.

'그래, 수철, 너는 연구소 구석에 박혀 있어라, 나는 수연을 보기만 하면 된다. 원하는 것은 우선 가까이 있어야, 가질 기회가 많아지는 법이지.'

병원장이자 삼경 그룹 후계자인 유돈은 수철 부부를 자주 초청했다. 하지만 끈적이는 유돈의 시선에 수연은 눈을 돌리고 모임에 나가지 않았다. 병원장이지만 이미 수철의 아내가 되어 버린 수연을 더는 어찌할 수 없었다. 하지만 수철을 볼 때마다 떠나 버린 수연 생각이 유돈을 괴롭혔다. 게다가 수철의 연구 성과가 유돈을 뛰어넘자, 속으로 쌓여 있던 열등감이 폭발했다. SNS 칩 논문이 세계 제일의 과학 잡지인 《사이언스》에, 그것도 표지 논문으로 실렸다.

'이런, 빌어먹을 놈.'

유돈의 주먹이 벽을 쳤다. 《사이언스》 잡지 표지가 갈기갈기 찢어져 바닥에 흩어졌다. 수연에 이어 두 번째 패배인 셈이다. 노벨상 후보로 거론되는 것은 논문 조작설을 만들어서 겨우 막았다. 하지만 SNS 칩으로 연구 성과가 나오는 것을 어떻게 막을까 고민 중이다.

'이런 횡재가 있나?'

유돈의 입꼬리가 올라갔다. 나를 버린 수연이 바로 나를 살릴 수 있는 수호 유전자 돌연변이라는 거다. 이만 명 중의 하나일 정도로 드문 그 돌연변이가 바로 근처에 있다니. 더구나 수철의 아내, 수연이다.

'이건 하늘이 준 기회다.'

내가 만든 강력한 변형 감기 바이러스로 정상 수호 유전자를 수연에게 집어넣어 보는 거다. 제대로 작동이 되어서 돌연변이가 아닌 정상이 된다면, 나에게도 그 방법을 쓰면 된다. 그러면 나는 회장처럼 뇌종양에 걸리지 않는다. 게다가 수연을 삼경 병원에 입원시키면, 내가 언제라도 가까이 갈 수 있다. 잘만 한다면 그녀를 안을 수도 있다. 설사 수호 유전자가 실려 있는 변형 바이러스가 잘못되어 수연이 위험해진다면, 그만큼 수철의 고통은 심해지리라.

'이거야말로 일석삼조다.'

유돈은 일을 서둘렀다. 수호 유전자가 탑재된 변형 감기 바이러스를 만드는 일은 간단했다. 그룹 기획실의 제2 비밀연구소에서 연구하고 있는 암 살해 바이러스 연구와 비슷해서 별 의심을 받지 않고 만들 수 있었다. 더구나 기획실장은 이미 노숙자 불법 임상, 사망자 발생도 깔끔하게 처리하는 능력이 있다. 이제 이 수호 유전자가 탑재된 변형 감기 바이러스를 수연에게 어떻게 감염시킬까만 고민하면 된다.

'간단하구먼. 수철, 수연 두 연놈을 같이 부르면 되는 거야.'

수철 부부를 그룹초청 만찬에 초빙하고, 수연 포도주 컵에 수호 유전자가 탑재된 변형 감기바이러스를 조금만 묻히면 된다. 간단하다. 표시도 전혀 안 난다. 효과는 며칠 뒤부터 나타난다. 의심을 사지도 않는다. 유돈의 계획대로 수연은 병원 응급실에 실려 온 후 뇌 혼수상태가 되었다.

'예전에 사용했던 감기 바이러스인 아데노바이러스가 수호 유전자 전달력이 약해서 변형을 만들었더니, 너무 강하게 만들었나? 너무 많이 들어갔네. 33개가 뭐야. 감기바이러스를 이용해서 삽입되는 유전자 개수를 정확하게 조절하는 게 역시 어렵군.'

하지만 수연의 몸엔, 많기는 하지만, 수호 유전자가 들어가 있다. 이게 암 발생을 억제할 거라는 기대 속에 이제는 두 번째 목표, 즉 '불멸'주사를 테스트해 봐야 한다. 그래야 자신이 암 발생 없이 불멸할 수 있는지를 알 수 있다.

저와 같은 핏줄, 같은 '수호' 돌연변이인 수연의 불멸 유전자 주입 결과가 자신에게는 중요하다. 같은 핏줄에서 임상해야 가장 정확한 결과를 알 수 있다.

'하지만 수연이 누워 있는 입원실에 들어가는 일은 조심해야 한다.'

복도 CCTV를 피하고 간호사들의 근무 패턴을 파악해야 했다. 무엇보다 이번이 마지막 기회일지 모른다. 수연을 품을 수 있는 유일한 순간이다. 고교 시절부터 멀리서만 바라봤던 그녀였다.

'내가 직접 가서 불멸 주사를 놓으리라.'

어두운 병실에서 마지막 실험이 진행됐다. 그렇게 수연은 저세상으로 떠나갔다.

'이제는 영미만이 내 목숨을 살릴 수 있다.'

회장실에서 보이는 한강 건너편 비탈길에 다닥다닥 붙은 집들이 보인다. 노크 소리가 들린다. 기획실장이다.

"병원장님. 그룹 비밀 '불멸' 프로젝트 결과입니다."

그룹 비밀연구소는 K-메디컬의 핵심 마케팅으로 '불멸주사'를 만들고 있었다. '불멸 유전자' 주사는 늙어 가는 세포를 줄기세포처럼 쌩쌩하게 한다. 원리는 간단하다. 대부분 세포는 나이 들면 '텔로미어'라는 보호 DNA가 짧아져서 더 이상 못 자라고 비실비실 늙어 간다. 그러다 죽는다. 그게 정상이다. 그런데 불멸 유전자가 만드는 '텔로메라아제'라는 효소, 이놈이 텔로미어 길이를 늘여 세포가 계속 살아가게 만든다. 줄기세포나 암세포에는 이 불멸 유전자가 있다.[49] 그러니 이걸 사람에게 주사하면 세포가 죽지 않는 '불멸 주사'가 될 수 있다. 하지만 이 주사를 맞은 쥐가 암세포가 생겼었다. 세포를 너무 잘 자라게 만드니 암이 된 거다. 당연히 사람 대상 임상실험은 금지였다. 유돈은, 하지만, 살아 있는 불멸 증거를 보고 있었다.

'랍스터, 이놈은 불멸이야!'

랍스터는 불멸 유전자, 즉 텔로미어 길이를 늘이는 유전자가 왕성하다. 그래서 늙지 않고 청년처럼 살아간다.[50] 140살 된 놈도 발견되었다. 랍스터가 죽는 이유는 커진 몸집 때문에 탈피가 안 되어 죽는다.

'랍스터의 불멸 유전자로 200년은 거뜬하다.'

유돈의 눈에 광기가 번뜩였다. 인간 불멸 유전자는 작동 조건이 까다롭다. 랍스터가 훨씬 강력하고 안정적이었다.

유돈이 노숙자에게 실시한 비밀 임상실험 결과를 보고 있다가 한 곳에 붉은 밑줄을 그었다.

불멸 유전자 삽입한 노숙자 12명 중 뇌 혼수 발생 4명. 길거리에 쓰러져 있는 상태로 발견됨. 삼경대 응급실 후송했으나 모두 사망. 코로나 급성 감염으로 처리함.

특이 사항: 12명 중 한 명이 얼굴이 보톡스 맞은 것처럼 얼굴이 팽팽해짐. 유전자 검사 결과 '수호' 돌연변이. 2주 후에 갑작스러운 고열로 사망. 코로나 감염으로 처리함.

유돈이 자리에서 일어나 왔다 갔다 한다. 뭔가를 골똘하게 생각하더니 탁자 뒤편의 캐비닛을 연다. 떨리는 손끝으로 먼지 쌓인 상자를 뒤적이던 그는, 의대 시절 끄적였던 실험 노트를 끄집어냈다. 빛바랜 페이지

속에서 오래된 메모를 발견했다.

'헬라 세포(HeLa), 1951년 '헬라'라는 여인의 자궁경부암에서 채취, 불멸 세포. 불멸 유전자 작동, 수호 유전자 미작동.'

그 순간 유돈의 온몸에 전율이 흘렀다.

'불멸의 열쇠다!'

70여 년 전 암으로 죽은 헬라 여인의 세포가 지금도 전 세계 연구실에서 살아 꿈틀거리고 있다. 진정한 불멸세포다.[51] 불멸 유전자는 작동하고 수호 유전자는 침묵하는 완벽한 조합이었다.

책상을 주먹으로 '쾅' 내리쳤다.

'왜 이걸 몰랐을까! 답이 코 앞에 있었는데!'

유돈의 뇌리에 퍼즐 조각들이 맞춰지기 시작했다.

'수호 유전자는 세포 경비병이다. 암 발생을 감시하고 억제하는 철벽 같은 수호자다. 여기에 불멸 유전자를 억지로 밀어 넣으니, 두 개 힘이 서로 충돌하는 거지.'

불멸 유전자는 세포를 끝없이 증식시키는 강력한 힘이다. 때로는 암을 유발하기도 한다. 경비역할의 수호 유전자가 이런 침입자를 필사적으로 막아내려 했던 것이다.

'그래서 수연이 혼수에 빠진 거야. 세포 내 전쟁 때문에!'

책상 주위를 돌며 유돈이 주먹을 움켜쥐었다.

'불멸 유전자가 제대로 작동하려면 감시자 '수호'가 사라져야 한다. 이 유전자가 돌연변이여야만 불멸 주사가 완벽하게 작동한다!'

더 가까운 곳에 증거가 있었다. 암세포와 줄기세포는, 모두 수호 유전자가 꺼진, 즉 작동 안하는 상태다. 수호자의 감시망이 사라진 곳에서만 불멸이 가능하다.

"하하하! 진시황의 불로초를 찾았다!"

유돈의 웃음소리가 방 안에 울려 퍼졌다.

"게다가 영미까지 주신다니! 수연의 딸이니 당연히 '수호' 돌연변이다. 그러니 불멸 유전자만 주입하면 된다! 이건 하늘이 내게 내려 주신 선물이야. 불멸의 꿈을 이루라고 은총을 내렸단 말이야, 하하하!"

유돈이 흥분된 목소리로 환호했다. 그러더니 일순 조용해졌다. 머리를 짚고 무언가를 생각하더니 고개를 번쩍 든다. 두 손가락을 튕겨 딱! 소리를 낸다.

'수호 유전자 돌연변이 노숙자가 '불멸'주사를 맞은 후 얼굴이 보톡스 맞은 것처럼 팽팽해진다고? 그리고 2주 후에 죽었다고? 너무 많은 불멸 유전자가 들어갔나?'

유돈은 기획실장을 급히 불렀다.

'불멸'주사 맞고 얼굴이 팽팽해졌다가 2주 후 죽은 노숙자가 수호 유전자 돌연변이라고 했지? 그 사람 혈액에서 불멸 유전자가 몇 개나 들어갔는지 확인해 봐, 최대한 빨리!"

채 30분이 지나지 않아서 기획실장이 검사지를 들고 왔다. 31개였다. 유돈은 속으로 쾌재를 불렀다. 불멸 주사가 너무 강해서 불멸 유전자가 31개나 들어간 거다. 그래서 얼굴이 확 젊어졌다가 부작용으로 죽은 거다.

'그래, 이걸 그 영감탱이에게 그대로 써먹으면 되겠네.'

아버지 정 회장이 약속한 30% 회사 지분을 받는 방법이 유돈에게 막 떠올랐다. 회장은 현재 수호 유전자 돌연변이 상태다. 그래서 뇌종양에 걸린 거다. 이런 상태에서 강한 '불멸'주사를 놓으면 수호 유전자 돌연변이 노숙자 경우처럼 얼굴이 팽팽해질 것이다. 그러면 정 회장은 자기가 낫는다고 좋아할 것이다. 그때를 기다려 그룹 지분 30%를 받아내는 거다.

'지분을 받아내고 난 다음이 진짜야.'

유돈 입꼬리가 올라갔다.

'그때 정상 '수호'를 주사하면 돼.'

뇌종양이 생긴 원인이 이 유전자 돌연변이 때문이라는 걸 누구보다 잘 아는 회장이다. 그러니 정상 유전자 주사를 놓으면 돌연변이가 치료되어 뇌종양이 없어질 거라고 말하면 당연히 믿을 것이다. 더구나 이미 허가된 방법이다. 치료 확률이 낮을 뿐이다. 이걸 변형 감기 바이러스에 탑재하면 더 많은 유전자가 들어갈 것이다.

'그러면 수연처럼 부작용으로 죽을 거야.'

수호 유전자가 33개나 들어간 수연 몸에 불멸 유전자가 들어가서 수연이 죽은 것처럼 말이다. 어차피 회장은 뇌종양을 앓고 있었으니 죽었다고 문제 될 건 없었다.

'이건 도랑 치고 가재 잡는 거네. 회사 먹고 그 양반 보내고, 하하!'

그날 저녁 유돈은 아버지 회장 집을 찾아가 불멸 주사 이야기를 했다. 많은 노숙자 대상 임상에서 결과가 잘 나와서, 오늘 그 주사 맞고 약 일주일 정도면 얼굴이 팽팽해지는 걸 몸소 느낄 거라고 했다. 유돈은 젊은 노숙자 사진을 두 장 보여 주었다. 불멸 주사를 맞기 전과 맞은 후의 얼굴 모습을 보자, 정 회장의 얼굴에 만족한 미소가 떠올랐다.

"그래, 이 친구 피부가 확실히 젊어졌네. 이제 랍스터의 불멸 유전자가 제대로 작동하는가 보군, 하하하!"

유돈은 하나 더 보탰다.

"제가 내일 사진 속 젊은 친구를 데리고 회장님에게 보여 드리겠습니다. 산 증거지요."

"아냐, 아냐. 그럴 거 없어. 나도 눈이 있다고. 피부가 좋아진다는 건 회춘하고 있다는 증거야. 그건 나도 확실히 안다고. 피부는 노화를 직접 눈으로 볼 수 있는 장소야. 주름이 팽팽히 펴지다니, 하하하!"

회장은 팔뚝을 걷어서 내밀었다. 유돈은 준비해 간 '불멸'주사를 놓았다.

일주일 뒤 회장이 유돈을 불렀다.

"전번 불멸 유전자 주사 효과가 아주 좋네. 얼굴이 환해지고 있어."

회장이 얼굴을 쓰다듬었다.

"조글조글하던 주름이 없어졌어. MRI보다 믿을 건 내 몸의 반응일세. 몸이 좋아지면 제일 먼저 변하는 것이 얼굴 아냐? 이건 보톡스 몇 대는 맞은 것 같아. 랍스터 '불멸'주사가 제대로 작동하는군, 이제 K-메디컬 프로젝트를 완성할 수 있겠네."

회장의 입가가 올라가고 눈빛이 반짝였다. 유돈은 이제 마지막 수를 던져야 할 때임을 알았다.

"아버님, 이제 회춘을 시작하셨으니 머릿속 종양도 깔끔히 없애셔야지요. 아버님 뇌종양은 수호 유전자 때문입니다."

"수호 유전자라고? 내가 돌연변이란 말이야?"

유돈은 회장에게 검사 결과지를 보여 주었다. 유전자 돌연변이여서 뇌종양이 생긴 것이고 정상 유전자를 집어넣어 주면 된다고 했다.

"아, 그래? 그렇게 간단한 문제였어? 그건 이미 허가 난 유전자 치료법 아냐? 그래, 생각보다 간단하네. 그것도 모르고 고민했었구먼."

정 회장은 유돈이 가지고 온 주사를 보더니 팔뚝을 걷었다. 유돈은 유전자 주입 주사를 놓았다. 이 주사는 허가 난 주사보다 침투력과 감염력이 훨씬 높아진 변형 감기 바이러스에 수호 유전자가 탑재된 주사였다.

젊어진 얼굴로 회춘을 확신했고 이제 유전자 돌연변이임을 확인했으니 유전자 주입 주사를 맞으면 이제 뇌종양과는 이별이다. 불사의 몸을 가진 진시황이 될 거라는 생각에, 정 회장 입꼬리가 올라갔다.

"이봐, 비서실장. 전에 만들었던 그 서류 있지? 그거 가져오게."

정 회장은 지주회사 지분 30%를 유돈에 넘긴다는 서류에 호기 있게 서명했다. 회장실을 나온 유돈은 입이 함박만 하게 벌어졌다. 손에는 그룹 30% 지분을 증여하는 서류가 들려 있었다.

'이제 되었네. 잘 가시게, 이 양반아. 날 원망하지 말고. 이 모든 게 자업자득이지.'

불멸 유전자와 '수호'는 서로 상극이다. 수연처럼 혼수가 올 것이고, 고령에다 뇌종양까지 있으니 아마 지금부터 일주일 정도면 정 회장도 안녕이다. 이제 영미를 대상으로 마지막 임상실험만 잘 끝나면 모든 게 해피엔딩이다. 나는 랍스터처럼, 늙지 않고, 팔팔하게 200살도 살 수 있다.

이제 영미가 유일한 실험 대상자다. 수연은 죽었지만, 불멸 유전자가 제대로 작동하려면 수호 유전자는 돌연변이 상태, 즉 작동하지 않는 상태여야 한다는 중요한 정보를 주었다. 영미에게 그걸 그대로 확인해 보면 된다. 그러면 유돈은 암에서 해방되고 랍스터처럼 팔팔하게 불로장수한다.

'영미에게는 불멸 주사 하나면 되지.'

수호 유전자는, 영미처럼 돌연변이 상태로 있어야 한다. 영미는 아침에 집을 나와 학교 갔다가 학원에서 밤늦게 집에 온다. 그 도중에 스프레이를 코 근처에 자연스럽게 뿌리면 되었다. 수연에 비하면 식은 죽 먹기다. 영미를 뒤쫓던 기획실장이 전화했다.

"집에는 안 들어오는 것 같습니다. 학교는 아직 다니고 있고요. 아마도 가출한 것 같습니다."

'에미가 누워 있고, 아비가 에미 치료하겠다고 날 밤을 새우니 새끼가 도망을 가지.'

유돈은 자기를 차 버린 수연, 그녀를 차지한 수철이 치러야 할 최소한의 고통이라고 즐거워했다.

학교 주변을 잠복하던 기획실장이 교문을 나서는 영미를 미행했다. 버스에 탄 영미에게 스프레이를 뿌리는 일은 생각보다 간단했다.

'영미야, 너는 나를 살릴 수 있는 유일하고, 중요한 인물이야. 날 살릴 정보를 주어야 해.'

그날 저녁 영미가 삼경대 응급실로 실려 갔다. 유돈은 이제 영미의 상태를 지켜보기만 하면 되었다.

'영미는 아마도 몸 상태가 바닥으로 내려가서 좀 고전할 거다. 그리고 암 줄기세포가 뇌의 깊은 곳으로 숨어들어서 암 아지트를 만들 거다. 그러면 일단은 성공이다.'

유돈이 씩 웃었다.

'암 줄기세포가 죽지 않고, 암세포를 계속 만들어 내는 원리를 확인하면 된다. 그건 수호 유전자가 꺼져 있고 불멸 유전자가 활발하게 움직이는 상태, 그게 바로 암 줄기세포에서 관찰되는 현상이라고!'

유돈의 두뇌가 휙휙 돌아갔다.

'암 줄기세포도 줄기세포의 하나다. 그 원리를 다른 세포들에도 적용한다. 그러면 모든 세포가 줄기세포처럼 된다. 불멸 유전자가 그 중심에서 일을 하면 된다. 그럼 나는 암은 안 걸리고 랍스터처럼 팔팔하게 140살까지, 아니 200살도 문제없다.'

이런 상상을 하자, 유돈의 입술 끝이 귀에 걸렸다. 영미가 병원 응급실에 실려 온 날, 유돈은 기획실장의 전화를 받았다. 한밤중이었다.

'병원 응급실의 영미가 사라졌습니다.'

수연이 죽고 나서 영미가 응급실로 실려 온 이후에 수철과 영미가 사라졌다. 누군가 영미를 옮기는 일을 도와줬다.

'어느 놈이 도와주었나?'

수철, 혜숙 이 두 연놈이 사라진 건 유돈이 정 회장을 만난 후였다. 정회장이 유돈을 불러서 자기를 낫게 하면 회사 지분을 주겠다고 했을 때, 정 회장은 수철의 SNS 칩에 관해 물었다. 어느 정도 진행되었냐고 묻는 것으로 보아선 그걸로 뇌종양을 치료할 수 있지 않을지, 한 가닥 희망을 거는 것 같았다.

'이 영감이 나랑 수철 두 사람과 양다리를 걸치고 있었구먼. 하긴 나라도 살려고 발버둥 치겠지.'

수철의 소재를 파악하려고 유돈이 계속 전화했지만, 전화는 꺼져 있었다.

'이 두 연놈이 어디에 숨어 있는 걸까.'

어떤 방법이 암을 막고 불멸을 이루는 최고의 방법인지를 가장 잘 아는 것은 영미 몸속 세포들이다. 그들의 이야기를 들어야 한다. 그러려면 수철의 SNS 칩이 꼭 필요하다.

꺼져 있던 수철 전화에 우연히 한번 신호가 갔다. 상대가 전화를 받았지만, 말이 없다. 수철일 것이다.

'장소를 알려 주면 내가 연구하는 항암 바이러스를 SNS 칩으로 영미의 몸에 주입해서, 영미를 완치할 수 있어.'

하지만, 아무런 이야기 없이 전화는 끊겼다.

'이 녀석을 어떻게 찾아내지? 회장이 수철을 도와주었을 것 같은데…… 내가 회장에게 물어보면 수연에게 무슨 짓을 했는지 의심하겠지? 아니면, 회장 근처 어디엔가 수철의 비밀연구소에 관한 기록이 남아 있겠지? 그나저나 이 양반은 얼굴이 팽팽해졌다고 좋아한다는 게 일주일은 되는데, 왜 그다음 소식은 없지? 많은 양의 불멸 주사로 얼굴이 팽팽해지고, 그다음에 불멸 유전자와 상극인 수호 유전자를 때려 넣었으니, 며칠 내로 돌아가시는 게 노숙자 임상 결과인데, 좀 더 기다려야 하나?'

얼마 후 유돈이 기다리던 정 회장의 사망 소식이 들려왔다. '불멸'주사로 얼굴이 팽팽해진 지 채 2주가 지나지 않아서였다. 노숙자 임상 결과와 같았다. '불멸'주사는 양이 조금이라도 많아지면 세포들이 쑥쑥 잘 자란다. 그래서 얼굴이 팽팽해지기도 한 거다. 물론 뇌종양도 더 빨리 자랐다. 거기에 불멸 유전자와 상극인 수호 유전자를 집어넣었으니, 수연처럼 혼수가 온 것이다. 그렇게 회장은 사망했다.

누구도 회장의 사망에 대해 의심하지 않았다. 뇌종양이었고 이미 의사는 시한부를 선고한 상태다. 유돈은 지주회사 지분을 기반으로 회장 자리에 올랐다. 이제 남은 건 수철이 만든 SNS 칩이 들어간 영미다. 몸속 세포들의 대화를 통해 랍스터처럼 '불멸'주사가 정확하게 작동하게 만들면, 암도 없이 200살까지, 아니 어쩌면 불멸 상태로 팽팽하게 살 수 있을 것이다. 유돈은 수철을 찾아 나섰다.

"회장님, 이거면 영미가 어디로 가 있는지 알 수 있을 것 같습니다."

그룹 기획실장이 가져온 서류는 전임 회장이 개인적으로 사용한 경비 명세서였다. 그중에는 실험실 기기 등의 구매 내역이 있다. 그룹 직할 바이오연구소 기기 이외에 다른 곳에 쓰인 게 있다는 거다. 한두 개 기기가 아니고 웬만한 연구소는 차릴만한 다양한 기기들이다. 유돈은 직감적으로 이게 비밀연구소에 설치된 기기란 걸 알아차렸다. 기기 회사 사장을 불렀다. 기기 회사는 전임 회장과의 비밀 유지 계약이 있어서, 어디로 배달했는지 알려 줄 수 없다고 버티었다. 하지만 이미 전 회장은 죽었고 그 아들이 실세인 이상 그런 계약 때문에 회사의 큰 매출 고객을 잃을 수는 없었다. 유돈은 연구 기기들이 배달된 주소를 보았다.

'서울시 동작구 방선동 47'

그곳 위치를 지도에서 찾아보고는 허허, 실없는 웃음을 연발했다. 그곳은 103층 회장실에서 빤히 내려다보이는 곳이다. 88도로 건너편 산기슭 중간의 가파른 경사면 아래에 있는 허름한 회색 단층 건물이다. 건물은 산 뒤편의 좁은 길로만 드나들 수 있다.

'이런 엉큼한 양반 같으니라고. 코앞에 숨겨 놓으셨구먼. 그러면, 뭐, 수철이가 당신을 살려 줄 거라 믿었던 모양이지, 생각보다 순진한 양반이구먼.'

그날 밤, 수철의 한강 비밀연구소로 통하는 길목에 두 사람이 다가섰다. 길목 근처는 재개발 구역으로 모든 건물의 불들이 꺼져 있어 중간중간 서 있는 가로등 빛으로 겨우 길만이 희미하게 보인다. 앞장선 실장 뒤로 유돈이 바짝 따라갔다.

'아무도 모르게 잠입하고, 어떤 흔적도 남기면 안 된다. 그래야 영미의 몸속 상태를 SNS 칩으로 계속 알 수 있다.'

좁은 길 좌측의 허름한 경비초소에 불이 켜져 있었다. 외부 사람이 한 번도 들어온 적이 없는 이곳이다. 12시간 교대를 하는 경비원은 고개를 푹 박고 졸고 있었다. 두 사람은 조용히 통과했다. 좁은 길 코너를 왼쪽으로 돌자, 왼편으로 비밀연구소 입구가 있었다. 입구 아래는 검은 소나무들이 보이고 그 아래는 88도로였다. 그 너머에 103층 그룹 건물이 보인다. 회장 집무실이 그 꼭대기다.

비밀연구소 입구는 녹이 슨 쇠문이다. 내부에서 잠그는 형태의 자물쇠를 실장이 날카로운 꼬챙이로 돌렸다. 몇 번 좌우로 꼬챙이가 흔들리자, 찰칵 소리와 함께 문이 열렸다. 기획실장이 앞을 서고 유돈이 뒤따라 들어갔다. 중앙 홀 좌우에 실험기기의 희미한 불빛들이 구석구석 빛나고 있었다. 그 덕분에 연구소 내부의 홀 윤곽이 보였다. 대형 화면 앞에는 긴 테이블과 좌석이 있었다. 의자 개수로 보아 이곳 인원은 4, 5명 정도다. 대형화면 옆으로는 실험기구들이 빼곡히 들어차 있다.

'이 친구가 여기에 대형 연구소를 하나 차렸구먼. 아니지, 회장 그 양반이 하나 차려 준 거지. 자기를 살려 줄 거라 믿고 투자를 한 셈이네. 그나저나 그 양반이 그 덕도 못 보고 먼저 가 버려서 어떡하나. 후후.'

대형 모니터 바로 아래에는 뒷공간으로 연결되는 유리문이 있다. 그 유리문 건너에는 누군가 누워 있는 것이 희미하게 보였다. 두 사람이다.

왼쪽은 어린 여자다. 영미다. 오른쪽은 성인 남자다. 가까이 다가가자, 얼굴 윤곽이 보였다. 수철이다. 텁수룩한 수염과 바짝 마른 얼굴이 수용소 포로처럼 보였다.

'그러게, 왜 그 고생을 사서 하냐고. 자네 딸, 나에게 넘기면 내가 알아서 고쳐 주지. 이 고생 안 하고 말이야. 또 누가 아나. 세상에서 처음으로 늙지 않고 사는, 영원한 소녀가 될지 말이야. 하하하.'

유돈은 영미 왼쪽 겨드랑이에 여러 개 라인이 연결된 것을 스마트폰 플래시로 확인했다. SNS 칩이다. 유돈의 눈이 반짝였다. 라인을 따라갔다. 커다란 컴퓨터가 있었다.

'이게 메인 서버네. 그러면 SNS 칩에서 받은 신호를 이곳에서 해석해서 말이나 글로 바꾸어 주겠지.'

유돈은 수철의 《사이언스》 논문을 되새겼다. 내용 하나하나를 기억할 만큼 몇 번이나 읽었다. 유돈이 하려는 일, 즉 세포가 늙지 않고 오래 살게 하려는 연구와 직결되는 일이다.

'수철이 녀석이 머리는 좋구먼. 머리만 좋으면 뭐 하냐. 마누라와 딸도 못 지키는 주제에….'

수철의 곁에 서 있던 실장이 유돈에 수신호를 보냈다. 빨리 일을 끝내라는 신호다. 수철이 몸을 조금 움직이는 걸로 봐서는, 유돈은 빨리 일을 끝내야 했다. 유돈은 서버 PC 화면을 열었다. 다행히 암호가 걸려 있지는 않다. 하긴 이곳 비밀연구소에 외부인이 들어온다는 생각은 못 했을 것이다.

영미 몸속 세포 중 하나가 외부인과 링크되어 있다. 면역 T세포다. 이 세포는 수철과 링크되어 있다. 이름이 '킬러팀장'으로 되어 있다.

'킬러팀장? 이름은 그럴싸하네.'

유돈은 다른 세포들을 차례로 훑어 나갔다. 상황실장, 미사일팀장, 척후팀장 등이 보인다. T 보조 세포, B세포, 수지상세포를 그렇게 이름 지어 놓았다.

유돈은 준비해 온 나노튜브를 영미의 겨드랑이에 끼워 놓았다. 이미 SNS 칩이 설치되어 있어서 밖으로 노출된 라인 사이로 삽입하는 건 문제가 없었다. 이제 유돈은 영미 뇌 속의 암 줄기세포를 찾아 이곳 SNS 칩의 방으로 연결해야 한다. 유돈은 들고 온 상자를 열었다. 휴대용 엑스레이 기기에 형광 측정 장치를 붙인 최신 기기다. 머리에 씌우는 형태다. 유돈이 한쪽을 열고, 다른 쪽은 기획실장이 잡은 상태로 영미의 머리에 씌웠다. 영미는 혼수상태라 이런 일로 깰 일은 없다. 하지만 왼쪽 침대에서 자는 수철이 조금 움직인다. 순간, 두 사람은 그대로 멈추었다. 수철이 깰 경우는 일이 어려워진다.

'죽이고 밖으로 옮겨 흔적을 없애야 한다.'

하지만, 수철이 사라진 상황에서 혜숙이라는 연구원이 하던 작업을 계속 수행하지는 않을 것이다. 아마 본인도 위협을 느껴서 도망친다면, 영미에게 연결된 SNS 칩을 통한 작업은 중단된다. 그러면 유돈의 평생 숙원인 '팽팽하게 200년 살기'가 어려워질 수 있다. 다행히 수철은 다시 조용해졌다.

영미 머리에 씌운 엑스레이와 형광 장치를 켰다. 휴대용 미니 화면에 영미의 두개골이 보였다. 암을 추적하는 항체를 나노튜브로 주사했다. 항체는 암 줄기세포에만 달라붙는 추적 물질이다. 이 물질에는 형광물질이 붙어 있다. 미니화면의 한 곳에서 형광물질이 빛이 났다.

'저기가 암 줄기세포가 있는 곳이네.'

유돈의 손놀림이 빨라졌다. 나노튜브를 천천히 밀어 넣기 시작했다. 형광물질이 빛나는 곳까지의 혈관이 미세하게 보였다. 그 혈관을 통해 머리카락보다 작은 나노튜브를 밀어 넣었다. 혈관이 두 개로 나뉜 부분에서는 유돈이 튜브를 좌우로 돌리면서 방향을 잡았다. 드디어 영미의 뇌종양 중앙까지 나노튜브가 들어갔다. 나노튜브는 실제로는 두 가닥이다. 한 가닥은 뇌종양 중앙, 다른 쪽은 중앙 하단 1밀리 지점에 연결했다. 이제 나노튜브의 다른 쪽을 SNS 칩에 연결하면 된다.

휴대용 형광 엑스레이 기기를 머리에서 벗겨 냈다. 기기를 영미의 겨드랑이 부분으로 옮겼다. 머리보다도 더 확실하게 삽입된 칩의 모습이 미니 화면에 보인다. 칩의 8개 방 중에서 4개는 이미 세포로 채워져 있다.

'저게, 수철이 사용하고 있는 4개 방이네?'

유돈이 남아 있는 4개 방 중, 첫 번째 방, 즉 5번 방에 나노튜브의 한 끝을 연결했다. 이제 그 방으로 영미 뇌종양 한가운데 자리 잡은 암 줄기세포의 신호 물질이 전달될 것이다. 6번 방에는 나노튜브의 다른 한 가닥을 연결했다. 5번 방은 암 줄기세포, 6번 방은 암 줄기세포에서 만들어진 암세포가 연결된다. 5, 6번 방과 서버 컴퓨터 라인을 연결하는 일은 앞의 작업보다 쉬웠다.

'이제 암 줄기세포와 암세포의 신호 물질이 칩을 통해 전달되면, 컴퓨터의 AI 프로그램이 그 대화를 해석할 것이다.'

유돈의 입꼬리가 올라갔다.

'수철의 연구 결과도 내 것이 된다.'

AI로 해석된 대화는 화면으로 전달된다. 유돈은 5, 6번 방의 대화를 화면으로 보내지 않고, 외부로 보내도록 컴퓨터 세팅을 변경했다. 5, 6번 방의 대화를 텍스트화하는 프로그램에 암호를 설정해 놓았다. 마지막으로 유돈은 외부에서 그 프로그램에 접속할 수 있도록 IP 설정을 해 놓았다. 이제 이곳 연구소에서는 암 줄기세포와 접속을 하지 못한다. 암호를 알고 있는 유돈만이 로그인할 수 있고 암 줄기세포의 대화를 들을 수 있다.

'이제 영미 몸속에서 암 줄기세포의 모든 행동을 나만 알 수 있는 거네.'

유돈은 주먹을 불끈 쥐었다. 이제 불로초는 내 것이다. 수철이 꿈을 꾸는지 뒤척이며 무슨 소리를 냈다. 실장은 유돈을 잡아끌었다. 수철이 깨면 완전 낭패다. 아마 수철을 죽여야 할지 모른다. 그러면 유돈이 수연을 죽인 살인자인 것은 숨겨질지 모르지만, 영미의 SNS 칩을 통한 불로장수의 꿈은 버려야 한다. 유돈은 서둘러 연구소를 나왔다.

이제 영미에게 거대한 검은 구름이 몰려오고 있었다.

15

암의 아킬레스건

수철이 눈을 떴다. 옆에 누운 영미 얼굴이 어제보다 더 핼쑥해졌다. 어깨까지 덮여 있던 담요가 배까지 내려와 있었다.

'영미가 움직였나?'

수철의 가슴이 두근거렸다.

'어제저녁 어깨까지 덮어 주었는데….'

혹시 영미가 의식을 되찾았나 얼굴을 살폈지만, 역시 변화는 없었다. 한숨이 새어 나왔다.

'이상하다.'

속으로 중얼거리며 유리문을 밀고 연구소 중앙 홀로 나섰다. 연구소 중앙 테이블에서 혜숙과 연구원 둘이 심각한 표정으로 무언가 이야기하고 있다. 중앙의 대형화면엔 영미 몸속 면역 상황실이 생생하게 펼쳐져 있다.

"김 교수님, 오늘은 정신없는 날이 될 것 같습니다."

"그래, 내일, 암 줄기세포가 자리 잡은 뇌종양 중심부로 면역세포들이 총공격해 들어간다고 했지?"

수철의 목소리에 긴장이 배어 있었다.

"면역 상황실은 지금 작전회의 중인가?"

"네, 저희도 그 브리핑을 실시간으로 보고 있는데, 암 동굴 공격이 만만치 않네요."

혜숙이 화면을 가리키며 말했다.

"베트남 전쟁 당시 땅굴 속 베트콩을 소탕하기가 왜 어려웠는지 이제 이해가 갑니다. 뇌종양은 암세포 주위에 밧줄 같은 콜라젠, 끈끈한 히알루론산 등이 복잡하게 얽혀 있는 요새 같은 구조네요."[52]

혜숙이 수철을 바라보며 화면 가운데를 짚었다.

"이 중심부에 뇌종양 암세포들이 은신해 있습니다. 깊숙한 동굴 속 참호 같은 상황이죠."

수철은 중앙 대형 화면 속 면역세포들을 하나하나 천천히 응시했다. 영미를 살릴 유일한 길, 저들만이 희망이었다. 동굴을 뚫고 침투해서 암줄기세포에 치명타를 가하는 것이다. 주먹을 움켜쥐었다.

화면 속 면역 상황실의 작전 브리핑이 계속되고 있었다.

— 오늘 브리핑은 내일 공격을 위한 무기 점검과 작전 수행 지침을 재확인하는 자리입니다.

상황실장 음성이 어느 때보다 딱딱하다. 숨 막히는 침묵이 흘렀다.

— 킬러팀, NK팀과 함께 출발하지요?

— 네, 그렇습니다.

킬러팀장이 힘이 실린 목소리로 응답했다.

– 저희 킬러팀은 언제나 NK팀과 연합 작전을 수행합니다. 다른 세포들의 신분증을 검사합니다. 세포들 신분증은 MHC-1(조직적합성 복합체)입니다. 세포들이 생산하는 모든 단백질 정보가 실시간으로 새겨져 있습니다. 이건 완벽한 신분증입니다.

팀장의 눈이 상황실을 향했다.

– 바이러스 감염 세포나 암세포는 정상세포와 다른 비정상 단백질을 생산합니다. 그러면 신분증에 적의 정체가 드러나죠. 그 순간, 저희가 행동에 나섭니다.

킬러팀장의 음성이 낮게 가라앉았다.

– 멱살을 잡고 몸에 구멍을 뚫어 강력한 독소를 주입합니다. 그럼 완전히 파괴됩니다. 만약 암세포들이 교활하게 이 신분증 자체를 만들지 않으면, 그때는 NK가 직접 처리합니다.

그러자 상황실장이 앞으로 나섰다.

– 킬러팀장이 말한 대로, 암세포는 극도로 교활한 적입니다. 원래 우리와 같은 세포였기에 면역팀의 모든 공격 패턴을 꿰뚫고 있습니다.

실장이 단발머리를 뒤로 넘겼다.

– 바이러스, 병원균, 이놈들은 우리와 완전히 다른 모습이라 즉시 식별해 제거할 수 있지만, 암세포는 위장의 달인입니다.

실장이 잠시 숨을 멈추었다.

– 내일 우리는 중요한 전투를 치릅니다. 적의 생존 전략을 완벽히 파악해야 승리할 수 있습니다. 최신판 암 전투 매뉴얼을 점검합니다.

상황실장은 최신 전투 매뉴얼을 대형 화면에 띄웠다. 방금 업데이트된 버전이었다.

– 최근 발견된 적의 새로운 기만술이 세 가지입니다. 첫 번째는 '자폭 위장술'입니다.

화면에 암세포 사진이 띄워졌다. 무슨 표식이 몸에 붙어 있었다.

– 암세포들이 면역 순찰대를 속이려고 '자폭 중'이라는 가짜 팻말을 몸에 부착합니다. 그러면 면역 순찰대는 정상세포가 수명이 다해 스스로 자폭하는 중이라고 판단하고 그냥 지나갑니다.

상황실장의 눈꼬리가 올라갔다.

– 세포가 부상이 심해 암세포로 변할 수 있다면 킬러팀이 살해합니다. 하지만 나이 들어 조용히 죽는 건, 굳이 총알을 낭비할 필요가 없다는 거지요.

실장이 NK팀장을 바라보았다.

– 현재로선 진짜 자폭과 가짜 자폭을 구분하는 방법이 없습니다. 킬러팀, NK팀, 그리고 모든 공격팀은 이런 신호를 발견하면 반드시 재검증하기를 바랍니다.

연구소에서 이 브리핑을 듣던 혜숙이 자리에서 벌떡 일어나 논문 한 편을 건넸다.

"영미 몸속 면역세포들이 언급한 '자폭 위장술'이 바로 이 논문입니다."

혜숙의 목소리가 높아졌다.

"암세포가 '노화 자폭 세포' 행세한다는 이론인데, 실제로 일어나고 있네요."

수철이 논문을 빠르게 훑더니, 결론 부분을 짚었다.

"그럼, 이 논문이 알려 준 대로 '가짜 자폭 신호'를 제거하는 물질을 찾으면 되겠군.”

그의 눈이 반짝였다.

“암 동굴 근처에 그걸 투입하면, 위장막이 벗겨진 암세포들을 일망타진할 수 있을 텐데. 여기서 만들 수 있을까?”

혜숙이 두 연구원과 함께 PC 화면을 탐색하더니 한 지점을 가리켰다.

“가짜 자폭 물질은 ‘MerTK’라는 단백질입니다.”[53]

그녀의 목소리가 높아졌다.

“다행히 저희가 보유한 항체 중에 그것에 달라붙을 수 있는 게 하나 검색됩니다. 전투 직전에 영미에게 주사하면 될 것 같습니다.”

그 말을 듣는 수철의 얼굴이 밝아졌다. 오늘 아침 본 영미의 상태로는 며칠 더 견디기도 힘들어 보였다. 화학 항암제 때문에 머리카락이 한 움큼씩 빠지고 있었다. 피부세포까지 죽어서 얼굴 곳곳이 벗겨져 나가고 있었다. 특히 손이 심했다. 손등 각질이 허옇게 일어났다.

‘내 피부는 엄마처럼 매끈해, 화장품이 필요 없을걸? 호호.’

그렇게 깔깔거리며 좋아하던 영미였는데, 이제는 병색이 완연했다. 투명한 피부라고 자랑하던 볼에는 붉은 반점들까지 번져 있었다. 수철은 거칠어진 영미 얼굴을 조심스럽게 어루만졌다.

‘언제 이 얼굴이 예전처럼 탱탱하고 맑아질 수 있을까?’

이번 항암 전투에서 반드시 승리해야만 영미가 살아날 것 같았다. 잘 될 수 있을까. 혜숙을 바라보는 수철의 눈이 다정하다. 저렇게 혜숙이 옆에서 도와주지 않았다면 지금까지 버티지도 못했을 거다. 영미를 살리려면 저 사람이 절대적이었다. PC 화면에서 보유 항체 치료제를 검색하던 혜숙이 고개를 들었다.

"김 교수님, 항체를 인체에 투입해도 괜찮은 건가요? 영미에게 부작용이 생기지는 않을까요?"

"괜찮을 거야. 이미 그런 항체를 이용한 표적 치료 항암제가 널리 사용되고 있어."

수철이 확신에 찬 목소리로 답했다.

"혜숙도 잘 알 텐데…. 안젤리나 졸리 말이야."

혜숙과 눈이 정면으로 마주치자, 얼른 수철이 눈을 돌렸다.

"영화배우 졸리는 엄마와 이모가 모두 유방암으로 돌아가시자, 자신의 아이들을 위해 미리 유방 절제술을 받았지. HER2라는 유전자 때문이었어. 졸리는 이 유전자가 정상보다 많이 있는 돌연변이였지. 그러면 유방암 발생 확률이 급격히 높아져."

수철 시선이 혜숙의 얼굴에 머물렀다.

"치료법은 HER2 유전자가 만든 세포의 안테나를 완전히 봉쇄하는 거야. 그러면 세포는 성장 신호를 받지 못해서 정상세포처럼 행동하게 되지."

수철의 설명이 이어졌다.

"HER2를 봉쇄시키는 끈끈이 항체가 '허셉틴'이라는 치료제지. 특정 수용체를 표적으로 삼으니까 '표적 치료제'라고 부르는 거고."[54]

수철의 설명에 고개를 끄덕이던 혜숙이 물었다.

"그럼, 암세포들의 '가짜 자폭 신호'도 결국 하나의 표적이네요? 치료제는 그 표적에 달라붙어서 작동을 막는 거고요. 그런데 표적 치료제는 잘 들다가도 내성이 생긴다던데요?"

"바로 그게 문제야."

수철의 표정이 어두워졌다.

"HER2 표적이 변형된 돌연변이 유방암 세포가 생기면, 쓰고 있던 항체 치료제가 달라붙지 못해. 달라붙지 못하니 돌연변이 암세포는 계속 성장 신호를 받고, 암이 더 커지는 거지."

수철의 얼굴이 심각해졌다. 영미에게 투입할 MerTK 표적 치료제가 효과를 낼 수는 있지만, 내성이 생길 위험도 있다. 혜숙이 조심스럽게 물었다.

"그럼, 김 교수님 생각엔 표적 치료제보다 더 근본적인 해결책이, 면역세포 자체를 강하게 만드는 것이라는 말씀이네요?"

수철이 고개를 끄덕였다.

"맞아. 꿩 잡는 게 매라고, 암의 진짜 천적은 면역세포야. 우리 몸이 원래 그렇게 설계되어 있거든. 영미 몸속 면역세포들도 그걸 본능적으로 알고 있는 것 같아."

외부에서 암세포를 직접 공격하는 물질을 주사하면, 암세포들도 필사적으로 저항한다. 저항하다 보면 돌연변이는 반드시 생긴다. 돌연변이 암세포가 하나라도 살아남으면, 그놈이 증식해서 결국 암이 승리한다.

암세포를 직접 겨냥하지 말고, 암세포를 사냥하는 면역세포들을 더 강하게 만들자. 그것이 3세대 항암제인 '면역 항암제'의 핵심 원리였다.

영미 몸속 암세포가 교활하게 '자폭 중'이라는 가짜 신호를 내보낼 때, 그 신호를 차단하는 항체를 사용하면 된다. 일종의 표적 치료제인 셈이다. 상황실장의 브리핑에서 새로운 치료법 하나를 알아냈다.

'과연 제대로 작동해서 영미를 구할 수 있을까.'

수철의 얼굴이 근심으로 어두워졌다.

면역 상황실에 집결한 팀장들 모습이 대형 화면을 가득 채웠다. 전장으로 출정하는 긴장감이 팽팽했다. 상황실장이 최신 매뉴얼의 두 번째 장을 화면에 띄웠다. 제목은 'NK세포 브레이크 해제'였다. 실장이 NK팀장을 바라보며 설명을 시작했다.

─ 두 번째 전략은 NK세포의 브레이크를 완전히 봉해 버리자는 작전입니다.[55]

─ 우리 NK세포들의 브레이크라니, 무슨 말씀입니까?

NK팀장이 의아한 표정으로 실장에게 되물었다.

─ NK팀장, 킬러팀 T세포의 브레이크는 들어 보셨습니까?

─ 네, 킬러세포의 공격 세기를 조절하는 브레이크와 액셀이 있다는 건 알고 있습니다.

NK팀장이 답했다.

─ 킬러세포가 적을 발견하면 화력을 최대로 끌어올려 공격하고, 공격 종료 후엔 즉시 원상 복구되어야 한다고 들었습니다. 흥분 상태가 지속되면 아군 세포들까지 오인 공격할 위험이 있으니까요.

─ 액셀은 실장님이 직접 조절해서 암세포 공격을 최대화할 텐데, 브레이크는 누가 작동시키죠?

NK팀장이 계속 물었다.

─ 아, 맞다. 조절세포(Treg)라는 팀이 있다면서요? 그 팀이 흥분한 킬러세포를 진정시키는 역할을 한다고 들었는데, 맞습니까?[56]

실장이 고개를 끄덕였다.

─ 네, 정확히 파악하고 계시네요. 제가 킬러팀에 공격 신호를 내려 적을 부수고 나면, 조절세포(Treg)가 브레이크를 밟아 진정시키는 게 정상입

니다. 그런데 문제는 다른 놈이 그 브레이크를 몰래 밟아서 공격 중인 킬러세포를 무력화시킨다는 겁니다.

실장의 말에 NK팀장의 눈이 커졌다.

― 뭐라고요? 조절세포 전용 브레이크를 누가 몰래 조작한다고요? 설마…. 암세포가?

― 정확합니다. 암세포가 브레이크를 대신 밟습니다. 힘을 빼려는 거지요.

― 와, 무섭네요. 암세포가 그 정도로 교활할 줄은 몰랐습니다.

NK팀장이 고개를 절레절레 흔들었다.

― 그리고 보니 우리와 같은 세포에서 변질된 놈들이니까, 우리만큼 영리하겠네요. 암세포, 완전 지능범들이군요.

― 만약 암세포가 킬러팀 브레이크를 밟으려면, 우리는 어떻게 대응해야 합니까? 뭔가 해결책이 있어야 할 텐데요?

상황실장이 심각한 표정으로 고개를 저었다.

― 현재 우리 면역세포들은 암세포보다 한 발 뒤처진 상황입니다. 즉, 암세포들이 우리 킬러팀의 브레이크 밟는 법을 먼저 습득한 거죠. 반면 우리는 아직 그만큼 진화하지 못했습니다.

― 우리도 뭔가를 개발해서 암세포들의 브레이크 조작을 차단해야 합니다.

실장의 목소리에 힘이 실렸다.

― 암세포를 이기는 방법은 단 하나뿐입니다. NK팀장, 어떤 방법이라고 생각하십니까?

갑작스러운 질문에 NK팀장이 잠시 당황했지만, 곧 확신에 찬 목소리로 대답했다.

－간단합니다. 암세포의 천적인 우리 면역세포들이 더 강해지는 것입니다.

그의 눈에 투지가 번졌다.

－지금까지 우리는 암세포의 진화 속도를 따라잡지 못했습니다. 이제는 우리가 보유한 무기들을 대대적으로 업그레이드해야 합니다. 우리의 브레이크는 완전히 봉쇄하고, 액셀은 끝까지 밟아야 합니다.

NK팀장이 주먹을 쥐었다.

－그런 전략의 일환으로 킬러팀의 브레이크 대응책을 사관학교에서 연구 중이라고 들었습니다. 이번엔 두 번째로 강력한 암세포 킬러인 우리 NK팀의 브레이크 봉쇄법을 찾아야 한다는 말씀이죠?

이야기를 듣던 수철이 의자에서 벌떡 일어났다.

"영미 몸속 면역세포들이 정확한 해답을 제시하고 있어!"

흥분한 수철의 목소리가 커졌다.

"암세포 박멸의 핵심은 결국 면역세포 강화야. 포인트는 면역세포의 브레이크와 액셀러레이터지."

그의 눈동자가 커졌다.

"암세포는 진화를 통해 면역팀의 브레이크를 조작하게 됐는데, 우리 면역은 아직 그 속도를 따라잡지 못하고 있어. 현재 과학은 겨우 킬러 T세포의 브레이크를 차단하는 항체만 개발해 낸 상황이야. 이것만으로는 암의 진화를 완전히 저지할 수 없어. 우리가 먼저 선수를 쳐야 암의 진화를 막고 완치시킬 수 있어."

'완치'라는 수철의 말에 혜숙이 고개를 끄덕였다.

"그럼, 교수님 말씀은 우리가 선제공격을 해야 한다는 뜻이지요? '브레이크 봉쇄 항체'가 바로 '관문 억제제'를 말하는 거죠? 지미 카터 전 대통령이 흑색종 말기에서 관문 억제제 면역항암제로 완치된 '키트루다' 말이에요?"[57]

수철이 혜숙의 눈을 바라보았다.

"맞아. 인류가 암 치료의 새로운 전환점을 만들어 낸 게 바로 관문 억제제 면역항암제야. 킬러 T세포 공격력을 최고로 끌어올리는 혁신적 무기지."

과학은 면역세포들을 강하게 만드는 방법을 계속 찾고 있다. 킬러 T세포의 브레이크를 암세포가 밟지 못하도록 봉쇄하는 항체 치료제, 즉 관문 억제제가 그 시작이었다. 더 나아가 면역세포들의 액셀러레이터도 찾는 중이다. 킬러 T세포에서 발견했고, 이제는 NK세포, B세포, 대식세포 등 모든 공격형 면역세포에서 찾아내고 있다. 면역 상황실의 브리핑을 들으며 혜숙이 수철을 바라봤다.

"영미에게는 구체적으로 뭘 해 줄 수 있을까요? 내일부터 면역 상황실 킬러팀과 NK팀이 암 전투에 돌입하는데, 우리가 외부에서 지원할 방법이 있나요?"

"앞서 언급한 MerTK 가짜 자폭 신호 차단용 항체는 다행히 우리 연구소 냉장고에 보관되어 있어."

그녀가 연구실 구석의 흰색 냉장고를 쳐다보았다.

"바깥에서 추가로 구할 수 있는 게 있을까요? 아까 말한 T세포 브레이크 봉쇄용 항체, 그러니까 관문 억제제는 현재 시판 중이니 구해 올 수 있을 것 같은데요. 제가 알아볼까요?"

수철이 고개를 좌우로 흔들었다.

"지금 외부에서 뭔가를 구매하면 이곳 위치가 노출될 거야."

수철의 목소리가 어두워졌다.

"회장님도 돌아가셨어. 아니, 살해당하셨다고 해야 맞을 거야. …현재 영미 몸에 침투해 있는 바이러스는 몸을 암 줄기세포처럼 만들어서 불멸 상태로 만들려는 자가 만든 것 같아."

수철의 표정이 굳어졌다.

"그놈에게 이곳이 발각되면 영미가 위험해져."

수철의 말을 들은 혜숙이 회의실 탁자를 짚고 일어났다.

"김 교수님은 유돈 병원장을 의심하고 계시는 거죠?"

혜숙의 목소리가 분노로 떨렸다.

"제가 예전부터 말씀드렸잖아요. 그곳에서 하고 있는 일들이 수상하다고요. 하지만 우선은 영미를 구해야 해요. 저희가 도울 수 있는 건 뭐든 해야죠."

그녀의 눈에 힘이 들어갔다.

"먼저 암 줄기세포가 더 이상 암세포를 만들지 못하도록 막아야 합니다. 뇌종양 중심부 근처엔 이미 생성된 암세포들이 진을 치고 있을 거예요. 면역세포들은 그곳에서 결전을 벌여야 하고요."

혜숙이 수철의 얼굴을 정면으로 바라보았다.

"응급실 최 실장은 제 대학 선배예요. 그분께 부탁해 볼까요? 물론 이곳 위치는 알리지 않고요. 키트루다 관문 억제제는 구해 올 수 있을 거예요."

응급실 최 실장은 수연과 영미가 응급실에 실려 왔을 때 제일 먼저 도와준 사람이었다. 수철이 고개를 끄덕였다.

"그래. 최 실장은 기꺼이 도와줄 사람이야."

혜숙이 즉시 최 실장에게 전화를 걸었다. 혜숙은 수철을 바라보다가 등을 돌리고 상황실 대형 화면을 보며 통화했다. 통화를 마친 혜숙이 자리로 돌아왔다. 얼굴에 미소가 번져 있었다. 혜숙을 보는 수철의 얼굴에서 긴장이 풀리며 안도감이 스쳤다.

"김 교수님, 우리가 아직도 '불륜 도망자'로 SNS 검색 순위 상위권에 올라 있네요. 게다가 부인 살해 혐의까지 받고 있고요. 이게 무슨 삼류 드라마도 아니고!"

혜숙이 뭐가 재미있는지 깔깔거렸다. 모처럼 긴장이 풀린 수철도 얼굴에 웃음이 번졌다.

"이제 면역세포가 알려 준 해결책이 두 개네요."

혜숙이 정리했다.

"'가짜 자폭 신호'에 달라붙는 표적 치료제는 이미 우리 연구실에 있고요. 내일 아침 제가 최 실장에게서 받아올 T세포 브레이크를 봉쇄하는 면역관문 억제제 키트루다가 두 번째고요. 그런데 세 번째가 있다고 하지 않았나요?"

둘은 상황실 대형 화면에 귀를 기울였다.

상황실장이 매뉴얼의 세 번째 장을 펼쳤다.

— 이제 마지막 세 번째 전략입니다.

그녀의 목소리에 힘이 실렸다.

－ 이건 매뉴얼에도 명확히 기술되지 않은 최신 정보입니다. 바로 킬러 T세포를 진정시키는 T 조절세포(Treg)에 관한 내용입니다

실장의 말에 상황실이 조용해졌다.

－ 그래서 오늘 특별한 손님을 모셨습니다. 어서 들어와. 제 동료 T 조절세포입니다.

상황실장이 동료라고 소개하자 면역 상황실이 웅성거렸다. 처음 보는 T 조절세포였기 때문이다. 단발머리의 상황실장과 달리 조절세포는 긴 머리를 중간에서 매듭으로 묶고 있었다.

－ 반갑습니다. 조절세포팀장입니다.

그녀가 긴 머리를 뒤로 넘기며 인사했다.

－ 킬러팀장이나 NK팀장 같은 공격팀장들은 사실 저를 그리 좋아하지 않습니다. 열심히 갈고닦은 실력으로 침입자나 암세포를 죽을힘을 다해 죽여 나가고 있는데, 뒤에서 브레이크를 밟아 대니까요.

조절세포가 설명을 이어 갔다.

－ 하지만 저도 어쩔 수 없이 하는 일입니다. 면역사관학교에서 받은 교육은 간단합니다. '공격팀들의 공격이 종료되면, 흥분 상태를 즉시 진정시켜라. 그것이 네 임무다.' 왜 제가 필요하냐고요?

그녀가 상황실을 둘러봤다.

－ 팀장님들도 잘 아시잖아요. 우리 병사들은 한번 흥분해서 칼을 빼 들면 아드레날린이 폭발해서 스스로 통제가 안 되죠. 그러면 옆에 있던 멀쩡한 세포들이 피해를 봅니다. 진정한 고수는 한 번에 깔끔하게 처리하고, 다시 쿨한 상태로 복귀하는 법입니다.

조절세포가 단호하게 말했다.

– 분별없는 면역세포들이 흥분해서 날뛰면, 그건 극도로 위험한 상황입니다.

킬러팀장이 조절세포팀장에 다가가 악수를 청했다.

– 조절세포가 상황실장 동료라니 반갑습니다. 제가 흥분해서 공격한 후, 조절세포가 진정시켜 준다니, 정말 고마운 일이죠.

그가 웃으며 말했다.

– 내일 저희는 암세포와의 결전에 나섭니다. 온 힘을 다해 공격할 겁니다. 그런데, 이상한 소문이 돌고 있어요.

이상한 소문이라는 말의 조절세포가 멈칫했다.

– 암 줄기세포가 진을 친 암 동굴 근처에 조절세포들이 많이 몰려 있다는 소문이 들립니다. 사실입니까?

킬러팀장의 얼굴이 차가워지며 정색하고 묻자, 조절세포가 당황했다.

– 내일 전투에 나서는 킬러팀과 NK팀에게는 정말 죄송한 일입니다.

조절세포가 고개를 숙였다.

– 하지만 저희 본래 역할이 면역공격팀의 화력을, 너무 세지 않게 조절하는 것입니다. 그래서 일부 동료들이 암세포에 이용당하기도 합니다.

그녀가 얼굴을 찡그리며 설명했다.

– 암세포에는 저희가 큰 도움이 되거든요. 그래서 어떤 암세포들은 아예 조절세포들을 유혹하는 화학물질을 만들어 냅니다. 그래서 좀비가 된 그 조절세포들이 킬러팀 브레이크를 밟게 되죠. 암세포들이 교묘하게 진화한 겁니다.

조절세포의 말을 듣던 NK팀장이 책상을 치며 고함을 질렀다.

– 아니, 우리는 목숨 걸고 암세포와 사투를 벌이는데, 도와주지는 못

할망정, 우리 브레이크를 밟는다고요? 그래 놓고도 상황실장 동료라고 요? 이게 도대체 무슨 상황입니까?

흥분한 NK팀장을 킬러팀장이 어깨를 두드리며 진정시켰다.

— 억울하겠지만, 누군가 우리 브레이크를 눌러 주지 않으면, 주인의 몸은 우리가 발사하는 포탄과 총알로 심각한 피해를 입을 겁니다.

킬러팀장이 차분하게 설명했다.

— 공격과 정지, 흥분과 진정, 불과 얼음. 이것은 오랜 세월 우리 몸의 방어 시스템이 터득한 지혜입니다.

팀장이 상황실을 둘러보며 말에 힘을 준다.

— 이런 균형이 없으면, 우리 몸은 자신을 공격하는 '자가면역질환'으로 극심한 고통을 받게 될 것입니다.

킬러팀장의 '자가면역질환'이라는 말에 NK팀장이 조용해졌다. 상황실장이 동료 조절세포 어깨를 감싸 안으며 말했다.

— 사실 이 친구도 고민이 많습니다.

상황실장이 조용하게 말했다.

— 조절세포들은 면역사관학교에서 가장 힘든 훈련을 받거든요. 적과 아군의 중간 지대를 정확히 판단하여 방어하는 임무입니다. 킬러팀이나 NK팀은 상대를 제거하기만 하면 됩니다. 단순하죠.

실장이 조절 팀장을 바라보면서 말을 잇는다.

— 하지만 조절팀이 진짜로 필요한 곳은 대장, 즉 창자입니다. 장 내부에는 장내 세균이 빼곡히 들어차 있어요. 변의 60%가 세균 덩어리니까요. 이 세균들을 모조리 박멸해야 할까요? 세균 중에는 우리에게 꼭 필요한 녀석들도 많이 있습니다.

상황실장은 매뉴얼 없이도 조절세포에 관한 모든 것을 꿰뚫고 있었다. 사실 실장이 가장 어려워하는 부분이 적과 아군의 구별이었다. 외부에서 장벽을 뚫고 침입한 세균이나 바이러스는 모두 적으로 간주하고 공격하면 된다. 간단하다. 하지만 적과 아군의 애매한 중간 지대가 존재한다. 바로 장내 세균들이다.

장내 세균 중에는 이로운 놈들과 해로운 놈들이 뒤섞여 있다. 대표적인 것이 유산균이다. 유산균들은 창자 벽에 진을 치고 있다. 장점막을 튼튼하게 만들고 유해균 침입을 차단해 준다. 이놈들을 면역이 공격해서는 안 된다. 보호해 주어야 한다. 그러니까 창자 내 조절세포(Treg)가 부근 면역세포들을 너무 강하게 조절하면, 장점막에서는 매일 장내 세균들과 전쟁을 치러 늘 벌겋게 부어오른 염증 상태가 된다. 반대로 너무 약하게 조절하면, 장내 유해 세균들이 장내 혈관 내부까지 침투하게 된다.

— 이 조절세포만 아군으로 끌어들이면, 장내 세균들에게는 창자가 바로 천국이지요.

상황실장이 창자 그림을 짚어 가며 설명했다. 상황실 요원들이 고개를 끄덕였다.

— 그래서, 장내 세균들도 나름대로 진화했습니다. 장내 세균 생산 물질(단쇄지방산)로 조절세포를 꼬드겨 범 같은 면역 킬러들을 양처럼 순하게 만들지요. 심지어 먼 곳에 있는 조절세포까지 유혹하고요.[58]

동료를 감싸 안은 실장의 설명을 듣던 킬러팀장이 고개를 끄덕였다.

— 그럼, 장내 세균처럼 암세포들도 조절세포를 자기 편으로 만들려 할 것이군요?

킬러팀장의 목소리가 한 톤 높아졌다.

― 그래야 조절세포가 우리 킬러팀을 약하게 만들 것이고, 그래야 암세포들이 살아남을 테니까요. 정말 아이러니네요.

킬러팀장의 말에 귀를 기울이던 수철이 볼펜으로 탁자를 두들겼다.

"조절세포를 약하게 만드는 것이 암 치료의 핵심이군."

수철의 눈이 확신에 찼다.

"물론, 평상시에는 조절세포 기능이 절대 필요하겠지. 하지만 영미처럼 암을 공격해야 할 상황에서는 조절세포들이 방해하지 않아야 해. 그래야 킬러팀과 NK팀의 화력을 최대로 끌어올려 암세포들과 대결할 수 있으니까."

"그럼, 조절세포를 약화하는 방법을 찾아야 하겠네요."

혜숙이 물었다.

"현재… 그게 가능할까요?"

"지금까지는 잘 알려지지 않았어. 상황실장 동료라니 무슨 해결책을 알고 있지 않을까?"

혜숙은 상황실장이 동료인 조절세포에 하는 말에 귀를 바짝 기울이고 있었다.

― 조절세포, 내가 너를 여기 부른 이유는 하나야.

상황실장의 목소리가 무거워졌다.

― 내일 전투에서 네 동료들이 암세포들에 포섭되어 좀비처럼 우리 킬러팀들을 약하게 하려 하면, 우리가 어떻게 대응해야 하는지 알려 달라

는 거야.

상황실장을 바라보던 조절세포가 깊은 한숨을 내쉬었다. 그리고 무겁게 입을 열었다.

— 쉽지 않습니다.

조절세포의 목소리에 절망감이 배어 있었다.

— 암세포들이 유혹 물질을 분비해서 조직적으로 우리 조절세포를 좀비로 만듭니다. 그러면 우리는 킬러팀의 브레이크를 밟게 되어있어요.

— 유일한 해결책은 조절세포들을 암 동굴에서 끌어내는 것입니다. 그 안에 머무르면 마치 마약에 중독된 사람들처럼 모든 세포가 좀비가 됩니다. 강해진 면역을 약하게 하려고 태어난 조절세포들인데, 암세포 유혹에 좀비가 되어 암세포 편으로 돌아서는 건 너무나 쉬운 일이에요.

— 이것이 아마 여러분, 면역공격팀이 동굴을 공격할 때, 넘어야 할 가장 큰 산입니다.[59]

조절세포의 솔직한 이야기를 듣던 상황실 내부가 조용해졌다. 문제가 생각보다 훨씬 심각했다.

상황실 분위기가 무겁게 가라앉자, 연구소에서 그 장면을 지켜보던 수철과 혜숙도 깊은 고민에 빠졌다.

"김 교수님, 조절세포가 암 동굴 공격의 가장 큰 걸림돌인가요?"

수철이 고개를 끄덕였다.

"조절세포 얘기를 들으니, 생각보다 심각하군."

수철의 표정이 어두워졌다.

"현재 과학자들이 조절세포를 약화하는 여러 방법을 연구 중이야. 하지만 조절세포가 약해지면 상대적으로 면역이 강해져서 자가면역질환이 발생하기도 하지. …한 가지 방법은 있어. 암 동굴 속에서만이라도, 조절세포를 약하게 만들면 돼."

그의 눈에 희미한 희망이 보였다.

"그곳에 침투하는 킬러팀들이 조절세포들 때문에 약해지니까, 그것만이라도 막으면 되거든. 암 동굴 속 조절세포만을 골라 약화하는 방법이 개발되면 최고일 텐데."

수철이 중얼거렸다.

"일단은 우리가 할 수 있는 것만 준비하자. 내일 전투가 벌어지면 그때 상황을 봐야겠어."

면역 상황실에서는 내일의 전투를 위해 모두 자기 위치에서 휴식을 취하고 있었다.

수철은 영미가 누워 있는 침대로 향했다. 얼굴이 더욱 초췌해진 영미의 손을 조심스럽게 잡았다.

'영미야, 조금만 더 참아라."

수철의 눈이 붉어졌다.

'아빠가 널 반드시 구해 주마.'

이제 드디어 악마와의 전쟁이 시작되었다.

16
동굴 속 최종 결전

수철은 밤을 지새웠다. 영미 바이탈 사인이 계속 하향곡선을 그린다. 산소 수치가 90, 위험하다. 이번 전투가 실패로 끝나면 영미가 살 가능성은 희박해진다. 뇌종양 중에서도 악성 뇌종양인 림프종이다. 혈액암을 제외한 95% 암이 고형암이다. 덩어리이니 수술로 떼어 내면 되겠다 생각하지만 그게 아니다. 눈에는 보이지도 않는 작은 고형암들이 문제다. 수술도 못 하지만 항암제도 침투가 안 된다. 면역세포들도 접근이 안 된다. 미세한 덩어리 암세포가 진짜 적이다.

'오늘은 총 출전일이다. 이제 시작이야.'

혜숙의 손이 바빠졌다. 이른 새벽부터 항암 주사를 준비했다. 병원응급실 최 실장이 구해 보내 준 키트루다 관문 억제제도 있다. 이 주사는 면역세포의 브레이크를 아예 봉해 버리는 항체다. 암세포가 이 브레이크를 밟아서 면역 킬러세포의 세기를 약하게 만드는데, 이 주사로 브레이크가 없어지게 된다. 당연히 면역 킬러세포는 공격력이 높아지게 된다.

전투에 나서는 면역 킬러세포들에게는 커피의 카페인처럼 힘이 나게 만
드는 주사다.[60]

'모든 준비는 끝났다.'

수철은 긴장된 표정으로 혜숙을 바라보았다. 연구소 중앙 화면에는
영미 몸의 면역 상황실이 보였다. 상황실장이 두툼한 매뉴얼을 테이블
에 내려놓았다. 그것이 있어야 마음이 편해진다고 했다. 실제 전투의 모
든 지식이 거기에 정리되어 있다. 얼굴에 위장칠을 한 킬러팀장이 40명
의 킬러팀과 함께 대기 중이었다. 킬러세포들의 가슴에는 실시간 카메라
인 '체스트 캠'이 붙어 있어서 상황실에서도 전투 상황을 알 수 있다. NK
팀은 10명이 킬러팀의 바로 뒤에 붙어간다. 킬러팀의 주민증 검사에 불
응하는 세포는 일단 적으로 간주, NK가 척살한다. 킬러팀의 우측에는 미
사일팀이 있다. 전번 미사일팀장이 암 줄기세포로 변한 이후 사기가 떨어
져 있지만, 신임 부팀장의 지휘 아래 10명이 미사일 발사기를 휴대하고
있다. 미사일 발사기에는 암세포의 정보가 입력되어 있다. 발사되는 미사
일은 항체다. 적에 달라붙어 적을 죽이거나 위치를 알려 준다. 그러면 대
식세포나 NK가 득달같이 달려가서 배에 칼을 꽂는다.

상황실장의 얼굴이 굳어 있다. 처음 치루는 대규모 전투다. 상대는 동
굴 속 암세포들이다.

— 오늘은 중요한 날입니다.

실장이 상황실을 둘러보았다.

— 동료였던 미사일팀장이 암 줄기세포로 돌변해서, 뇌 깊은 곳에 자리
를 잡았습니다. 주변 뇌세포들을 좀비화하고 콜라겐, 히알루론산 등 각종

밧줄과 끈끈이 등으로 입구를 차단하여 깊숙한 동굴을 만들었습니다. 난공불락 요새입니다. 주인의 바이탈은 점점 나빠지고 있습니다. 오늘 반드시 승리해서 주인을 살려야 합니다.

실장은 지도를 화면에 띄웠다.

─ 저희가 위치한 곳은 겨드랑이 부근 림프절입니다. 여기서 출발해 두뇌로 이동합니다. 두뇌 속 암 동굴을 찾기 위해 제 친구인 조절세포가 동행할 것입니다.

실장의 말에 상황실이 웅성거렸다. 암세포 유혹에 가장 취약하다는 조절세포가 암 공격에 나선다니 이해가 안 되는 상황이었다. 실장이 킬러팀장에게 말했다.

─ 팀장님. 제 친구 조절세포를 옆에 두세요.

실장이 조절세포의 긴 머리를 쳐다보며 말했다.

─ 이 친구는 암세포가 만들어서 내뿜는 조절세포 유혹 물질 냄새를 아주 잘 맡습니다. 그 냄새를 따라가면 암 줄기세포가 있는 동굴 위치를 알 수 있습니다. 하지만 옆에서 지켜 주어야 합니다. 암의 유혹에 이 친구가 넘어가지 않도록.

킬러팀장은 전투 승리를 위해 친구까지 보내 주는 실장에게 엄지를 치켜 올려세웠다.

실장은 두뇌의 혈관이 그려진 사진의 하단부를 짚으면서 말했다.

─ 오늘 대단히 중요한 전투를 치릅니다. 바로 뇌에 생긴 암 동굴, 즉 뇌종양을 공격합니다. 하지만 우리는 한 번도 뇌종양 동굴을 공격해 본 경험이 없습니다. 세부 작전은 지휘관들이 현장에서 판단해 주기 바랍니다. 건투를 빕니다. 자, 출발!

실장 말대로 두뇌는 면역공격팀에게는 생소한 곳이다. 두뇌는 촘촘한 뇌혈관 장벽(BBB)으로 보호되는, 면역의 성지, 즉 면역 공격이 거의 없는 곳이다. 이곳에서 총질이나 폭탄이 터져서 예민한 뇌세포가 파괴되는 큰 불상사가 생기는 걸 미리 방지하기 위해서다. 따라서 예전부터 이곳에는 정식 면역사관학교 출신이 아닌 두뇌 토박이 수비 병력이 상주하고 있지만, 정통 면역세포들도 들락날락하기는 한다. 하지만 그건 몸이 정상 상태일 때 이야기다. 지금처럼 뇌에 바이러스가 침입하고 암세포가 발생하여 뇌종양을 만들었다면, 더 이상 면역의 성지가 될 수 없다. 들어가서 암세포들을 부수어야 한다.

— 여기 이 두 길로 전진할 것입니다.

실장은 뇌지도에서 붉은 두 갈래 길을 표시했다. 1소대는 뇌막 부근 림프계를 따라갔다. 잘 알려지지 않는 오솔길, 옛날부터 호중구가 이동하던 비밀 통로다. 나머지는 킬러팀장과 뇌혈관을 따라갔다. 뇌혈관 중간에 있는 혈관 장벽이 촘촘히 망을 형성해서 병원균의 출입을 막고 있었다. 하지만 계속된 염증으로 느슨해져 있다는 척후병 보고가 있었다. 굳이 혈관 장벽을 통과해서라도 뇌혈관으로 가려는 이유는 따로 있다. 암 동굴은 새로 만들어진 곳이다. 이 신생 동굴까지 혈관이 연결되어야 암 동굴 내부의 암세포들이 영양분을 받을 수 있다.[61]

— 상황병, 무기 리스트 준비된 것 있지?

실장이 무언가를 찾는 눈치였다. 하지만 이내 실망스런 표정이었다. 킬러팀장이 가까이 다가섰다.

— 실장님, 혹시 뇌혈관 무기를 찾으십니까? 암 동굴로 연결되는 새로운 혈관 차단 무기를 찾고 계신다면, 그건 아직 개발되지 않았습니다.

실장의 가슴이 뜨거워졌다. 내 눈빛만 보고도 내 마음을 알아주는 사람이 이렇게 가까이 있다니.

ㅡ 네, 맞아요.

실장의 말이 봄바람처럼 따뜻했다.

ㅡ 미사일팀장이 변절해서 암 줄기세포가 되어서 동굴을 만들었다면, 그는 반드시 혈관을 만들어야 합니다. 근처를 지나가는 원래 혈관에서 가지치기해서 혈관을 끌어와야 영양분, 산소를 공급해야 암세포들이 살 수 있을 겁니다. 그걸 막기만 해도 동굴 속 암세포들을 굶겨 죽일 수 있을 터인데, 우리 면역공격팀에는 그런 무기가 없네요.

둘 사이의 대화를 듣고 있던 수철이 혜숙을 쳐다보았다. 혜숙도 수철이 무엇을 원하는지 알아차리고, 연구소 보유 물질 리스트를 PC에서 검색하기 시작했다. 혜숙은 손가락을 딱 튕겼다. 무언가 기분이 좋을 때의 습관이었다.

"김 교수님, 상황실장이 이야기하는 것이 신생혈관 차단 항암제, 맞지요?"

혜숙의 눈이 반짝 빛났다.

"다행히 여기 연구실에 하나가 있습니다. 이건 혈관 생성 신호를 받아들이는 세포의 안테나에 달라붙는 항체입니다. 일종의 표적 치료제라고 볼 수 있죠. 이걸 준비해 놓을까요?"[62]

수철의 얼굴이 환해졌다. 하나라도 더 많은 항암제를 준비해야 하는데, 면역상황실에서의 대화 속에서 정보를 받을 수 있는 거다. 무엇보다 그 내용을 알아서 금방 준비해 주는 혜숙이 옆에 있다는 사실이 그를 힘

내게 하고 있었다.

암 동굴 내에 있는 암세포들이 어떻게 혈관을 만들까. 이걸 찾아내면 암 동굴을 없애는 중요한 무기가 될 수 있다. 동굴에 숨어 있는 적을 공격하는 방법은 무조건 폭격하는 게 아니다. 공기와 식량을 차단하면 암세포는 질식하거나 굶어 죽는다. 공기와 식량을 공급하는 건, 바로 혈관이다. 그래서 암이 새로운 동굴을 만들면, 반드시 혈관을 다시 만들어야 살 수 있다. 암은 혈관을 만들기 위해 고도의 전술을 쓴다. 혈관세포 유혹 물질(vEGF)을 만들어 낸다. 이 물질을 암 동굴 근처의 혈관 방향으로 흘리면, 혈관세포가 이 유혹 물질 방향으로 조금씩 늘어난다. 그 결과 근처 혈관에서 가지치기하여 새로운 혈관이 동굴까지 연결되는 거다. 새로 생긴 이 혈관을 따라갈 수 있다면, 바로 암 동굴 입구까지 한꺼번에 갈 수 있다. 상황실장 지시대로 신생혈관을 따라만 간다면, 암 동굴을 쉽게 찾을 수 있다.

'저 팀들이 과연 암세포들을 처치할 수 있을까?'

수철의 얼굴이 어두워졌다. 연구소 화면 상단에서 중무장 킬러팀이 떠났다. 걱정과 기대가 교차했다. 영미를 살릴 수 있는 유일한 우군들이지만, 교활한 암 줄기세포와의 힘든 전투에서 살아남을 수 있을까.

킬러팀장이 제일 먼저 도달한 곳은 뇌혈관 장벽이다. 평상시에는 촘촘한 망 형태로 외부 병원균이나 면역세포들도 쉽게 통과할 수 없게 되어 있었다. 하지만 지금은 촘촘한 망 형태가 사라지고 틈이 벌어져서, 쉽게 뇌혈관 내부로 들어갈 수 있었다. 폐에 침투한 호흡기 바이러스의 공격으로 폐에서 전투가 벌어졌기 때문이다. 전투 지역에 좀 더 많은 전투병 백혈구를 보내기 위해 혈관이 느슨해지고 넓어져야 했다. 뇌혈관도 팽창되어서 장벽이 느슨해졌다. 킬러팀장이 앞장을 서서 장벽 사이의 벌어진 틈으로 들어섰다. 킬러팀장은 인체의 다른 혈관은 수시로 다녀 봤지만, 뇌 혈관은 처음이다. 이곳은 인체 다른 곳처럼 면역세포들이 많지 않다. 이곳에서 만나는 면역세포는, 따라서, 경계 대상이다.

― 지금부터 만나는 모든 면역세포는 림프종, 즉 림프암 세포일 수 있다. 킬러팀은 주민등록증 검사를 분명히 하라.

팀장의 명령에 킬러팀은 다이아몬드 형태로 전진하면서, 마주치는 세포들을 검사해 나갔다. 대부분이 적혈구이다. 뇌에 산소와 영양분을 공급한다. 이들은 아군이다. 면역세포였던 미사일팀장이 변절한 림프종이 뇌종양을 만들었으니, 면역세포가 우선 검사 대상이다. 팀장의 옆에 붙어 가던 조절세포가 정지 신호를 보냈다. 뭔가 이상한 냄새를 맡았다.

― 킬러팀장님, 이 근방에 조절세포 유혹 물질이 많이 있습니다. 동굴이 멀지 않았다는 뜻입니다.

― 그럼, 조절세포팀장은 더 이상 접근하지 마시고 후방에서 대기하세요. 더 앞으로 가면 팀장님도 위험해질 수 있습니다.

동굴 근처 혈관은 모두 암세포가 만든 신생혈관이다. 다른 곳의 혈관과 달리 임시로, 급하게 끌어 만든 혈관들이라 혈액 공급이 충분하지 않았다. 킬러팀장은 뇌혈관이 점점 더 좁아지자, 혈관 벽을 넓히고 그 틈새를 통해 밖으로 나왔다.

킬러팀들의 앞에 보지 못했던 광경들이 펼쳐졌다. 하늘이 보이지 않는 밀림의 가운데 팀원들이 서 있다. 하늘 향해 솟은 나무 대신 덩굴들이 서로 엉켜 있는 모습이었다. 길고 긴 칡덩굴처럼 끝이 없이 연결된 그물망은 뉴런세포, 즉 신경세포들이었다. 미세한 전기가 흐르는 거대한 네트

워크 전기회로다. 뉴런의 덩굴 사이사이에 이들을 보조하는 신경아교세포들이 뉴런과 연결되어 있었다. 모양도 가지가지다. 별 모양, 돌기 모양으로 뉴런 중간중간을 연결한다. 이들을 하나하나 분리해 낸다는 건 거의 불가능하다. 한 세포를 잡아당기면 커다란 그물망이 끌려올 정도였다.

— 이봐, 뭐 이런 데가 다 있어?

동굴을 처음 보는 면역병사들이 수군거렸다. 평지에서의 전투에 익숙했던 면역세포들은 처음 접하는 뇌 속 세포들의 모습에 어안이 벙벙했다. 킬러팀장이 두 명의 팀원을 앞으로 내보내고, 나머지는 2열로 그 뒤를 따르도록 했다. 전방의 두 명은 한 손에 큰 칼을 들었다. 전진할 만한 공간을 만들기 위해 큰 칼로 덩굴들을 쳐내며 앞으로 나아갔다. 두 명이 길을 헤쳐 나가고 바로 뒤에 팀장이 나섰다. 팀장의 한 손에는 날 선 단도가 들려 있다. 어차피 좁은 공간이라 암세포와의 백병전을 예상해야 했다. 그렇게 전진하기를 십여 분, 앞서가던 팀원이 손을 들었다. 정지 신호다. 킬러팀장이 앞으로 다가섰다. 밀림 속에 갑자기 넓은 공간이 나타났다. 못 보던 세포들이 앞에서 덩굴을 모으는 작업을 하고 있다. 맨 앞에 있던 킬러팀원이 칼을 세우고, 한발 한발 다가섰다. 주민증을 요구했다. 주민증을 스캔하던 팀원이 팀장에게 은밀히 말했다.

— 이놈들은 아군인 대식세포들인데, 왜 여기에 와 있는지 모르겠네요.

팀장은 그 세포 녀석의 눈을 주시했다. 눈동자에 초점이 없고 흐리멍덩하다. 순간 뒷골이 서늘해졌다.

— 위험해!

외침과 동시에 단도를 녀석의 가슴에 꽂았다. 쓰러지는 녀석의 손에서 수류탄이 굴러 나왔다. 폭음과 함께 대식세포들이 쓰러졌다. 뒤쪽에 있던 팀원 두 명이 뛰어나오며 쓰러진 대식세포들에 칼을 꽂았다.

　─이놈들은 암 줄기세포에 홀린 놈들이야. 아마도 환각제 주사를 맞았을 거야. 조절세포팀장, 불러와 봐!

　대열의 뒤에서 따라오던 조절 팀장이 쓰러진 대식세포의 눈꺼풀을 들어서 눈동자를 들여다보았다.

　─킬러팀장님 말이 맞습니다. 암 줄기세포가 이동 유도 물질(CCL-22)을 혈관으로 내보냅니다. 그러면 근처에 있던 대식세포나 NK세포들이 거기에 홀려서 따라오게 됩니다.

　조절 팀장이 고개를 절레절레 흔들었다.

　─저희 조절세포들에게는 늘 있는 일이라 경계합니다. 하지만 그런 경험이 전혀 없던 이 친구들은 뭔지도 모르고 따라와서, 암 동굴 근처에서 좀비처럼 명령에 따라 움직입니다. 지금은 아마도 암 동굴 진입로에 부비트랩을 설치하는 작업을 하고 있었던 것 같습니다.[63]

　대열의 맨 끝에 있던 NK팀장이 그 말을 듣자, 주먹을 불끈 쥐고 앞으로 나섰다.

　─아니. 조절 팀장님, 그걸 말이라고 하세요? 저희 팀원들은 절대 그런 유혹에 넘어가지 않으니까 걱정 붙들어 매시고 팀장님이나 정신 줄 놓지 마세요.

　─호호, 그렇게 자신이 있으세요? 한번 암 줄기세포 앞에 서서 맞대면해 보시지요. 제가 심판 봐 드릴게요.

　조절 팀장의 뼈 있는 농담에 NK팀장 얼굴이 붉어졌다.

　─자, 농담들 할 시간 없어요. 원래 대형 유지하고 동굴로 들어가야 합니다. 곧 어두워집니다.

그렇게 삼십 분을 더 앞으로 나가자, 밀림의 모습이 바뀌기 시작했다. 뉴런세포와 신경아교세포들로 이루어졌던 덩굴들이 좀 더 치밀해졌다. 콜라젠, 히알루론산 등 신경아교세포들이 만들어 낸 끈끈이들이 덩굴 망을 채우면서 지붕처럼 동굴을 만들었다. 본격적인 암 동굴의 시작이었다.

킬러팀원들의 체스트 캠 화면에 암 동굴의 모습이 보이자, 수철은 화면 앞으로 바짝 다가섰다. 뇌종양 수술을 하면서 큰 덩어리를 떼어 낸 경험은 있어도 이렇게 현미경처럼 정확하게 뇌종양, 그것도 고형암의 모습을 보기는 처음이었다. 수철의 눈이 커짐과 동시에 두려움으로 눈꼬리 주위에 깊은 주름이 생겼다. 옆에서 이런 수철을 바라보던 혜숙이 걱정스레 물었다.

"저게 고형암인가요? 저렇게 작은 크기가 여러 개 퍼져 있다는 거 아니에요? 차라리 큰 덩어리 하나면 수술로 떼어 낼 터인데……. 결국은 항암제를 사용해야 한다는 이야기네요. 큰 덩어리 하나를 떼어 낸다고 해도, 그 근방에는 저렇게 작은 암 동굴이 남아 있다면 결국 재발하게 되고요. 항암제가 정답이란 거네요.

그러자 수철이 고개를 좌우로 흔들었다.

"만만치 않아. 암 동굴에는 암이 만든 일종의 방어막이 만들어져 있어. 외부에서 면역세포들이 접근하기 힘든 방어막, '암 미세환경'이라고 부르는 동굴들이야. 아마 우리 킬러팀들이 고전할 거야."[64]

수철은 대형 화면 하단에 있는 덩굴을 덮고 있는 원통형 아치를 보고 있었다.

'저게 암 동굴의 시작이군.'

암 동굴 입구는 비교적 평탄한 길이다. 입구 좌우에 넋이 나간 듯한 세포들이 동굴 입구에 앉아 있다. 무기는 보이지 않는다. 머리에 모자를 하나씩 쓰고 있었다. 앞서가던 첨병들이 단도를 손에 들고 조심스럽게 접근했다. 첨병 하나가 킬러팀장에게 소리쳤다.

– 팀장님, 이 녀석들은 '자폭 중' 글자가 쓰인 모자를 쓰고 있는 걸로 보아 나이 든 뇌세포들이네요. 이런 놈들은 굳이 죽이지 말라고 지시를 받았는데요, 맞지요?

킬러팀장이 앞으로 나선다. 저 앞에 동굴 입구가 보였다. 입구 주변은 안개 같은 물질로 뿌옇다. 높은 데까지 엉켜 있는 덩굴 때문에 햇빛도 들지 않았다. 웅크리고 앉아 있는 네 명의 세포에 다가선다. 양로원 마당에 앉아 있는 노인들 모양새다. 팀장이 그들이 내민 주민증을 세밀히 보았다. 주민증을 돌려주면서 거의 동시에 오른손 단검으로 한 놈의 복부에 칼을 꽂았다.

– 위험해. 암세포들이다!

팀장의 외침이 터졌다. 그러자 나머지 세 놈이 모자를 벗어 던지면서 손에 든 수류탄을 던졌다. 폭음과 함께 킬러세포들이 땅에 뒹굴었다. 동시에 팀장과 두 명의 팀원이 암세포들과 맞붙어서 백병전을 벌였다. 킬러팀의 급소인 브레이크를 밟으려는 암세포들과 이를 피해 복부에 칼을 꽂으려는 킬러세포 간에 육탄전이 벌어졌다. 팀장이 한 녀석을 해치우자, 겁먹은 다른 두 놈이 손을 들었다. 항복이다. 죽이는 것보다는 포로가 필요했다.

벗어 던진 모자에는 "자폭 중: MerTK"라는 글자가 쓰여 있었다. 정상 세포는 나이 들어 죽을 때가 되면, 자폭 스위치를 스스로 누른다. 자폭 스위치가 켜지면 세포 내부에서는 조용하게 분해가 시작된다. 세포 내의 모든 물질들을 분해해서 다른 세포들이 사용할 수 있도록 재활용 단계를 거치는 거다. 나이 들어 자폭 중이란 걸 알리기 위해 '자폭 중' 글자가 쓰인 모자를 쓴다.

즉, 내가 나이 들어 죽으니 나를 굳이 공격해서 옆에 있는 다른 세포가 피해 입지 않게 하라는 것이다. 따라서 '자폭 중'이라 쓰인 모자를 쓰면 순찰 중인 면역세포가 이들을 건드리지 않는다.

이 모자를 멀쩡한 암세포들이 머리에 쓴 것이다.

상황실에서 이 광경을 지켜보던 수철이 고개를 절레절레 흔들었다.

"암세포가 저 정도로 교활하단 말인가. 순찰 중인 킬러세포를 속이려고 '자폭 중'이라는 모자를 써서 순찰대를 속이다니. 입구가 저럴진대 동굴 내부를 침투하기는 가능할지 모르겠군."

얼굴 근육이 긴장되고 미간에 주름이 잡힌 수철을 보자 혜숙이 나섰다.

"면역세포들과의 전투에서 암세포들이 한 수 위라는 교수님 말이 무슨 뜻인지 이제야 확실히 알겠네요."

혜숙의 눈동자가 커졌다.

"무서운 놈들이군요. 암세포들이 죽어 가는 척도 할 수 있다니. 그래도 상황실장이 이 내용을 알고 있으니 그나마 다행이에요. 지금이 가짜 '자폭 팻말'을 없애야 할 타이밍이군요. 그렇지요?"

"오케이. 킬러팀이 더 피해를 보기 전에 '자폭 팻말'을 없애 버리는 주사제를 주입하자고."

혜숙은 연구소 왼편 끝의 녹색 냉장고 문을 열었다. 제일 아랫단의 붉은 색 병을 들고나왔다. 이건 '자폭 팻말'에 달라붙는 항체다. 이게 팻말에 달라붙으면 암세포들의 팻말이 보이지 않는다. 팻말이 없어지는 셈이다. 그러면 킬러팀들이 그들을 그냥 지나치지 않고 원래대로 한 놈 한 놈 조사해서 죽인다. 혜숙이 영미 왼팔에 꽂힌 링거의 아래편 튜브에 붉은색 주사를 넣었다. 채 1분이 지나지 않아 킬러팀장의 체스트 캠에 변화가 생겼다. 포로로 잡힌 암세포들의 머리에 쓰고 있던 모자의 '자폭 중' 글자가 희미해지더니 사라졌다. 포로를 신문하던 킬러팀장이 글자가 없어지는 것을 보더니 눈동자가 커졌다.[65]

— 상황실장님, 이상한 현상이 생겼습니다. 암세포들이 죽어 가는 세포들로 위장하기 위해 사용했던 모자의 '자폭 중' 글자가 사라졌습니다. 이제 암세포들이 죽어가는 세포로 위장할 수 없게 되었는데요? 무슨 조치를 한 건가요?

상황실장도 그 광경에 어리벙벙해졌다.

— 저희도 체스트 캠으로 보고 있습니다. 왜 이런 일이 생기는지 모르겠네요. 일단은 킬러팀에 큰 도움이 되는 일이네요. 나중에 확인하시고 동굴 내부로 진입해 보시지요.

이 광경을 보고 있던 수철과 혜숙은 서로 바라보고 미소를 지었다. 영미를 위해서 뭔가 할 수 있는 것이 있다는 것이 큰 위안이 되었다. 수철은 수연을 생각하자 가슴이 바늘에 찔린 듯 아팠다. 영미는 SNS 칩을 장착해서 그나마 수철이 도움을 줄 수 있는 게 있었다. 하지만 수연의 경우에는 아무것도 해 준 게 없었다. 무슨 일이 일어났는지도 몰랐다. 기껏 혈액검사나 CT 촬영으로 추측할 뿐이었다. SNS 칩을 서둘러 개발해서 수연 몸에 설치했더라면 수연을 살릴 수 있지 않을까.

'어느 의사가 자기 부인에게 CPR(심폐소생술)을 할까.'

수철의 눈이 젖어 들었다. 눈앞에서 점점 신호가 약해지는 수연을 보는 수철의 가슴은, 아마 수철을 평생 죄인으로 살아가게 할 것이다. 사망진단서에 쓰인 '원인 불명'을 밝힐 수 있을까. 원인을 찾아낸다면 그나마 수연에게 덜 미안할까. 아니다. 지금은 수연을 생각할 때가 아니다. 지금은 영미를 살려야 한다. 수연에 이어 영미마저 잃는다면 자신은 더 이상 견딜 수가 없을 것이다. 수철은 상황실 대형 화면에 시선을 돌렸다.

암 동굴은 외부에서 보면 덩굴 사이의 조그만 틈새처럼 보였다. 하지만, 그 뒤로는 덩굴처럼 엉겨 있는 콜라젠과 끈끈이 히알루론산이 큰 언덕을 이루고 있다. 동굴 내부 크기를 짐작할 수 있었다. 동굴 입구에 킬러팀원이 다다르자, 맨 뒤에서 팀을 따르던 조절세포팀장이 갑자기 주저앉았다. 헬멧이 벗겨지면서 긴 머리가 드러났다. 얼굴이 창백하다. 킬러팀장이 급히 후미로 향했다.

― 킬러팀장님, 저는 여기까지인 것 같습니다. 동굴에서 나오는 조절세포 유혹 물질이 더 강해지면, 제가 팀장님의 브레이크를 밟을 수도 있을 것 같네요. 저는 여기에서 대기하겠습니다.

― 그럼, 제가 팀원 한 명을 보내 드릴 테니, 여기에서 기다리십시오.

― 감사합니다. 그리고 동굴 내에서 혹시 유혹 물질에 취해 있는 제 동료 조절세포를 만나면 사살할 필요 없습니다. 밖으로만 끌고 나오면 그들은 다시 정상 상태가 됩니다.

암 동굴의 입구에 발을 들이자, 첨병이 코를 막았다. 강한 식초 냄새다. 죽을 정도는 아니지만 머리가 심하게 아프다. 면역공격팀 전체가 방독면을 썼다. 식초 냄새가 심하게 날 것이라는 이야기는 이미 면역 상황실장이 매뉴얼 설명 시 경고했던 내용이었다. 하지만 이렇게 동굴 입구부터 강한 냄새가 코를 찌를 거라고는 전혀 예상치 못했다.

'여기는 완전히 다른 동네야, 이렇게 갇힌 곳에 독한 가스까지….'

방독면을 쓴 첨병이 발을 휘청거렸다. 식초는 암세포들이 만들어 내뿜는다. 산소가 잘 공급되지 않는 암 동굴 내부다. 원인은 간단하다. 산소, 포도당을 공급하는 혈관을 이곳 동굴까지 만들어야 하는데 이게 원활치가 않았다. 그러면 암세포는 산소를 사용하지 않고, 식량인 포도당을 분해한다. 그러면 시골 안방에서 동동주 담는 상태가 된다. 일종의 발효 같은 것이다. 이게 암세포 성장에 유리하다. 게다가 부산물로 식초 같은 산성 물질을 만든다. 면역세포들은 늘 피가 잘 공급되는 곳, 즉 산소가 풍부한 곳에서만 훈련받았다. 당연히 이런 곳에서는 맥을 못 춘다. 이 방법은 암세포들이 동굴로 쳐들어오는 면역세포들을 녹다운시키기에 최적이었다.[66]

'이건 동굴 내에서 화학 가스 공격을 받는 거네.'

면역상황실에서 이 상황을 지켜보는 실장의 얼굴이 어두워졌다. 동굴 안이라 힘들 거라고는 예상했지만, 방독면을 써야 할 정도가 될 줄은 생각도 못 했다. 방독면을 쓰고 정상 전투를 하기란 쉽지 않았다. 지친 모습이 역력한 킬러팀원을 쳐다보는 상황실장의 눈이 날카로워졌다.

"상황병, 암세포 영양소 분해 경로 지도를 올려 봐."

상황실 화면 전체에 암세포 영양 대사 경로가 나타났다. 대부분의 분해 경로는 일반 세포와 동일하다. 즉 포도당을 에너지원으로 사용하고 산소가 있을 경우는 산소 분해 경로를 따라간다. 하지만 암 동굴처럼 산소가 부족한 상황에서는 젖산이 생성되는 경로를 따라간다. 젖산 경로와 산소 분해 경로를 유심히 쳐다보던 실장의 눈이 반짝였다. 급히 상황병을 불렀다.

— 여기가 암세포와 정상세포가 다른 부분이네. 만약에 젖산이 생성되지 못하도록 하면 암세포만 굶겨 죽일 수 있지 않나? 젖산은 정상세포에서는 사용하지 않는 경로니까 말이야.

실장의 말에 두 명의 상황병은 서로를 바라보다가 고개를 끄떡였다.

— 지금 면역상황실에서 이 젖산 생산을 막을 방법이 있는가?

실장의 질문에 두 명은 잠시 생각하는 듯하더니 고개를 좌우로 흔들었다.

— 저희 생각에는 젖산 생산을 막을 수 있는 저해제를 생산하는 면역세포를 소집해야 합니다. 하지만 정상세포에는 저해제가 필요 없어서 그런 면역세포들이 없을 겁니다.

안경을 쓴 상황병은 뭔가를 뒤적였다.

— 아마도 장기적으로 그런 역할을 하는 돌연변이가 생기는 조건을 만드는 게 먼저입니다. 거기에서 살아남는 면역세포를 고른다면 그 돌연변이 세포는 젖산 저해제를 생산하고 있을 겁니다. 실장님의 아이디어를 면역사관학교에 알려 주는 것이 어떨까요? 그곳에서는 좀 더 집중적으로 그런 방법을 찾을 겁니다.

이 대화를 듣던 수철과 혜숙이 서로를 쳐다보았다. 혜숙이 아무 말을 하지 않더니 PC 화면에 '젖산 이동 저해제'라고 쓰고 검색을 시작했다. 많은 화학물질이 검색되었다. 이 물질들을 다시 연구소 보유 약물 리스트와 동시 검색을 했다. 아무것도 맞는 것이 없었다. 실망한 표정이 역력한 혜숙은 다시 삼경 병원 응급실에 보유 중인 약물 리스트와 검색을 했다.

"맞는 게 하나 있네, 그러면 그렇지!"

혜숙이 회심의 미소를 지었다. 이 물질(BP)은 암세포가 생산하는 젖산이 세포 밖으로 나오지 못하게 한다. 그렇게 되면 젖산이 암세포 내에 축적되어 암세포가 파괴된다. 더불어 암 동굴에 젖산이 흘러나오지 않으니, 동굴에 진입하는 킬러팀들이 젖산 때문에 방독면을 쓰지 않아도 된다. 암세포들이 포도당이나 산소를 사용하는 경로가 다른 점을 이용해서 암세포들을 굶겨 죽이는 방법이 연구되고 있었다.[67]

"'대사 항암제', 이게 요즘 새로 찾는 항암제인가요?"

혜숙이 PC를 검색하다 말고 수철을 보고 물었다. 수철이 고개를 끄덕인다.

'대사 항암제'라고 부르는 이 물질은 확실한 장점이 있다. 모든 암세포들에 공통적으로 사용될 수 있다는 거다. 즉 유방암이건 폐암이건 뇌종양이건 모든 암은 같은 영양소 분해 경로, 다시 말해 대사 경로가 같다. 반면 2세대 표적치료제는 암마다 다르다. 유방암에 있는 성장 안테나(HER)는 다른 암에는 없을 수 있다. 또 같은 유방암이라도 이 안테나가 많은 사람이 있고 없는 사람도 있다. 모든 유방암 환자에게 같은 표적 치료제를 사용할 수 없는 원리다. 반면 대사 항암제는 모든 암세포를 대상으로 할 수 있다.

하지만 갈 길도 멀다. 대사 경로를 정확히 알아야 하고 설사 대사 항암제를 사용해도 돌연변이가 생긴다면, 그 효율이 떨어질 것이다. 하지만 새로운 항암제임은 분명하다. PC 화면에서 검색된 젖산 방해 물질(BP)을 주시하던 혜숙이 수철을 바라보았다. 어찌할지 묻는 표정이었다.

"젖산 방해 물질(BP)이 여기 연구소에 있으면 좋을 텐데."

수철이 걱정 어린 표정을 지었다.

"여기 없으면 구해야지. 혜숙이가 응급실 최 실장에게 BP를 구해 달라고 부탁해 줘. 최대한 빨리 영미에게 주사를 해야 암 동굴 속의 암세포를 죽일 수 있고 동굴 속 젖산을 없애서 킬러팀들의 방독면을 벗게 할 수 있을 것 같아."

수철은 면역세포들이 상상 이상으로 암세포들을 잘 알고 있는데 놀랐다. 하기는 암세포가 생긴 유사 이래 이놈들과 전투를 수억 년 벌여 온 면역세포들이니 이들을 가장 잘 알고 있다는 것이 오히려 당연한 일이다. 무엇보다 영미를 살릴 방도를 적극적으로 찾아 나서는 혜숙을 보자 가슴이 따뜻해졌다. 혜숙이 병원응급실 최 실장에게 연락하고 다시 연구소 중앙의 화면을 주시하기 시작했다. 현지 상황이 점점 심각해지고 있었다.

— 헉헉….

킬러팀의 지친 목소리가 체스트 캠을 통해 상황실까지 들렸다. 방독면까지 쓰고 컴컴한 동굴 내부를 수색해 나가는 킬러팀은 낮은 산소에 기진맥진했다. 하지만 암세포들은 이런 곳에서 성장했다. 산소와 포도당이 들어있는 혈액을 받기 위해 동굴 속 암세포들은 혈관 생성 물질(vEGF)을 내뿜는다. 이 물질이 도달한 곳은 암 동굴 근처를 지나가는 정상 혈관이다. 혈관은 내피세포들로 이루어져 있다. 암세포가 만들어 낸 혈관 생성 물질이 혈관에 도달한다. 이 냄새를 맡은 혈관세포들은 그 방향으로 슬금슬금 자라나기 시작한다. 그 방향으로 혈관을 늘린다. 조금씩 가지치기가 시작되어 늘어난다. 결국, 암 동굴까지 혈관이 연결된다. 이걸 막기만 해도 암세포들을 죽일 수 있다. 동굴 속의 부족한 산소에 익숙한 암세포와 달리 이런 곳이 처음인 면역공격팀은 고전하고 있다. 게다가 식초 냄새까지 가득한 동굴이다. 어둠 속에서 백병전을 벌여야 하는 킬러팀은 초긴장 상태다. 언제 어디서 암세포들이 튀어나올지 모른다.

– 탁, 타탁!

– 으윽!

앞서가던 킬러팀원 둘이 어둠 속에서 누군가와 치고받는 소리가 들렸다. 두 팀원이 갑자기 비틀거렸다. 팀장이 급히 앞으로 달려가서 두 팀원을 확인했다.

– 어떤 놈들이야!

팀장이 허리를 굽혀 비틀거리는 팀원의 다리를 확인했다. 좌측 다리 아래에 붙어 있는 브레이크를 누군가 밟았다. 이 브레이크는 한번 밟히면 공격력이 반으로 뚝 떨어졌다. 킬러팀의 아킬레스건인 셈이다.

– 저놈들인가?

팀장은 어둠 속으로 사라지는 두 놈을 보았다. 암세포다. 이놈들이 킬러팀의 브레이크를 정확히 밟은 거였다. 현재 상황으로는 외부로 노출된 브레이크를 보호할 방도가 없다. 암세포를 보는 즉시 처치하는 것이 최선이다. 암 동굴에 들어온 지 삼십 분이 지났다. 킬러팀의 뒤를 따르는 NK팀과 미사일팀은 이미 넋이 나갈 지경이었다. 미사일팀의 최대 무기인 항체를 사용해야 하는데 평지가 아닌 동굴에서는 상대를 추적하기가 불가능했다. 설사 항체가 달라붙었다고 해도 소용없다. 이 항체에서 나오는 빛을 보고 NK팀이 공격할 터인데 동굴에서는 빛이 제대로 보이지도 않았다.

– 눈 가리고 권투하는 것도 저 정도는 아니지….

실장이 중얼거렸다. 체스트 캠으로 희미하게 보이는 동굴 내부에서 방독면까지 착용한 킬러팀들은 시야가 가려서 제대로 움직이기도 쉽지 않았다. 잘 보이지도 않고 금방 지쳤다. 채 삼십 분이 지나지 않았지만, 공격팀은 이미 탈진 상태였다. 팀의 전진 속도가 현저히 떨어졌다. 반면 암세포들은 킬러팀의 브레이크를 밟는 특수무기를 사용했다. 킬러팀의 반 이상이 브레이크가 밟혀서 공격을 못 했다. 이에 대한 방비가 전혀 없었던 킬러팀은 암세포와의 백병전에서 밀리기 시작했다. 지친 데다가 브레이크가 밟힌 선두 킬러 요원들이 앞으로 전진을 못 하고 있다. 제대로 싸워 보지도 못한 채 이미 탈진 상태였다. 과학자들이 '암 미세환경'이라 부르는 이곳 동굴 내에서 면역세포들이 맥을 못 추는 이유였다. 선두 킬러팀원들의 거친 숨소리가 그대로 상황실에 울렸다. 상황실은 쥐 죽은 듯이 조용해져 있다. 선두의 가슴에 달린 체스트 캠에는 방독면을 쓴 킬러팀원들이 벽에 널브러져 있는 모습이 그대로 비치고 있다.

상황실에서 이 상황을 보고 있던 실장은 자리에서 일어났다 앉았다 안절부절못한다. 사관학교 매뉴얼에도 암세포들의 '브레이크 밟기 작전'이 나와 있다. 그래서 평지 전투 시에 적이 근접하면 브레이크를 보호한다. 지금처럼 적군, 아군을 구분하기 힘든 동굴 전투에서는 브레이크를 보호할 수가 없다. 이런 식이면 동굴 진입 자체가 불가능하다.

"저래서는 도저히 전투를 못 할 것 같은데…."

수철의 얼굴이 점점 어두워졌다. 예상은 하고 있었지만 암 동굴이 이렇게 공격하기 어려울 줄은 상상도 하지 못했다. 동굴 내의 모든 것이 암세포를 위해 만들어졌다. 진입하는 면역팀은 한 발자국 나아가기가 힘들었다. 이대로 더 시간이 흐른다면, 킬러팀은 모두 탈진해서 암세포들의 역공격에 궤멸할 것이다. 우선 급한 불을 꺼야 했다. 킬러팀의 브레이크를 보호해야 했다. 그래야 그나마 가지고 있던 공격력을 유지할 것이다.

수철은 혜숙을 바라보았다. 혜숙은 아무 말 없이 자리에서 일어나 냉장고로 향했다. 킬러팀 브레이크 보호제, 바로 면역 관문 억제제인 키트루다를 사용할 시간이다. 병원 응급실 최 실장이 구해 준 주사다. 혜숙이 영미의 링거 라인을 따라 80밀리그램을 주사했다. 한 방울씩 떨어지는 이 주사는 첨단과학의 결정체다. 킬러팀의 브레이크만 달라붙는 항체, 즉 끈끈이다. 이 주사가 킬러팀의 브레이크 페달(PD-1)을 봉해 놓으면 암세포가 페달을 밟을 수가 없다. 그래서 킬러팀 고유의 공격력이 유지된다. 수철은 영미의 야윈 볼을 쓰다듬었다.

'좀 더 일찍 주사를 사용했어야 했는데. 이미 킬러팀 절반이 브레이크를 밟힌 상태라 공격력이 바닥으로 내려와 있어. 그래도 버텨 보자, 영미야.'

수철을 바라보는 혜숙의 눈빛에 걱정이 담겨 있다. 그토록 기대하던 영미의 암세포 박멸이 초반부터 고전이었다. 이제 준비한 두 가지 주사를 모두 사용했다. 자폭 중 팻말을 보이게 하는 표적 치료제, 그리고 면역팀의 브레이크를 보호하는 관문 억제제다. 이마저 효과가 없다면 영미를 잃어야 하는가. 통통하던 영미의 볼은 이제 가을 낙엽처럼 황폐해졌다.

'아직 제대로 시작도 못 했는데, 영미가 견딜 수 있을까?'

영미를 바라보는 수철은 이미 산 사람이라고 할 수 없을 정도였다. 이곳 비밀연구소로 옮겨온 이후로 영미 곁을 떠나지 않았다. 수연을 지키지 못했다는 죄책감으로 수철은 무너지기 직전이다. 영미마저 잃는다면 수철은 그대로 무너질 것이다. 혜숙은 기도하는 심정으로 연구소 화면을 쳐다보았다.

키트루다 주사액은 혈관을 통해 파도처럼 밀려갔다. 주사한 지 채 일 분도 안 되어 암 동굴 입구에 도달했다. 공격팀의 후미에 있던 킬러팀원들의 브레이크에 주사로 공급된 끈끈이 항체가 달라붙었다. 이제는 암세포와 만나도 브레이크 걱정을 하지 않아도 된다. 탈진한 앞쪽 팀을 앞질러서 브레이크를 보호한 후미 팀이 앞으로 나갔다. 앞으로 치고 나오는 후미 팀을 본 킬러팀장은, 그들의 브레이크 페달이 봉해졌음을 발견했다.

— 실장님, 이게 무슨 보호 장치이죠? 처음 보는 끈끈이 항체인데 이게 어떻게 된 거죠? 여하튼 이제 브레이크 걱정을 안 해도 되겠네요. 저희는 앞으로 나아갑니다.

무선을 통해 면역 상황실 스피커로 전달되는 킬러팀장의 밝은 목소리에 상황실장은 어리둥절했다.

'저런 고성능 끈끈이가 어디서 나타나서 아킬레스건인 킬러팀의 브레이크를 보호하는 거지? 설마 NK팀이나 미사일팀이 급조한 끈끈이인가?'

실장은 미사일 부팀장을 호출했다.

— 미사일 부팀장님, 끈끈이 항체를 만들어서 킬러팀에게 보내 주었나요?

미사일 부팀장도 후미의 킬러팀 브레이크가 끈끈이 항체로 봉해진 걸 보고 놀란 상태였다.

— 아닙니다. 저희는 주로 암세포의 껍질을 보고 거기에 달라붙는 끈끈이 항체 미사일을 자체 생산합니다. 저런 건 처음 보네요.

놀란 부팀장의 목소리가 한층 더 높아졌다.

— 그런데 현장에서 보니 킬러팀 아킬레스건인 브레이크를 보호하는 게 승리할 수 있는 지름길입니다. 이번 전투가 끝나고 저희 팀도 그걸 만들어 준비해야겠네요.

부팀장이 대형화면의 끈끈히 항체가 붙는 부분을 가리키며 말했다.

— 저희 상황실에서도 저 끈끈이 항체를 누가 만들었는지 확인해 보겠습니다. 일단 킬러팀이 전진할 수 있으니, 앞으로 더 나가야 할 것 같습니다. 아직 동굴의 반도 못 온 상태입니다.

면역 상황실의 대화를 듣던 수철과 혜숙은 서로를 바라보며 싱긋 미소를 지었다. 간만에 두 사람의 눈동자가 길게 마주치는 순간이었다. 처음 겪어 보는 암 동굴 공격에 기대와 우려가 교차했다. 이번 공격이 실패하면 영미는 하늘나라 별이 된다. 영미는 먼저 가 있는 수연의 옆자리에 눕게 될 것이다. 영미를 도울 수 있다는 사실에 수철과 혜숙은 조금이나마 희망을 품게 되었다.

펑! 펑!!

폭음이 상황실에 울려 퍼졌다. 동굴에서는 브레이크를 밟혀 기진맥진한 선두 팀과 브레이크 보호 장치를 한 후미가 교체한 직후에 어디선가 폭탄이 날아온 것이다. 동굴의 구부러진 길로 들어서는 중간 부분의 팀원들에게 양쪽에 매복해 있던 암세포들이 수류탄을 던진 거였다. 수류탄은 활성산소로 만들어진 ROS(Reactive Oxygen Species) 폭탄이다. 킬러팀에 닿는 즉시 피부를 녹여 버린다.[68] 대열의 중간에 있던 팀원들이 비명을 지르면서 쓰러졌다. 폭탄에서 터져 나오는 파편들이 먼지처럼 킬러팀으로 밀려왔다. 그것이 킬러팀이 사용하고 있는 외부 안테나에 접촉하자마자 안테나가 엿가락처럼 휘어져 버렸다. 이제 킬러팀 내부의 통신이 두절 되었다.[69]

— 뭐야. 이거 왜 통신이 안 돼? 팀장님! 팀장님!

킬러팀원들의 목소리가 상황실에 그대로 울렸다. 팀장의 명령을 듣지 못하는 전방의 킬러대원들은 그대로 암세포들의 사정권 내에 들어서게 되었다. 고립된 팀원에게 어둠 속에서 암세포가 접근했다. 방독면에 시야가 가리고 통신마저 끊긴 킬러팀원은 고양이 앞 생쥐 신세다. 살금살금 암세포가 다가서더니 그대로 등에 ROS 주사를 꽂았다. 비명도 못 지르고 쓰러졌다. 앞에 가던 대원들이 그대로 쓰러지고 구석에서 다시 ROS 폭탄이 킬러팀의 중심부까지 날아들었다.

— 양쪽으로 흩어져!

킬러팀장의 다급한 소리에 팀원들은 동굴 벽 틈으로 피했다. 벽 틈새에 숨어있던 암세포들 모습이 희미하게 보이기 시작했다. 암세포들이 급히 몸을 돌려 도망갔다. 팀원들이 틈새 방향으로 몸을 낮추어 쫓아갔다. 하지만 ROS 폭탄의 전파 방해 작용으로 팀장과 선두 팀원과의 교신이 제대로 되지 않았다. 킬러팀장이 다급한 목소리로 외쳤다.

— 목소리가 잘 안 들린다. 선두 정지!

눈에 보이는 암세포들을 추격하던 선두가 바닥에 엎드린 채로 후미를 기다렸다.

상황실에서도 화면 수신이 제대로 되지 않았다. 상황실장은 동굴 내부로 통신이 원할치 않은 데다가 통신 방해 물질인 활성산소물질(ROS)이 방출되자, 그나마 들리던 음성이 끊겼다. 실장은 얼굴이 굳어진 채로 상황실 대형 화면만을 응시했다. 적막이 상황실을 감쌌다. 칙칙…. 불규칙한 통신음만이 울리고 있다. 실장이 작전 매뉴얼을 다시 폈다. 하지만 현장에서 암세포들이 사용하고 있는 활성산소탄에 대한 정보가 거의 없다. 더구나 이것들이 면역세포 간의 통신을 방해한다는 이야기는 없다. 매뉴얼을 잡은 실장의 여린 손가락이 가늘게 떨리고 있다. 선두 대원들이 엎드려 있는 곳에 팀장이 포복으로 도착했다.

– 어때, 앞에 뭐가 보여?

야간 투시경으로 전방을 관측하고 있던 팀원이 팀장에게 투시경을 넘겼다. 전방은 동굴치고는 넓게 트인 평지가 보였다. 그만큼 사방에 위치가 노출되기 쉬운 곳이다. 반면 평지를 둘러싼 동굴 벽에는 조그만 틈들이 보였다. 한마디로 암세포들이 매복하기 딱 좋은 곳이다. 투시경을 보던 팀장이 팀원에게 속삭였다.

– 가운데는 노출되기 쉬운 곳이니 벽으로 붙어서 저놈들을 추격하자. 동굴이 점점 깊어지는 걸로 보아, 암 줄기세포가 있는 곳이 근처에 있을 것 같다.

선두 팀원 네 명이 두 명씩 갈라져 양쪽 벽 방향으로 포복을 시작했다. 가운데 넓은 공간을 피하여 벽 쪽으로 바짝 붙어서 움직이기 시작했다.

펑!

가운데 넓은 공간을 막 지나갈 무렵, 양쪽에서 거의 동시에 '펑' 폭음과 함께 팀원들이 뒤로 날아갔다. 비명이 동굴 내에 가득했다. 지뢰매설 지역이다. 중앙의 넓은 공간을 피해 벽으로 다가오는 적들을 대비해서 벽면 아래에 설치한 것이다.

이 지뢰는 암세포들이 만들어 낸 특수 스프링 장치다. 킬러세포가 이

걸 밟는 순간, 스프링이 튕겨 나가면서 킬러팀의 뒤 허벅지에 정확히 박혔다. 허벅지에는 킬러팀의 자폭 장치(Fas)가 숨겨져 있다. 암세포에 잡혀서 고문당하거나 전투 중 심하게 상처를 입으면 스스로 자폭 장치가 켜진다. 킬러팀 DNA가 파괴되어 암세포로 변하는 걸 막기 위한 최후의 고육지책이다. 이건 킬러팀만이 그 위치를 알고 있는 줄 알았는데, 암세포들이 그 위치를 정확히 찌르는 지뢰를 만들어 낸 것이다.

"으윽. 윽."

동굴 이곳저곳에서 킬러팀의 신음이 들렸다. 육십여 명의 면역팀 숫자가 거의 절반으로 줄었다. 킬러팀장은 엎드린 상태에서 전방을 주시했다. 공격팀의 플래시 불빛이 채 닿지 않을 만큼 동굴은 깊었다.

'지금처럼 암세포들의 공격이 계속된다면, 금방 팀 전체를 잃을 것이다.'

팀장은 어두운 전방의 동굴을 뚫어지게 쳐다보면서 생각을 가다듬었다.

팀의 후미에 따라오는 NK와 미사일팀은 동굴 내에서는 그 무기를 사용할 수 없는 상태였다. 그 팀들은 암세포와 백병전 경험이 거의 없다. 게다가 암 줄기세포가 내뿜는 유혹 물질에 제일 먼저 흔들릴 수 있다. 그렇게 되면 이들이 배신자가 되어 킬러팀을 공격한다. 대혼란이 일어날 수 있다. 후퇴해서 소수정예로 다시 팀을 꾸리는 것이 나을 것이다. 팀장은 무선을 켰다. 잡음 속에서 상황실과 겨우 연결이 되었다.

— 실장님, 지금 상태로는 더 이상 진입이 불가합니다. 이제부터는 암 줄기세포 영향권에 들어섭니다. NK팀이나 미사일팀이 암 줄기세포의 유혹 물질(CCL-22)에 접촉하게 됩니다. 그러면 이 팀들이 돌변해서 좀비 형

태가 되어 거꾸로 킬러팀을 공격할 수 있습니다. 그렇게 되면 저희는 끝입니다.

NK팀장이 불끈하며 나섰다.

— 아니, 킬러팀장님, 저희를 우습게 보시네요. 저희가 암 줄기세포에 포섭된다고요? 말도 안 되는 이야기 마세요. 저희 팀, 잘 아시잖아요. 킬러팀이 놓친 암세포를 모양만 보고 그대로 칼을 꽂는 거, 많이 보셨잖아요?

그러자 킬러팀장이 조용하게 말했다.

— NK팀장, 누구보다 NK팀 능력을 잘 압니다.

어둠 속에서 킬러팀장의 목소리가 바닥에 깔렸다.

— 킬러팀은 NK팀 없이는 암세포를 박멸하지 못합니다. 하지만 여기는 암 동굴입니다. 평지가 아닙니다. 더구나 지금 저 깊은 곳에 들어앉아 있는 암 줄기세포는 우리와 같이 면역 상황실에 근무했던 미사일팀장입니다. 누구보다도 우리들을 잘 알고 있습니다.

다시 생각하기 싫다는 듯 목소리가 갈라졌다.

— 암 줄기세포가 NK팀을 좀비로 만드는 광경을 나는 내 눈앞에서 직접 보았습니다. 사관학교에서의 비밀작전 당시, 내가 데리고 들어갔던 다섯 명의 NK팀원이 유혹 물질로 좀비가 되었습니다. 내가 직접 그들 다섯 명을 하나하나 처치해야 했습니다. 일주일을 같이 훈련한 팀원들이었어요. 지금도 그 얼굴이 하나하나 기억납니다. 내게는 잊지 못할 지옥 같은 순간입니다. 부디 그런 일이 다시 일어나지 않기를 바랍니다.

킬러팀장의 착 가라앉은 목소리에 NK팀장이 말이 없어졌다. 상황실에서 그 소리를 스피커로 듣던 실장과 상황실 요원들도 조용해졌다. 킬러팀장이 사관학교에서 비밀리에 동굴 작전을 다녀왔다고 알려진 이후에 처음 듣는 이야기였다. 아픈 기억을 떠올리는 팀장의 목소리가 갈라져 나왔다. 상황실에 적막이 흘렀다.

ㅡ 철수합시다. 더 이상 대원을 잃을 수는 없어요.

실장의 가라앉은 목소리가 상황실에 울렸다.

돌아서는 킬러팀을 대형 화면으로 보고 있던 수철은 등을 돌려 문을 열고 연구실 밖으로 나섰다. 절벽 위의 녹슨 쇠 난간을 기대어 선다. 발 밑아래 88도로에 지나가는 자동차 불빛이 줄을 잇고 있었다.

'저 사람들은 모두 집으로 돌아가는 것이겠지. 집에 가면 재잘거리는 가족들이 있겠지.'

수철은 수연, 영미와 함께 보내던 집이 갑자기 그리워졌다.

'밖에서 힘든 하루를 보내고 오는 가장의 옷을 받아 들고, 보글거리는 된장찌개가 있는 식탁으로 이끌겠지. 낮에 있었던 일들을 소곤소곤 풀어 내는 아내의 말에 맞장구를 치며 때로는 털털 웃음을 짓기도 하겠지. 새로 생긴 친구들 이야기를 하는 딸은 은근슬쩍 새로운 스마트폰을 사 달라고 아빠에게 칭얼거리겠지. 나에게 그런 시간이 있었던 것이 언제였던가. 환자에 매달리고 연구실 SNS 칩에 정신을 쏟으며 밤늦게 들어가던 시간들이 아쉽다. 수연과 보육원 아이들에게 좀 더 자주 가 볼걸. 영미의 수학 문제를 같이 풀어 봐 줄걸. 하지만 이제는 모두 지난 이야기인가.'

녹슨 쇠 난간을 붙잡고 있는 수철의 어깨가 축 처져 있었다. 그런 수철을 바라보는 혜숙은 긴 한숨을 내쉬었다. 이제는 더 이상 방법이 없는 건가. 이제 마지막인가. 영미를 보내야 하는가. 영미를 보내면, 그다음은 교수님을 보내야 하는가. 혜숙은 가슴에 콕콕 찌르는 통증을 느꼈다.

연구실 탁자 위에 걸려있는 대형 화면은 영미 몸 면역 상황실의 모습을 세세히 보여 주고 있었다. 상황실 현장 화면에는 동굴 앞의 모습을 보여 주었다. 어둠 속에서 NK팀, 미사일팀이 뒤로 돌아 나오기 시작했다. 팀원 절반을 잃은 킬러팀은 완전 탈진 상태다. 동료를 잃은 상실감과 제대로 전투를 해 보지도 못하고 후퇴해야 하는 무력감에, 팀원들은 패잔병처럼 무겁게 발을 옮겼다.

앞에 동굴 입구가 보인다. 맨 뒤에서 팀원의 후퇴를 지켜주던 킬러팀장이 멈추었다. 그러고는 무전기를 잡았다.

─ 상황실장님, 이대로 돌아설 수는 없습니다. 사관학교에 연락해 주세요. 저와 같이 동굴 작전을 다녀왔던 팀원들을 모아 주세요. 제가 그들과 다시 들어가겠습니다. 여기서 돌아서면 주인은 끝입니다.

무전기 목소리를 듣던 실장은 잠시 말이 없었다.

─ 팀장님, 심정은 이해하지만 그건 자살 행위입니다. 이미 팀원이 반이나 죽었어요.

─ 아닙니다. 지금 팀원들에게는 이곳 동굴이 죽음의 장소이지만 사관학교 동굴 침투조는 그 지옥에서 살아남은 친구들입니다. 그들을 불러 주세요. 저는 돌아갈 수 없습니다.

킬러팀장의 가라앉은 목소리를 듣는 실장의 눈빛이 촉촉해졌다. 실장이 말이 없더니 방을 나갔다. 그런 실장을 바라보던 상황 요원들도 모니터만 바라보고 있다. 잠시 후 상황실로 돌아온 실장의 눈이 붉게 충혈되어 있었다. 사관학교 직통 전화를 잡았다.

사관학교 훈련대장은 상황실장의 이야기를 듣더니 킬킬 웃었다.

─ 일등 졸업생과 꼴찌가 한 팀이 되었다고? 하하. 그 꼴통 친구가 킬러

팀장이라고? 제대로 뽑기는 했구먼. 킬러팀장, 그 꼴통이 그래도 동굴 공격법을 제대로 알기는 하네. 맞아. 암 동굴 지옥에서 살아남은 자가 전투의 최강자야. 산전수전 다 겪은 베테랑들이지. 그들은 암세포들과 육박전을 치른 녀석들이야. 암세포들 몸통을 훑으면서 어디가 약점인지 잘 알지.

훈련대장의 목소리에 힘이 들어갔다.

─ 그 지옥 같은 전투에서 살아남은 베테랑들은 몸 모양만 봐도 금방 알지. 왼쪽 정수리의 흰머리, 자글자글한 화상 흉터, 무쇠 통 같은 왼쪽 팔, 두 배는 커진 가슴, 모두 전투의 흔적들이야. 이 베테랑들이 동굴 속 암세포들의 천적이야.[70] 같은 놈들을 만나면 한 번에 박살 내지. 내가 그 친구들을 모아서 보내 주지. 그나저나 꼴통 팀장, 그 친구는 아직도 내 이야기가 틀렸다고 씩씩거리나? 후후.

일 년 전, 사관학교 시절, 훈련대장은 별명이 '암 불패'였다.

─ 암은 우리 인간보다 수억 년 먼저 지구상에 나타났다. 지구가 46억 년 전 만들어지고 수억 년 후에 생명이 탄생했지. 단세포 박테리아가 처음 시작이야. 이어서 단세포 박테리아들이 서로 뭉쳐서 몸집을 불리기 시작했어. 다세포생물, 즉 식물, 동물로 진화했지.

훈련대장은 밖의 식물들을 가리키면서 말했다.

─ 식물, 동물이 태어나면서 암세포도 같이 나타난 거야. 인간이 태어난 것이 한참 뒤니까 암은 인간보다 훨씬 전에 태어났다는 말이야. 그런데 이 암세포들이 지금까지 살아남은 건 무엇을 이야기하지?, 그건 암세포가 모든 고등생물 진화에 절대 필요하다는 증거야. 간단하잖아. 나이가 들면 빨리 죽는 게 그 종족의 번식에 절대 도움이 되는 거지. '번식이 끝난 늙은이

들은 후손들을 위해 빨리 죽어라.' 그렇게 만들어진 것. 그게 암이야.

훈련대장은 목소리에 웃음이 실렸다.

─ 늙은 내가 빨리 사라져야 너희들이 먹고 살 게 많아지는 거야. 늙으면 암이 생기는 이유란 말이다. 내가 더 이야기해 봐? 젊은이 세포 중에서 DNA가 고장이 나면 두 가지야. 고쳐지든가, 아니면 스스로 자폭하든가. 그래야 고장 난 DNA가 다음 세대로 전달 안 되지. 그런데 그 고장이 수리도 안 되고 자폭장치도 고장 났다, 그러면 곤란하잖아. 그때는 그 개체를 죽여야지. 그게 암이야. 이제는 확실히 이해되었지? 암은 불패야.[71]

이런 훈련대장의 암 불패론에 킬러팀장은 수긍하지 않았다.

─ 신은 모든 생물에게 공평하다. 인간 모두도 공평하게 시간을 분배받았다. 일정 기간 건강하게 살다가 가도록 타이머를 주셨다. 수명의 타이머다. 그 타이머가 작동될 동안은 각자에게 주어진 일을 하고 가족, 사회 구성원으로 잘살다 가면 된다.

팀장의 눈이 먼 곳을 바라보았다.

─ 잘 놀다가 날이 저물어 엄마가 부르면 그때 집으로 돌아가면 된다. 타이머는 텔로미어다. 누구에게나 공평하게 주어진 유통기한이다. 시간이 지날수록 점점 줄어드는 타이머다. 신은 암 발생 장치를 일부러 만들지 않았다. 암이 숙명이 아니란 말이다. 숙명이 아니면 우리가 극복할 수 있다. 그 해답을 잘 알고 있는 건 아마도 암의 천적인 우리 면역세포들일 것이다.

훈련대장과 통화를 끝내고 채 두 시간이 지나지 않아 차 소리가 요란하게 들렸다. 이어서 여섯 명의 킬러세포가 면역 상황실에 들어섰다. 실장을 보더니 얼굴에 환한 미소가 번졌다.

— 와, 우리 수석 졸업생이 실장님이 되셨네. 축하합니다. 실장님!

실장은 그들 얼굴 하나하나를 보더니 실소했다.

— 아니, 너희들이 사관학교에서 비밀 침투 작전에 다녀왔던 애들이라고? 이 문제아들이? 모두 성적이 바닥이었던 애들이잖아?

실장의 말에 상황실 요원들이 킥킥 웃음을 참았다. 여섯 명 중 맨 앞에 서 있던 곱슬머리 킬러팀원이 킬킬거렸다.

— 실장님, 전투는 머리로 하는 게 아니고요, 심장으로 합니다. 아직도 모르고 계셨나? 하하!

침울했던 상황실이 이들 여섯 명의 등장으로 활기가 넘쳤다.

— 그래, 너희들이 오니 좀 살 것 같네. 더구나 암 동굴 속까지 들어갔다 살아왔으니 '베테랑'이라고 불러 주지, 오케이?

실장은 여섯 명에게 보급품을 챙겨 주고, 그 사이에 있었던 일들을 세세히 설명했다. 동굴 입구에 있었던 포섭된 아군 대식세포들, 동굴 내의 산소부족, 식초 냄새, 암세포들의 '자폭 팻말', 'ROS 폭탄', 킬러세포 자폭장치 활성 지뢰를 설명하자 여섯 명 베테랑 킬러팀원들의 웃음기가 사라졌다. 얼굴들이 굳어졌다. 베테랑 여섯 명 중 제일 경험이 많은 곱슬머리의 킬러팀원이 말했다.

— 이 동굴에 암 줄기세포가 자리 잡은 것 같은데?

베테랑의 걱정스러운 질문에 실장은 조용히 고개를 끄떡였다.

— 그것도 우리 동료였던 미사일팀장이야.

베테랑들의 눈이 커졌다.

— 미사일팀장? 그럼 탈영했다던 그놈이 악성 림프종의 줄기세포가 되었단 말이지? 이거 만만치 않네!

단순히 암세포들만 있는 줄 알았던 동굴에 암 줄기세포가 자리 잡고 있다는 말에 베테랑 팀원들이 바짝 긴장했다. 실장은 그들을 쳐다보며 한 마디 더 했다.

－무엇보다 내 동료들이었던 조절세포들을 잘 살펴봐. 줄기세포 유혹에 넘어갔을 거야.

－조절세포들? 아니 네 친구, 아니 실장님 친구들도 암 줄기세포 유혹 물질에 넘어가 암 동굴로 들어갔다고?

베테랑들이 서로를 바라보았다.

－이거 난리군. 지나가는 사람을 붙잡고 '너 아군이야, 적군이야?'라고 하나하나 물어봐야 하나? 어떻게 적군, 아군을 구분할 수 있지? 뭔가 표식이 있어야 한다고! 그건 친구인 너, 아니 실장님이 제일 잘 알 테니 빨리 확인해서 우리에게 알려 주어야 해. 아니면 우리는 네 친구 조절세포들을 모조리 다 죽여야 할지도 몰라. 아니면 우리가 당하든가.

심각해진 베테랑 팀원들의 얼굴을 보던 실장은 조용히 고개를 끄떡였다.

－어서, 출발해. 가서 킬러팀장을 구해 줘.

면역 상황실을 나서는 곱슬머리의 베테랑 팀원은 실장의 간절한 눈빛을 보면서 중얼거렸다.

－수석 졸업생, 걱정하지 마, 우리가 네 꼴찌 팀장 데려다줄게.

17
치명적 유혹

여섯 명의 베테랑 팀원들이 동굴 입구에 도착한 것은 늦은 밤이었다. 동굴 내에서의 전투로 반 이상이 사망한 동굴 침투조가 입구에 이곳저곳 쓰러져 있다. 베테랑 팀원들의 등장에 킬러팀장이 벌떡 일어섰다. 여섯 명을 하나씩 얼싸안았다.

— 오느라 고생들 했네.

그의 목소리에 힘이 들어갔다.

— 힘들겠지만 오늘 내로 동굴에 들어가야 해. 지금은 우리가 후퇴한 줄 알고 잠시 방심하고 있을 거야. 우리는 동굴의 반 정도밖에 못 들어갔었어. 우리 병력 모두가 동굴이 처음이라 피해가 심해. 그래서 너희들을 부른 거고.

딱딱하게 굳은 킬러팀장을 보던 맨 앞의 팀원이 씩 웃었다.

— 그나저나 우리 동기 일등과 꼴등이 어떻게 같은 상황실에 근무하게 된 거야?

그가 장난스럽게 물었다.

- 설마 팀장, 네가 원한 건 아닐 테지? 꼴찌는 선택권이 없이 배치되는 대로 가지. 아하!, 그럼, 일등인 실장님이 꼴찌를 이곳에 원했구먼, 하하!

오래간만에 만난 동기들의 킬킬거리는 소리에, 부상병 신음만 들리던 동굴 입구가 시끌시끌해졌다.

동료들의 놀리는 소리를 못 들은 척, 킬러팀장이 동굴 지도를 편다.

- 내가 앞장을 선다.

그의 목소리가 단호해졌다.

- 한번 가 봤던 길이니 여기 중간까지는 큰 문제 없을 거야. 놈들을 만난 곳을 표시해 놓았어.

팀장을 슬슬 놀리던 베테랑 팀원들이 팀장의 굳어진 얼굴을 보더니 조용해졌다. 동굴 지도에는 중간중간 붉은 점들이 표시되어 있었다. 처음 붉은 점은 동굴 입구에서 만난 좀비 상태의 대식세포들이다. 적이 아니고 암 줄기세포의 유혹 물질에 홀려서 들어온 좀비 상태의 면역세포들이다. 교묘하게도 이들은 '자폭 중'이라는 모자를 써서 면역 킬러팀을 속이며 동굴 입구에 부비트랩을 설치하고 있었다. 두 번째 붉은 점은 동굴 입구를 막 지난 곳에 표시되어 있었다. 면역 킬러팀의 브레이크를 밟던 암세포들을 만난 곳이다. 고전하던 킬러팀에게 브레이크 페달을 봉하는 끈끈이 항체, 즉 면역 관문 억제제를 수철이 주사하게 만든 곳이다. 세 번째 붉은 점은 동굴 입구의 굽어진 길을 따라 들어가다 직선으로 뻗어 나가던 곳이다. 여기에서 킬러팀원들이 암세포들의 활성산소 포탄 세례를 받았다. 군복에 닿은 즉시 피부를 파고 들어가는 독극성 물질이다. 더불어 안테나에 달라붙어 통신을 방해당한 곳이기도 하다. 킬러팀장은 네 번째 붉은 마크에 힘을 주었다. 그의 눈이 이글거렸다.

ㅡ 여기가 선두 팀원 셋이 당한 곳이야.

킬러팀장의 목소리가 무겁게 가라앉았다.

ㅡ 지뢰 매설지역이야. 킬러팀원들의 자폭 장치를 정확히 작동시키는 지뢰 지역이지. 폭탄이면 엎드려서 피할 수가 있지만, 아주 작은 물질들이 튀어나와 팀원들 자폭 장치를 건드려.

그의 주먹이 떨렸다.

ㅡ 잘들 알잖아. 우리 DNA가 많이 손상되면 스스로 자폭 스위치가 켜져서 암세포로 변하는 걸 방지하잖아. 그걸 저놈들이 알고 있다는 거야. 아무래도 암 줄기세포가 그 내용을 잘 알고 대비시켜 놓은 것 같아.

팀장의 설명과 지도를 보면서, 여섯 명의 베테랑 킬러팀원들은 묵묵히 무기를 챙긴다. 팀장이 그런 분위기를 깨려는 듯 목소리를 울렸다.

ㅡ 자, 가 보자. 우리는 그래도 베테랑 아니냐. 출발!!

팀장이 어둠이 짙은 동굴 입구를 향해 출발했다.

혜숙은 베테랑 팀이 동굴로 다시 들어가는 걸 보고 연구소 출입문을 밀고 밖으로 나갔다. 밖은 조용하다. 저 멀리 88고속도로를 달리는 차들만이 가끔 빛과 함께 사라졌다. 수철이 절벽 난간에 기대어 밤하늘만 하염없이 쳐다보고 있다.

"김 교수님. 킬러팀장이 동굴 침투했던 예전 동료들을 모아서 다시 들어갔습니다."

수철은 말이 없었다.

"혜숙, 난 자신이 없어."

수철의 목소리가 가라앉았다.

"우리가 만든 두 가지 항암제 모두 효과가 없었어. 동굴 속은 완전히 다른 나라야. 면역세포들도 맥을 못 추고. 항암제도 동굴 속에 처박혀 있는 암세포들에까지 전달이 안 된단 말이야. 수십 명이 들어갔지만 제대로 힘 한번 못 써 보고 반이나 죽었어. 거기는 암의 왕국이야, 왕국. 절대 침투하지 못하는……."

수철이 저렇게 절망하는 모습을 보기는 처음이었다. 혜숙은 속으로 중얼거렸다.

'이번에 안되면 하늘에 영미의 별이 하나 더 생기겠구나.'

동굴의 구부러진 중간 부근에 베테랑 팀원들이 도달했다. 동굴 입구를 통과한 지 이십 분이 지나서이다. 이곳에서 암세포들이 설치한 스프링 지뢰에 킬러팀원들이 열 명 가까이 희생되었다. 암세포들은 킬러팀의 자폭 장치 위치를 정확히 알고 있었다. 팀장이 먼저 바닥의 지뢰를 확인했다.

스프링이 장착된 구시대 지뢰지만 그 스프링이 튀어나오면서 어떻게 킬러팀의 뒤 허벅지의 자폭 장치를 정확히 누르는지 놀랄 노릇이었다. 포복을 해 나가던 팀장이 무릎을 세우고 일어섰다. 지뢰는 더 이상 없었다.

'어, 저건 뭐지?'

암흑 속 동굴을 전진하던 선두 팀원이 재빨리 엎드렸다. 말소리가 들리기 시작했다. 긴장한 팀원들이 다시 포복으로 넓은 공간에 접근했다. 그곳에는 놀랍게도 단발머리 여인들이 음식을 만들고 있었다. 여섯 명이다. 갑작스러운 여인들의 등장에 베테랑 팀은 당황했다. 사관학교 시절 암 동굴 전투에 파견되었을 때는, 동굴 내에서 만나는 놈들은 모두 무장한 암세포들이었다. 그래서 움직이는 것을 공격하기만 하면 되었다. 하지만 지금 저들은 무장하지 않았다.

팀장은 경계를 풀지 않고 그들에게 접근했다. 혹시 암세포들이 변장했을 수도 있었다.

─ 주민증을 내놔라.

팀장의 딱딱한 목소리에 여인들은 싱긋 미소를 지었다. 내놓은 주민증을 스캔했다. 암세포의 특징이 보이지 않는 정상 세포들이었다.

─ 먼 길을 오셨네요. 안심하세요.

목소리가 방울 구르듯 통통 튀었다.

─ 저희는 이곳에 살고 있는 아교세포들입니다. 두뇌를 연결하는 뉴런세포들을 돕고 있지요. 이곳은 바깥의 시끄러운 소리가 들리지 않는 조용한 마을입니다. 평화로운 곳이지요. 와서 물이라도 한잔씩 드시지요.

암세포가 아닌 것을 확인한 베테랑 팀원들이 어둠 속에서 모습을 드러내면서 가까이 다가섰다. 여인들은 둥그렇게 모여 앉아 옥수수를 다듬고 있었다. 평화스러운 풍경에 긴장이 풀어진 팀원들이 총을 내려놓으면서 주위에 걸터앉기 시작했다. 선두에 있던 베테랑이 수통을 열어 물을 한 잔 마셨다. 그때 오른쪽 구석 돌무더기에 앉으려던 곱슬머리 베테랑 팀원이 한 여인을 유심히 쳐다보았다. 그러더니 그 여인을 쳐다보며 물었다.

─ 그럼, 이곳에서 태어나서 뉴런세포들을 도와주는 일을 평생 하는 건가요?

그의 목소리가 뭔가를 확인하는 듯했다.

─ 뉴런세포들이 전기회로인 시냅스를 형성하는 걸 도와주고 혈관과 뉴런을 연결해 주기고 하고, 맞지요?

그러자 그 여인이 미소를 지으면서 답했다.

— 아이고, 킬러 T세포인 것 같으신데 두뇌 세포에 대해 잘 알고 계시네요. 네, 맞습니다. 저희는 이곳에서 태어났습니다. 뉴런세포가 회로를 잘 형성해서, 기억도 하고 생각도 하게 도와주는 아교세포들이랍니다.

그 말을 듣고 있던 곱슬머리 팀원이 그 여인에게 다가서더니 목에 칼을 들이대며 고함을 쳤다.

— 모두 꼼짝하지 마! 움직이면 죽인다.

그 소리에 킬러팀장이 벌떡 일어났다. 그와 동시에 옥수수를 다듬던 여인들이 옥수수 아래에 숨겨 놓았던 칼과 ROS 수류탄(암세포들이 만드는 공격목적 무기)을 집어 들었다. 킬러팀장과 팀원들이 날아오르면서 여인들의 등에 칼을 꽂았다. 비명 소리에 여인들이 쓰러지면서 동시에 폭음이 진동했다. 사방에 연기와 먼지가 피어올랐다. 잠시 후 주위가 고요해졌다. 땅바닥에 엎드렸던 팀장이 고개를 들었다. 옥수수 다발이 사방에 흩어져 있고 베테랑 대원들과 여인들이 쓰러져 있었다. 팀장이 칼을 겨눈 채로 일어섰다. 팀원 두 명이 팀장 뒤로 대검을 겨누고 있었다. 다른 세 팀원은 움직임이 없었다. 여인 중 한 명이 겨우 일어나 앉았다. 복부에 부상을 입은 듯 출혈이 심했다. 다른 여인들은 움직임이 없었다. 킬러팀장이 칼을 여인의 목에 들이댔다. 눈 밑에 점이 하나 있었다.

— 너희는 누구냐!

그 소리에 그 여인은 씩 웃었다.

— 신참은 아닌 줄 진작 알았지만 그래도 똑똑한 놈이 있기는 하네. 우리를 알아본 걸 보니. 그놈에게 물어봐, 나도 궁금해, 어떻게 우리를 알아봤는지, 호호.

움직임이 없는 동료의 죽음을 확인한 곱슬머리 베테랑 팀원이 그 여인에게 칼을 들고 달려들었다. 팀장이 그를 막으며 소리쳤다.

ㅡ안 돼. 죽이면 안 돼. 알아야 해!

그 소리에 대검을 집어 던지며 땅에 털썩 주저앉으며 외쳤다.

ㅡ저놈들, 좀비가 된 조절세포들입니다. 맛이 간 놈들이라고요. 살아 있는 저놈은, 눈 밑에 점이 있는 저놈은, 내가 근무했던 곳에서 같이 있던 놈이라고요!

킬러팀장의 표정이 일그러졌다. 말로만 듣던 좀비가 된 조절세포들이었다. 곱슬머리의 베테랑 대원은 그녀를 다른 곳에서 이미 봤다는 것이었다. 그곳은 두뇌가 아니고 큰창자, 즉 대장에서였다. 육 개월 전 베테랑 대원은 큰창자의 면역 상황실 킬러세포로 근무하고 있었다. 그곳 상황실을 수시로 들르는 세포 중에 그녀가 있었다. 그녀는 조절세포였다. 조절세포가 큰창자에 있는 이유는 간단하다. 킬러세포들을 진정시키려 한다. 대장의 점막 아래에는 전체 킬러세포의 70%가 몰려 있다. 대장은 최전방이다. 점막에는 수많은 장내 세균이 붙어 있기 때문이다. 베테랑 대원은 그곳에서 적군이 나타나면 그대로 살해한다. 그런데 문제가 있다. 장내 세균 중에는 좋은 놈들도 많다. 예를 들면 유산균들이다. 이 친구들은 유산을 만들어 장 점막을 약한 산성으로 만든다. 산성에 약한 건 장티푸스 같은 대장의 병원균들이다. 그러니 면역세포들이 유산균들을 공격하면 안 된다. 조절세포들이 킬러세포들을 흥분하지 않게, 가능하면 약하게 조절하고 있는 거다. 조절 방법은 간단하다. 킬러세포들에 다가가서 부드러운 제스처로 그들의 브레이크 스위치를 슬쩍 터치하는 거다.

어느 날, 큰창자 상황실에서 근무하던 곱슬머리 베테랑 대원에게 그녀가 다가왔다. 눈 밑의 작은 점이 그녀를 이국적으로 보이게 했다.

'킬러세포 님, 너무 흥분하면 안 됩니다.'라고 하면서 브레이크 스위치를 툭 쳐서 작동시켰다. 킬러세포는 보이는 적들을 그대로 한 칼에 쳐 없애는 것이 타고난 임무였다. 다른 걸 생각하지 않았다. 상황실 내에서는 늘 적의 출현, 특히 유해한 장내 세균을 식별하고 공격하느라 정신이 없는 그에게 그녀는 시원한 팥빙수 같은 존재였다. 눈 밑에 작은 점을 가진 그녀의 서글서글한 눈매뿐만 아니라 그의 발등에 있는 브레이크 스위치를 툭툭 치는 그녀의 장난스런 얼굴은 그를 설레게 했었다.

— 저희는 별종이에요.

그녀가 곱슬머리 베테랑 대원에게 한 말이었다. 그녀의 이야기는 사관학교에서는 들어 보지 못한 말이었다. 조절세포들은 상황실장처럼 비전투 요원으로 배치된다. 그런데 그 숫자가 몇 명 되지도 않고 무엇을 하는 것인지도 잘 모른다. 군대 보직 중에서도 잘 알려지지 않은 자리다. 주로 하는 일이 면역세포를 달래는 일이다. 킬러세포들이 보면 참 한심한 세포들이다. 침입자를 잡아 죽이는 데 도움을 주지는 못할망정, 킬러세포들의 브레이크를 밟아서 힘을 뺐다. 생글생글 웃던 그 조절세포가 한 이야기가 있었다. 사관학교 교육이 끝나고 각자 임무에 따라 현장 배치를 할 때 사관학교 교장이 그녀들을 따로 불렀다.

— 너희들은 소방수야. 면역세포들이 침입자나 암세포들과 전투를 하는 그곳은 불난 곳이야.

교장은 조절세포들을 하나하나 쳐다보며 이야기했다.

— 포탄이 난무하고 화염방사기가 불을 뿜지, 그런 곳에서 전투하는 아

군들, 즉 면역세포들은 모두 최고의 흥분 상태야. 그런데 침입자가 죽으면, 즉 전투가 끝나면 아군들은 재빨리 쿨다운을 해야 해. 흥분을 가라앉히지 못하면 제풀에 죽는다고, 아니, 근처에 있는 민간인 세포들까지 피해를 입는다. 무엇보다 빨리 흥분을 가라앉혀야, 다음 공격을 할 준비가 되는 거지. 너희들이 이들의 브레이크라는 걸 명심해.

교장은 교장실의 뒤편에 있는 방으로 조절세포들을 데리고 갔다. 그곳은 사관학교에 VIP가 오면 차를 대접하는 장소다. 주위를 둘러보고 있는 조절세포들에게 교장이 사진 두 장을 내 걸었다.

ㅡ 이게 누구인지 아는가?

방안의 제일 앞에 서 있던, 눈 밑에 점이 있는 조절세포가 답했다.

ㅡ 장내 세균의 하나인 설사균이네요. 그리고 이건, 그놈이네요. 암세포.

ㅡ 그래, 역시 졸업생 중에서 우수한 성적을 받은 자네들이군. 내 말을 잘 듣고 큰창자로 내려가라고.

사관학교 교장이 하는 말을 조절세포는 지금도 기억하고 있었다. 조절세포들이 가장 조심할 놈들이 장내 세균과 암세포라는 충고였다. 이 두 놈들이 가장 무서워하는 건 킬러세포들이다. 그런데 킬러세포의 브레이크를 밟을 수 있는 조절세포가 있다. 그래서 조절세포에게 갖가지 방식으로 접근하고 유혹한다. 뇌물을 주기도 하면서 조절세포를 혹하게 만든다. 킬러세포의 브레이크를 밟으라는 것이다. 특히 동굴 속 암세포는 아예 그걸 전담하는 놈들도 있다. 그만큼 암세포에게는 조절세포가 절대 필요하다.

ㅡ 암세포들을 특히 조심해. 킬러세포 공격력을 떨어뜨리는 너희야말로 암세포들에게는 최고의 동지들이지 하하.

작은 점을 눈 아래 가지고 있던 그녀는 사관학교 시절 교장 선생님의 이야기를 하면서 생글생글 웃었다. 그녀 눈 밑의 검은 점을 곱슬머리 베테랑 대원은 똑똑히 기억했다. 그러던 그녀가 근무지인 큰창자를 떠나 여기 두뇌까지 올라와 있었다. 뇌의 신경망인 뉴런세포들을 도와주는 아교세포 복장을 하고 있었다. 하지만 눈 밑의 작은 점을 본 순간, 베테랑 대원은 머리끝이 쭈뼛 섰다. 그녀가 창자가 아닌 이곳 두뇌의 암 동굴까지 와있다는 건, 이미 좀비가 되었다는 증거였다.

팀장은 피를 흘리며 정신을 잃어 가는 조절세포에게 상황실장을 아는지 물었다. 그러자 그녀가 씩 웃는다.

— 아, 수석 졸업? 별명이 '매뉴얼'인 아이? 그 애가 거기에 있어? 그러고 보니 당신은 '꼴찌 킬러세포'? 하하. 이거 영광이군, 사관학교에서 소문난 커플을 여기서 보다니. 애석한 건 꼴찌 친구의 애인에게 내가 먼저 죽는다는 거네. 가서 전해줘. 우린 유혹 물질을 너무 좋아했다고. 그래서 차석 졸업자가 먼저 하늘나라에 간다고! 호호.

조절세포는 그렇게 숨을 거두었다. 킬러팀장은 털썩 자리에 주저앉았다. 상황실을 떠날 때 실장은 동굴 내의 조절세포를 주의하라고 했었다. 암 줄기세포에 세뇌당했을 수도 있다고. 동굴 밖으로 데리고 나가면, 다시 정상이 될 수도 있다고 했다. 하지만 그들은 스스로 죽음을 택했다.

면역사관학교 졸업 당시, 실장과 그녀의 친구들은 모두 '보조 T세포' 수료증을 받고 인체의 구석구석에 배치되었다. 보조 T세포 중 수석 졸업자인 상황실장은 킬러세포들을 조절하는 것이 주 임무다. 적이 나타나면 킬러팀을 무장시켜 전투에 참여시킨다. 그녀는 상황실 근무를 했다. 반면 차석 졸업자는 조절세포가 되었다. 면역에 브레이크를 걸었다. 너무 흥분해서 자기 몸에 총질하지 않도록 했다. 이들이 없으면 류머티즘성 관절염 같은 자가면역질환이 생긴다.

－야. 이번에 내려오는 조절세포들을 잘 사귀어 놔.

큰창자의 장내 세균 우두머리가 모두를 모아놓고 하는 소리다. 장내 세균들 입장에서는 이들 조절세포들이 아주 고마운 존재들이다. 자기네들 장내 세균을 킬러세포들이 공격하지 않게 해 주니 말이다. 그래서 장내 세균들은 조절세포들에게 뇌물을 주면서까지 유혹해서 장내 세균 편이 되도록 한다. 그러면 큰창자 속의 장내 세균들은 신이 난다. 덩치가 어마어마하게 큰 킬러세포들이 감시의 눈길이 줄어드니 말이다. 덕분에 장내 세균들은 이곳저곳으로 돌아다닐 수 있다.

'저놈의 킬러세포들만 조절세포가 녹여 놓으면 우리 세상이야.'

장내 세균들이 대장의 방호막인 껍질도 뚫고 안으로 들어올 수도 있다. 이들 세균이 내는 독소로 대장 껍질, 즉 상피세포들이 벌겋게 부어오른다. 껍질의 단단한 방호막들이 느슨해지고 온갖 병원균들도 들어올 수 있다. 대장이 붉게 부어오르는 대장 염증이 생긴다. 모두 조절세포들이 제 역할을 하지 못하고 장내 세균에게 놀아난 까닭이다. 그러니 조절세포들의 역할이 아주 중요하다. 킬러세포들이 딱 필요한 만큼의 공격력을 가지고 있도록 조절해야 하는 거다. 불이면 불, 물이면 물이 아니라 그 중간에서 불과 물의 밸런스를 잘 유지해야 한다. 장내 세균은 그래도 덜 위험한 존재들이다. 기껏해야 설사균이 장 껍질을 침투해서 설사나 일으키는 정도다.[72]

－진짜로 무서운 놈들은 암 동굴 속 암세포들이야.

사관학교 교장이 눈을 바로 보며 조절세포에게 한 이야기였다.

자기들을 죽이러 오는 킬러세포들의 브레이크를 밟아 줄 조절세포들이 이들에게는 더없이 고마운 존재다. 암 줄기세포가 내뿜는 강력한 유혹 물질(CCL-22)은 조절세포들에게는 치명적 유혹이다. 가뜩이나 킬러세포들을 약하게 하는 데에 익숙한 조절세포에게, 암 줄기세포의 유혹은 떨치기 힘든 것이다. 그래서 암 동굴까지 이끌려 온 거다. 한번 좀비가 된 이들 조절세포는 킬러세포들을 진정시키는 걸 넘어서, 그들을 초주검으로까지 만든다. 맛이 완전히 간 조절세포는 킬러세포를 죽이기도 한다. 여섯 명의 단발머리 조절세포들이 이곳 암 동굴까지 들어와서 킬러팀에게 ROS 수류탄을 던진 이유다.

킬러팀장은 허공을 바라보고 있었다. 어깨가 처져 있었다. 이번 공격으로 사관학교의 가장 친했던 베테랑 친구들 세 명을 잃었다. 게다가 상황실장의 사관학교 보조 T세포 동기생 여섯 명 단발머리가 죽었다. 이들의 죽음을 헛되이 할 수는 없었다. 팀장은 야전삽을 들고 땅을 파기 시작했다. 남은 두 명의 베테랑 요원이 그를 도와서 아홉 개의 무덤을 만들었다. 묵념하고 돌아서는 팀장의 두 눈은 붉게 충혈되었다. 입술은 꽉 닫혀 있고 두 손은 어떤 것이라도 부수겠다는 듯 굳게 총을 잡고 있다. 이제 동굴은 완벽한 어둠에 싸여 있었다.

'왜 자꾸 잡음이 생기지?'
혜숙은 상황실 대형화면이 가끔 직직거리는 걸 보고 영미의 옆구리에 삽입한 SNS 칩과 컴퓨터와의 연결을 확인했다. 이상이 없다. 6개 방은 모두 정상이었다. 킬러팀장이 있던 칩 내부의 방이 빈 것 말고는 정상이었다. 그런데 6개의 방에서 나가는 데이터양이 조금 늘어나 있다.

'이게 왜 늘어났지? 다른 회선이 추가된 것도 아닌데. 킬러팀장 데이터가 늘어나서 그런가?'

혜숙이 다른 곳을 조정해 보아도 화면에 잡음이 가끔 발생했다.

'내일 영미의 SNS 칩을 빼내서 다시 점검해 봐야겠네.'

혜숙이 SNS 칩의 데이터를 점검하는 사이 유돈은 회장 집무실에서 PC를 통해 암 줄기세포를 보고 있었다. 동굴의 마지막 부근에 있는 암 줄기세포의 방은 어두웠다. 암세포 셋이 앉아 있었고 그 앞에 암 줄기세포가 소파에 누워 있었다.

- 동굴에 침투했던 면역팀들이 질겁을 해서 돌아나갔다 이거지? 하하. 여기가 어디라고 함부로 들어와!

암 줄기세포는 예전에 같이 근무했던 킬러팀장이 직접 이 동굴로 들어온다는 이야기를 들었다. 암세포들과 작전 회의를 했다. 암세포들이 직접 그들과 맞서는 것은 가능한 피해야 한다. 반면 면역세포들을 좀비로 만드는 방법을 쓰기로 했다. 평지라면 이런 유혹 물질이 구름처럼 하늘로 흩어져 나가 효력이 없다. 하지만 동굴이라면 이야기가 달라진다. 암 줄기세포가 유혹 물질(CCL-22)을 동굴 내에 퍼트리면 마치 짙은 안개처럼 동굴을 꽉 메운다. 유혹 물질은 암세포를 잡으러 동굴에 들어왔던 면역팀의 대식세포들을 쉽게 좀비로 만들었다. 이렇게 만든 좀비들은 본래 임무인 암세포를 공격하지 않는 것은 물론이고, 거꾸로 킬러팀원들도 공격한다. 좀비가 된 조절세포들이 킬러팀원들에게 수류탄 공격을 했다는 보고를 들은 암 줄기세포는 손뼉을 쳤다.

- 역시 내 유혹 물질이 최고 무기야, 하하.

하지만 작은 알갱이가 동굴 내에 퍼져서 가짜 '자폭 중 팻말' 작전은 실패했다는 보고를 들은 암 줄기세포는 책상을 주먹으로 내리쳤다.

ㅡ 이런, 빌어먹을. 그런 무기를 면역 미사일팀들이 만들어 냈다는 말이야? 그런 건 못 만들 터인데?

암 줄기세포가 소파에서 일어나 왔다 갔다 하는 모습을 쳐다보고 있던 유돈은 화면 속 CCTV를 자세히 쳐다보았다. 작은 알갱이들이 '자폭 중' 팻말을 뒤덮으면서 팻말 글씨가 안 보이기 시작했다. 그러자 팻말 뒤에 숨어있던 암세포들의 실체가 드러났다. 킬러팀원들은 팻말로 자신을 속이던 암세포들을 한 칼에 쳐 나가기 시작했다. 유돈이 그 모습을 보며 중얼거렸다.

"저건, 팻말에 달라붙는 항체인데……. 저걸 킬러팀과 함께 오던 미사일팀들이 만든 건가? 아닐 거야. 미사일팀들은 암세포나 바이러스 모습을 보고 거기에 달라붙는 항체만을 만들지, 팻말에 달라붙는 건 못 만드는데……. 설마 김수철이 바깥에서 저걸 만들었단 말이야……?"

유돈은 수철을 생각하자 눈썹이 치켜 올라갔다. 영미에게 두 번째 바이러스를 감염시키면 불멸 프로젝트의 성공 여부를 확실히 알 수 있다. 줄어드는 텔로미어를 길게 유지할 수 있는지를 확인할 수 있다. 그렇게 되면 랍스터처럼 암 걱정 없이 200살은 문제없다. 그러려면 암 줄기세포가 영미의 숨통을 확실하게 죄어야 한다. 그래야 수철이 유돈의 말을 들을 것이다.

'수철도 영미를 살리려고 뭐든 하겠지. 자폭 중 팻말을 뒤집어씌우는 항체는 아마도 수철이 영미의 몸속에 주사한 것이겠지. 아비가 딸을 살리려면 무슨 짓을 못 하겠어?'

유돈의 PC 화면 속 암 줄기세포는 좀비가 된 조절세포들 덕분에 베테랑 팀원 절반이 사망했다는 보고를 듣고 소파에서 벌떡 일어났다.

— 그러면 그렇지!

그의 목소리가 높아졌다.

— 내 유혹 물질은 고순도 코카인이야. 이걸 한번 맛보면 조절세포가 좀비가 되는 건 일도 아니지. 여섯 명의 단발머리 조절세포들이 희생된 건 아깝네. 그래도 베테랑 팀들이 반이나 박살 났다면서? 그러면 대성공이지.

세 명의 암세포와 이야기하고 있던 암 줄기세포의 눈이 반짝였다.

— 그런데 이놈들이 아직도 포기하지 않고 이곳으로 기어 오고 있다고?

그의 목소리에 웃음기가 흘렀다.

— 세 놈인가? 암 동굴에 침투해 봤던 베테랑들이라 이거지? 그럼 '눈에는 눈, 이에는 이'로 해 주지. 우리도 '베테랑' 작전을 쓰자고.

주위에 있던 암세포들은 이게 무슨 이야기인지 어리둥절했다.

— 우리 베테랑, 즉 혈관에서 면역세포와 여러 차례 접전하고 나서도 살아 돌아온 우리 베테랑, 우리 최고수, 그 암세포들을 데리고 오라고. 저 놈들과 맞붙게 해야지.

암세포들에게도 소위 '베테랑', 최고수 암세포가 있다. 암세포들은 몸속 여러 곳으로 퍼지는 게 궁극적 목표다. 암의 '전이'다. 방법은 간단하다. 먼저 암 동굴을 나와 혈관 속으로 비집고 들어간다. 혈관 속에서 전이할 다른 곳을 찾는 거다. 이들은 혈관 속에서 수시로 면역세포들을 만나 죽음의 전투를 벌인다. 여기서 살아남아서 다시 암 동굴로 돌아온 암세포는 최고의 전사들이다.[73] 실제로 이들 최고수 암세포들은 면역세포들과 싸우면서 조금씩 진화한다. 즉 돌연변이를 일으키면서 면역세포들과의 전투에서 살아남는다. 가히 최고의 '암 전투병'인 셈이다. 이들을 면역 베테랑 암세포들과 전투를 붙이겠다는 거다.

― 저놈들은 세 놈이라고? 그럼 우리는 삼십 명을 보내! 단, 팀장 놈은 죽이지 말고 생포해 와. 예전에 못다 했던 우리들의 이야기를 마저 해야 하지 않겠나, 하하!

암 줄기세포의 명령에 따라 '최고수' 암세포 30명이 중무장을 한 채 암 동굴에 집합했다. 암 줄기세포는 이들에게 킬러팀장의 사진을 보여 주었다.

― 다른 놈들은 죽여도 이놈은 꼭 생포해서 데려와.

'최고수 암세포' 팀들은 어둠 속으로 흩어져 나갔다.

면역 베테랑 팀은 동굴 속을 플래시 불빛에 의지해 천천히 나아갔다. 공기 속 젖산 냄새가 더 심해지고 산소가 희박해졌다. 암 줄기세포가 있는 곳이 멀지 않음을 직감했다. 동굴은 두 갈래로 나누어졌다. 팀장 홀로 왼쪽 길로 가고 두 명 베테랑 팀원은 오른쪽으로 오 분을 가 본 후 다시 돌아오기로 했다. 둘로 나뉜 지 채 일 분이 지나지 않아 팀장은 폭음을 들었다. 암세포들이 내던지는 ROS(활성산소) 수류탄이었다. 두 팀원의 비명과 함께 몸을 돌리려던 팀장에게 그물이 던져졌다. 동시에 '최고수' 암세포들이 그물 위를 덮쳤다. 무언가에 의해 강하게 머리를 맞은 팀장은 그대로 정신을 잃었다.

― 어이구, 이게 몇 년 만입니까? 킬러팀장님?

밧줄로 결박을 당한 팀장이 눈을 떴다. 미사일팀장이다. 아니 지금은 암 줄기세포다.

― 이런 자리에서 뵙게 되어 애석합니다. 어찌, 상황실장님은 잘 계시는가요? 낭군을 이리 멀리 보내 놓고 잠이 제대로 오실지 모르겠군요, 하하.

킬러팀장은 아무 말 없이 암 줄기세포를 노려보고 있다. 한 사람은 1사관학교, 다른 사람은 2사관학교를 졸업하고 각각 킬러팀장, 미사일팀장으로 배치받았었다.

― 킬러팀장님, 두 사람이 날 바보로 만들고 나니 기분이 좀 나아지던가?

그 말에 킬러팀장이 고개를 들었다.

― 누가 누구를 바보로 만들었다는 거야. 네가 제 발로 탈영을 했잖아. 엉뚱한 사람 잡지 마.

그러자 암 줄기세포가 킬킬거리며 웃었다.

― 둘이 짝짜꿍이 맞아서 날 물 먹이더니 이제는 오리발이군. 좋아. 지난 일은 지난 일이지. 그나저나 이걸 어쩌나. 육십 명이나 데리고 와서 달랑 혼자만 남아 여기까지 왔네. 어디 한번 들어와 보니 이곳이 지낼 만하던가? 나야 이제 적응되었지만, 팀장께서는 고생깨나 하신 것 같구먼.

킬러팀장이 암 줄기세포를 노려보더니 씩 웃었다.

― 그래, 이곳에 자리를 잡고 나니 온 세상이 네 것처럼 느껴지냐? 암 줄기세포가 되고 나니 죽지 않고 몇백 년은 살 것 같아?

킬러팀장의 목소리에 비웃음이 실렸다.

― 그래, 말 잘했네. 나는 미사일팀장으로 살다가, 때가 되면 죽을 운명이었지. 내 몸에서도 수명의 시계가 돌아가고 있었으니까.

암 줄기세포가 팀장을 노려보았다.

― 그런데 나에게 이런 행운이 찾아올 줄이야. 글쎄, 내가 영미 주인의 몸에 들어온 화학 항암제 직격탄을 맞았지 않았나. 그래서 내 몸속 DNA

가 작살났지. 수리가 되면 좋았겠지만, 부상이 너무 커서 원상회복이 안 될 수준이었지. 자폭 스위치가 켜져야 하는 상황이었어.

암 줄기세포는 지나온 세월을 회상하는 듯 눈이 아련해졌다.

— 그런데 자폭 스위치도 화학 항암제로 부서진 거야. 세포 성장 조절 스위치마저 고장이 났지. 여러 개가 맞아떨어진 거지. 게다가 무엇인가에 의해 내 몸이 확 변한 것 같더라고. 계속 쑥쑥 자라는 초능력이 생긴 거 같더란 말이야. 그러더니 미친 망아지처럼 내 몸이 불어나더라고. 어느 정도 자라니까 반으로 갈라지더군. 떨어져 나간 놈이 암세포 하나가 되는 거지. 나는 비로소 내가 암 줄기세포가 된 걸 알았어.

암 줄기세포는 씩 미소를 지었다.

— 당신도 알잖아. 줄기세포는 시간이 지나도 죽지 않아. 그러니까 온몸이 줄기세포면 나이 들어 죽을 이유가 없는 거지. 랍스터도 그런 축복을 받은 동물이고. 랍스터가 죽는 이유는 나이 때문이 아니라 몸이 너무 커져서 탈피를 못 해서이지. 웃기지 않아? 제 몸이 너무 커져서 죽는다니.

그가 킬킬거렸다.

— 중요한 건 내가 죽지 않는 줄기세포인 거지. 암세포는 모두 줄기세포야. 절대 나이 들어 죽지 않는다고. 계속 자라지. 자라는 것만 잘 조절하면 랍스터가 되는 거지. 그러니까 주인 몸이 죽지 않게 잘 조절해야 우리도 그 안에서 영원히 살겠지? 하하하.

킬러팀장이 그런 암 줄기세포를 뚫어지게 쳐다보았다.

— 그래서, 네가 암 줄기세포가 되고 나니, 죽지 않고 영원히 살고 싶은 모양이구나. 정신 차려, 이 친구야. 암은 너같이 미친놈의 DNA가 다음 세대로 넘어가지 못하게, 그 사람을 죽일 목적으로 신이 만든 거야.

킬러팀장이 정면으로 응시했다. 눈에 불이 붙은 듯 빛났다.

– 그리고, 잘 들어둬. 나는 네놈처럼 오래 살고 싶은 생각, 추호도 없어. 때가 되면 죽는 게 가장 행복한 거야. 죽는 게 있으니까 살아있는 게 행복한 거지. 무의미하게 계속 사는 게 무슨 대수야. 사는 동안 가족들과 친구들과 즐겁게 지내면, 그게 전부라고.

암 줄기세포는 소파에서 일어나 웃음을 참지 못하는 듯 킬킬거렸다.

– 네 위선은 여전하군. 너도 오래 살고 싶으면서 웬 개똥철학이야? 죽어 가는 놈들에게 물어봐. 더 살고 싶냐고. 죽고 싶다는 놈 하나도 못 봤어. 똥 밭에 굴러도 이승이 낫다는 말 못 들어 봤어?

킬러팀장은 말도 하기 싫다는 듯 고개를 돌렸다.

– 날 죽일 거면 이 자리에서 끝내자고. 네놈하고 입씨름하고 싶은 생각 없어.

그러자 암 줄기세포는 킬킬거렸다.

– 널 죽일 거였으면 진작에 끝냈지.

그의 목소리가 올라갔다.

– 너는 오면서 많은 네 동료들을 보지 않았어? 대식세포들, 그리고 단발머리 조절세포들, 모두 여기에 와서 마음이 변한 거야. 여기 오기 전에는 모두 자기 주인 지키겠다고 목숨 걸고 싸우잖아. 그렇게 평생을 사는 게 당연하다고 알고 있었지. 그런데 여기 와서 나를 보고 나면 생각들이 달라져.

암 줄기세포의 눈이 번뜩였다.

– 왜 자기라고 오래 살고 싶지 않겠냐고. 암세포가 나쁜 게 아니라고. 암세포가 죽지 않는 게 문제가 아니야. 조절이 안 돼서 문제지. 조절만 된다면 암세포는 평생 그 상태로 사는 거라고. 몇 번을 이야기해야 알아듣

냐? 텔로미어 길이를 유지해 주는 불멸 유전자가 활발하게 작동하고 있는 게 줄기세포와 암세포, 오직 두 종류야. 알겠어?

그가 쓴웃음을 지었다.

— 먼 길 오느라 고생했으니 편히 쉬면서 잘 생각해 보라고. 그나마 같은 상황실에서 근무한 인연을 생각해서 영원히 살 방법을 알려 주는 거야. 내일이 지나면 인연도 악연이 될 거야.

암 줄기세포가 손짓하자 암세포들이 팀장을 끌고 나가더니 동굴 구석의 방에 가두어 놓았다. 감방의 창문으로 좀비가 된 대식세포가 다가왔다.

— 이봐, 킬러팀장. 이제 볼 장 다 본 거 아냐? 개죽음당하지 말고 맘 바꾸라고, 그러면 우리처럼 여기서 편안하게 살 수 있지. 어차피 바깥세상도 이제 암세포 세상이 될 거라고. 내일 총공격이라던데?

그가 감방 바깥을 힐끔거렸다.

— 맘 안 바꾸면 아마 출정식 분위기 띄우는 제물이 될걸? 공개 처형을 한다고 하던데? 잘 생각하라고! 하하하.

킬러팀장은 이제 하나를 선택해야 했다.

죽을 것인가, 죽일 것인가,

18
전군 비상령

동굴 속이라 밤낮이 구분이 안 되었다. 감방에 갇힌 킬러팀장은 시간을 계산해 보았다. 이제 곧 새벽이 될 것이다. 오늘 암세포들이 총공격한다고 했다. 탈출하려면 지금밖에 시간이 없다. 동굴 속이라 면역 상황실과 연락도 안 되었다. 어떻게든 총공격을 알려야 했다. 킬러팀장이 복부를 부여잡으며 바닥을 뒹굴기 시작했다. 신음 소리가 감방을 가득 메웠다.

문이 삐걱거리며 열렸다. 간수가 조심스럽게 들어섰다. 그 순간 팀장이 몸을 일으키며 간수의 손목을 잡아챘다. 순식간에 간수를 넘어뜨리고 목을 조였다.

— 크윽….

간수가 축 늘어졌다. 아직 죽이기는 이르다. 암세포 몸의 아킬레스건을 찾아야 한다. 팀장은 이곳 동굴에 들어오기 전, 상황실 브리핑에서의 미사일 부팀장의 말이 생각났다.

— 저희 미사일팀은 모두 2 사관학교 출신, 즉 B세포들입니다. 지금 탈

영해서 암 줄기세포가 된 전 팀장도 마찬가지고요. 1 사관학교 출신들은 각자 몸에 전원 스위치를 가지고 있습니다. 그 스위치를 누르면 하부 근육이 마비되어 움직이지 못합니다. 그 암 동굴에 있는 암세포들은 모두 같은 곳에 그 스위치가 있을 겁니다. 그걸 찾아야 합니다.

팀장이 늘어진 간수의 몸을 손으로 더듬어 나가기 시작했다. 오른쪽 옆구리 튀어나온 부분을 손끝으로 누르자, 간수가 숨을 못 쉬고 헉헉대더니 그대로 숨이 끊어졌다.

'오른쪽 옆구리가 이 동굴 암세포들의 급소다. 잘 기억하고 팀원들에게 알려야 한다.'

팀장은 그곳을 더듬으며 암세포 몸을 익혔다. 팀장이 허공에서 다시 한번 급소를 공격하는 동작을 취해 보았다. 이제 시급히 탈출해서 총공격을 알려야 했다. 멀리 희미하게 동굴의 출구가 보였다. 감방문을 열고 왼편으로 도는 순간, 문 앞의 보초와 마주쳤다. 킬러팀장은 조금 전에 익힌 공격 자세로 보초 멱살을 잡고 왼손으로 보초 옆구리를 내리찍었다. 보초가 비명도 못 지르고 그대로 쓰러졌다. 정확히 급소를 찌른 거였다. 쓰러진 보초의 목을 비틀고 감방 밖으로 나섰다. 이제 어둠 속에서도 암세포와의 백병전은 몸에 완전히 익혔다.

'암세포의 약점은 오른쪽 옆구리다.'

이제 탈출이다. 감방문 왼쪽으로 돌아서면 동굴의 입구로 나가는 길이었다. 동굴 속 암세포들이 출정하기 전에 이곳을 빠져나가야 한다. 팀장은 동굴 속을 벗어나서 무전을 확인했다. 무전기와 체스트 캠이 모두 고장 나 있다.

팀장은 전속으로 달리기 시작했다.

상황실장은 밤새 한잠도 자지 못했다. 육십 명의 공격팀의 절반이 사망했다. 킬러팀장의 마지막 무전이 머릿속을 맴돌았다.

— 베테랑 여섯 명과 동굴 진입합니다.

그 이후 모든 연락이 끊겼다. 동굴 내부에서 무슨 일이 일어나는지 알 수 없다.

'이 전투에서 패배하면….'

주인인 영미의 몸을 지키기 어려울 것이다. 상황실장의 얼굴이 어둠에 잠겼다. 1차 동굴 공격에서 살아 돌아온 조절세포의 보고가 떠올랐다. 동굴 내부는 생각보다 훨씬 험악했다. 사관학교 시절 암 동굴 작전을 경험한 베테랑 동기들도 이번에는 달랐다. 암 줄기세포가 직접 지휘하는 아지트다.

'킬러팀장이 무사할까…….'

지금까지 아무런 소식이 없는 걸 보면 모두 실패로 돌아간 것인가. 상황실 대형 화면은 찌지직 소리만 나고 어떤 영상도 보이지 않았다. 상황실장이 주먹을 꽉 쥐었다. 침묵에 가라앉은 상황실이 갑자기 소란스러워졌다. 킬러팀장이 가쁜 숨을 고르면서 상황실 문을 밀치고 들어섰다. 어두웠던 실장의 얼굴이 환해졌다. 눈동자는 활짝 웃는 입처럼 반짝였다. 자리에서 벌떡 일어나 팀장 앞으로 다가섰다. 실장의 눈에는 금방 흘러내릴 듯 눈물이 고였다. 눈물을 감추려는 듯 고개를 돌리더니 손을 내밀었다. 킬러팀장은 실장의 눈을 보면서 손을 맞잡았다. 소란스러웠던 상황실이 조용해졌다. 잡은 두 손을 실장이 얼른 풀었다.

— 실장님, 시간이 없습니다!

팀장의 목소리가 급박했다.

– 오늘 암세포들이 총공격을 시작할 겁니다. 제가 탈출할 때 이미 모든 장비와 차량이 준비되어 있었습니다.

실장의 표정이 굳어졌다.

– 아마 지금쯤이면 뇌혈관을 벗어나 이곳으로 밀려오고 있을 겁니다. 지금 전군에 비상령을 내려야 합니다. 대부분 전투는 아마도 이곳 상황실을 중심으로 일어날 것입니다.

'전군 비상령'이라는 말에 순간 상황실 모든 소리가 그쳤다. 실장의 눈동자가 커지더니 그대로 멈추었다. 전투 경험도 없는 실장이 전면전을 준비해야 한다. 실장은 전투 매뉴얼을 집었다. 손이 떨리고 있다. 그 모습을 보던 팀장은 매뉴얼을 집어 어느 한 페이지를 열고 그 상태로 실장에게 건네주었다. 그리고 실장 눈을 바라보면서 조용히 고개를 끄떡였다. 실장이 그런 팀장을 보더니 역시 고개를 끄떡였다. 마치 두 사람이 어떤 합의에 이른 것 같은 장면이었다. 상황실 대형화면 앞으로 킬러팀장이 나섰다.

– 지금 실장님이 지시한 작전 계획 A안대로 시행할 것이다.

팀장 목소리에 힘이 들어가 있다.

– 먼저 전군 비상령을 내려서 모든 병력이 전투준비를 하게 하라. 상황실 주변 한 시간 거리의 모든 병력은 이곳 상황실로 집결하라.

팀장의 시선이 상황실을 훑었다.

– 이곳에서 암세포들과의 근접전을 준비하라. 가용한 모든 차량을 동원해서 이곳 상황실을 둘러싸게 하라.

상황 요원을 향해 고개를 돌렸다.

– 현재 병력 상태는?

상황 요원은 모니터를 응시하며 대형 화면에 병력 상태를 나타내는 도표를 띄웠다. 상황실 주변은 노란색이고 두뇌 부분은 적색이다. 가슴을 지나 대장에 이르는 부분은 황색이다.

─ 지금 주인 몸의 면역 상태는 최악입니다.

상황 요원 목소리에 힘이 빠졌다.

─ 혼수상태 한 달, 게다가 사이토카인 폭풍까지 겪었습니다. 더 치명적인 건 화학 항암제 투입입니다.

대형 모니터의 적색구역이 점멸했다.

─ 항암제 부작용으로 피부, 모발 세포가 큰 상처를 입었고 면역세포들도 큰 피해를 봤습니다. 무엇보다 면역세포를 보충해 주는 골수까지 상처를 입었습니다.

상황병의 얼굴이 굳어지며 화면의 상단을 짚었다.

─ 면역력은 완전 바닥 상태입니다. 두뇌 부분의 면역세포들은 모두 궤멸 상태입니다. 큰창자 부근에 병력이 조금 있지만 그곳을 방어하기도 힘든 상태입니다. 몇 번의 공격을 할 수 있을 정도입니다.

요원의 설명에 상황실은 웅성거린다. 팀장이 다시 대형 화면 아래에 선다. 어깨를 곧게 펴고 목소리를 높였다.

─ 오늘 우리는 만만치 않은 전투를 치른다!

카랑카랑한 음성이 상황실을 가득 채웠다.

─ 암 줄기세포까지 직접 나선다. 하지만 나는 여기서 한 발짝도 물러나지 않는다.

상황실의 모든 시선이 팀장에게 집중됐다.

─ 이곳이 암세포들의 무덤이 된다. 두려워 말라. 우리만이 저들을 막

을 수 있다.

킬러팀장의 카랑카랑한 목소리가 상황실에 울렸다. 요원들은 그 목소리만으로 가슴이 벅차올랐다.

상황실 바깥에 수십 대의 트럭들이 몰려왔다. 요원들이 상황실을 트럭으로 둘러쌌다. 적의 공격을 막을 수 있는 일차 저지선이었다. 하지만 후퇴할 길도 없는 배수진이었다. 바깥 트럭들을 내다보던 실장의 눈이 킬러팀장의 눈과 마주쳤다. 매뉴얼을 펼칠 때의 두려움과 달리 얼굴은 평안해져 있다.

— 킬러팀장님.

실장의 목소리가 차분했다.

— 나누어야 할 말들이 많은데, 시간이 많지 않네요.

실장의 맑은 눈을 쳐다보던 팀장은 눈을 돌려 밖의 트럭들을 쳐다보았다.

— 아니에요. 시간은 우리를 기다려 줄 것입니다.

수철이 중앙 화면 아래 문을 열고 영미가 누워 있는 곳으로 걸어갔다. 암 동굴 전문인 베테랑들이 다시 진입할 때까지만 해도 수철은 희망을 품고 있었다. 가장 유능한 킬러팀이었다. 하지만 이들마저 실패하고 킬러팀장만이 겨우 탈출했다. 이제 몇 시간이면 두뇌를 떠난 암 줄기세포 부대가 이곳 가슴 부위를 지나 몸 전체로 퍼져 나간다.

'이번에 막지 못하면 영미는 끝이다.'

영미 얼굴은 이미 흙색으로 변했다. 얼굴이 발그스름했던 소녀는 이제 없다. 저 얼굴에 홍조가 돌아와야 재잘거리는 소리를 들을 수 있을 터인데, 오늘 밤을 넘길 수 있을지 모르겠다.

'저 아이가 떠나면 나도 떠나야 하나.'

수철의 어깨가 흔들렸다. 영미 옆에 앉아 있는 수철을 쳐다보는 혜숙은 깊은 한숨을 내쉬었다. 그의 고통을 덜어 줄 수 있는 것이 아무것도 없는 자신이 원망스러웠다. 연구소 중앙 화면에 비치던 면역 상황실이 큰 폭음과 함께 화면이 심하게 흔들렸다. 암세포들의 공격이 시작되었다. 혜숙은 창 너머 수철에게 손짓으로 화면을 가리켰다. 수철도 어두운 표정으로 영미 곁을 떠나 연구소 대형 화면 앞으로 다가선다. 그의 눈가가 촉촉해졌다.

펑펑-!

면역 상황실은 암세포들의 집중 공격을 받고 있었다. ROS(활성산소) 수류탄이 작렬했다. 화학탄 특유의 강력한 산화력이 사방으로 튀었다. 공중에서 산화가 되면서 밝은 빛을 내었다. 마치 공중에 터지는 폭죽 같다. 하지만 그 물질에 접촉하면 살이 녹아든다. 심한 고통 속에서 사망한다. 상황실장은 처음 보는 ROS 수류탄의 위력에 기겁했다.

─윽, 으윽.

트럭을 방호막 삼아 암세포들을 공격하던 면역세포들이 비명과 함께 뒹굴었다. 그들의 군복 사이로 파고들어 간 ROS 파편들로 온몸을 뒤틀면서 죽어 갔다. NK팀, 대식세포팀, 미사일팀이 그들이 가지고 있는 모든 무기를 쏘아댔다. 미사일팀의 항체 끈끈이는 정확하게 암세포의 외부에 달라붙었다. 대식세포팀의 레이저 단검은 똑바로 그 항체 표식을 따라갔다. 하지만 암세포들 숫자가 너무 많았다. 암 동굴에서 수많은 암세포가 끝도 없이 밀려 나왔다. 암세포들은 면역세포보다 훨씬 빠른 속도로 병력이 보충되었다. 반면 약해진 체력으로 골수에서 오던 면역지원팀은 그 숫자가 미미했다.

펵, 펵!

전투 지역이 상황실에 가까워지면서 근접전이 벌어지고 있었다. 밀려오는 암세포들은 보는 것만으로도 공포 그 자체였다. 트럭을 방어선으로 공격하던 대식세포팀 앞에 암세포들이 밀려왔다. 근접전이었다. 암세포들은 철저한 훈련을 받은 듯 정확하게 대식세포의 자폭 스위치를 찔렀다. 심하게 상처 입어서 회복할 수 없을 때, 돌연변이가 생기지 말라고 스스로 자폭하는 비상 스위치다. 이 스위치가 눌린 대식세포들은 채 일 분이 지나지 않아 스스로 녹아 버렸다.

킬러팀장은 상황실 우측 트럭 방어선의 중간에서 암세포들과 백병전을 벌이고 있었다. 암세포들도 자폭 스위치를 가지고 있었지만, 이 스위치들이 모두 망가져 있다. 따라서 하나하나 처리해야 한다. 암 동굴에 있던 암세포 한 명이 킬러팀장을 알아보고 소리쳤다.

— 저놈이 대장이야. 저놈을 죽여!

동시에 세 명이 달려들었다. 한 놈을 붙잡고 처치하는 순간 두 놈이 동시에 달려들었다. 한 놈을 잡고 목을 비트는 순간, 다른 한 놈이 앞에서 칼을 쳐들었다. 내리치는 칼과 동시에 총소리가 들린다. 그놈이 쓰러졌다. 뒤를 돌아보니 실장이 권총을 들고 있다. 강력한 살상 물질이 발사되는 단거리 공격용 권총이다. 사관학교에서 사격 훈련은 해 봤지만, 직접 몸에다 쓰는 건 처음이다. 실장의 손이 덜덜 떨리고 있었다. 팀장이 몸을 일으키며 씩 웃었다.

― 고마워요.

그 순간 한 발의 총성이 그녀 뒤에서 울렸다. 그녀가 허리를 꺾고 쓰러졌다. 팀장이 용수철처럼 튀어 오르더니 그녀 뒤에 서 있던 암세포를 한 칼에 쓰러뜨렸다. 킬러팀장은 그녀를 안고 상황실 안으로 뛰어 들어갔다. 중앙의 탁자 아래에 그녀를 뉘었다. 그녀의 오른쪽 가슴에서 피가 흐르고 있었다. 급한 대로 옷을 찢어 지혈했다. 팀장이 그녀를 안아서 상황실 벽에 있는 침대에 눕혔다. 팀장은 동료 베테랑 두 명과 상황실 요원들을 모이게 했다.

― 지금 바깥 트럭의 원형 방어선이 무너지면, 곧 이곳 상황실이 최후의 방어선이다.

목소리가 칼칼했다.

― 지원군도 기대할 수 없다. 이곳을 사수해야 한다. 어차피 우리에게 탈출로는 없다. 마지막까지 버텨 보자.

말을 마치고 팀장은 누워 있는 실장의 침대를 상황실 벽으로 밀어 놓았다. 상황실 책상들로 출입구를 봉쇄하고 침대 옆 창문에 자리를 잡았다. 밖에서는 폭음이 연속으로 들렸다. 상황실 창문이 깨졌다. 깨진 창문 틈으로 트럭들의 방어선이 보였다. 방어선 넘어 언덕에 암 줄기세포가 보였다. 그 주위를 암세포들이 둘러싸고 있었다.

펑, 펑펑!

암세포들이 거침없이 트럭들의 방어선에 ROS 수류탄을 던지고 들어섰다. 이제 트럭들 틈새로 암세포들이 민첩하게 움직였다. 면역 상황실 내부에서 이들을 향해 킬러팀장과 두 명의 동료 베테랑이 대응 공격을 했다. 단거리 화학수류탄이다. 방어선을 넘어서던 암세포들이 줄줄이 쓰러졌다. 하지만 조금씩 그 숫자가 늘어나고 있었다.

연구소에서 면역 상황실 모습을 대형 화면으로 보고 있던 수철의 얼굴이 어두워졌다. 암세포들의 공격에 면역세포들이 죽어 나가고 이제 상황실마저 무너질 위기에 있었다. 수철의 책상에 놓인 종이에는 휘갈긴 낙서가 있다.

'암 불멸, 불멸……'

넋이 나간 수철의 얼굴을 바라보던 혜숙도 면역상황실장이 쓰러지자, 자리에 털썩 주저앉았다.

'이제 마지막인가. 영미를 보내야 하는가?'

그때 연구소로 들어오는 길 방향에서 소란스러운 소리가 들렸다. 입구 초소에서 나오던 경비가 기획실장의 칼에 쓰러졌다. 유돈과 실장이 연구소 철문 앞에 다가섰다. 문을 쾅쾅 두들겼다.

"이봐, 김수철. 그만 문 열라고, 다 끝났어."

수철과 혜숙이 벌떡 일어났다. 서로를 쳐다보고 눈이 동그래졌다. 연구실에 있던 다른 연구원들도 깜짝 놀라 자리에서 문 쪽으로 달려갔다. 철문 틈으로 유돈과 실장이 보였다. 두 사람은 철문을 뒤로 하고 연구소 건너편 88고속도로 차들을 보고 있었다. 유돈이 다시 철문을 두들겼다.

"이봐, 김수철. 이제 숨바꼭질 그만하고 나랑 이야기하자고. 영미를 살려야 할 것 아니야!"

연구소 내에서 철문 밖의 소리를 듣고 있던 수철은 유돈의 영미 이야기에 철문 쪽으로 다가섰다. 그런 수철을 혜숙은 두려운 눈으로 쳐다보고 있었다.

"정유돈, 이게 모두 네가 꾸민 일이라고? 수연이도, 영미도?"

수철의 목소리는 떨려 나오고 있었다.

"김수철, 인류를 죽음에서 구하기 위해서는 희생양이 필요할 수도 있지."

수철이 연구소 실험대의 서랍을 뒤지더니 칼을 들고 문 앞으로 나섰다.

"너 이 자식, 말도 안 되는 소리 지껄이지 마. 내가 갈기갈기 찢어 죽여 버릴 거야!"

혜숙이 놀라서 앞을 가로막고 섰다.

"영미를 살려야 해요."

착 가라앉은 혜숙의 말에 수철이 그 자리에 멈칫했다. 유돈은 문을 두드리며 말했다.

"이봐, 수철. 나 혼자만 살자고 이러는 거 아니야. 영미는 인류가 암의 공포에서 벗어나 영생을 할 수 있는 열쇠를 쥐고 있다고."

수철의 목소리가 올라갔다.

"뭔 개소리를 하는 거야? 영미가 열쇠를 쥐고 있다니, 영미는 네가 만든 바이러스로 뇌종양이 생겨서 지금 목숨이 위험한데, 무슨 엿같은 소리를 하는 거야?"

수철의 흥분된 목소리와 달리 유돈은 유들유들했다.

"김 교수, 지금 흥분할 때가 아니라고. 내 이야기 잘 들어 봐."

유돈의 목소리가 차분해졌다.

"자네도 잘 알 거야. 랍스터 이야기. 랍스터는 다른 동물들과 달리 세포 내의 텔로미어가 줄어들지 않아. 한마디로 세포가 늙지 않는 거지. 그 이유는 텔로미어 길이를 유지하는 불멸 유전자가 활발해서야. 그래서 평생을 청년처럼, 영생에 가깝게 살지."

수철이 미간을 찌푸렸다.

"우리 회사 비밀연구소에서는 이 불멸 유전자를 이용해서 '불멸 주사'를 만들고 있었지. 동물 실험 결과 이 유전자를 쥐에게 삽입하면, 쥐가 털도 안 빠지고 짝짓기도 활발해져. 완전히 불멸하는 거야."

유돈이 잠시 말을 멈추었다.

"그런데 가끔 암이 생기는 거야. 예측했던 대로지. 왜냐면 줄기세포와 암세포에서는 이 불멸 유전자가 활발하니까. 너무 활발해지면 그게 암세포가 되는 거지."

"이봐, 정유돈. 그건 이미 알려진 내용 아니야?"

수철이 목소리를 높였다.

"텔로미어가 최초에 발견되었을 때 그걸 늘리는 유전자를 활성화했더니 암세포가 되더라고. 그래서 모든 동물 실험이 중단되었잖아. 그런데 넌 무슨 욕심이 생겨서 그걸 다시 시작하는 거냐고?"

수철이 목소리를 높이자, 유돈은 오히려 즐거워졌다. 말 상대가 생긴 거다.

"그랬었지. 세상의 모든 과학적 진보는 한 번에 이루어지지 않지. 실패를 한 후에 그걸 끈질기게 물고 늘어지는 자가 승리하는 거지. 천연두 백신을 만든 에드워드 제너 이전에 이미 천연두 고름을 직접 사람에게 주사하는 민간요법이 중국에서 시도되고 있었지. 물론 많은 사람이 천연두에 걸리는 부작용으로 죽었지만 말이야."

수철의 표정이 굳어졌다.

"불멸 유전자도 마찬가지야. 부작용으로 암에 걸려 죽을 수도 있지만 천연두 백신처럼 히트할 수도 있지. 그래서 그 불멸 유전자를 사람에게 시도해 보았지."

"뭐라고?"

수철이 소리쳤다.

"동물 실험에서 암이 생겼는데도 사람 임상실험을 했다고? 그걸 국가에서 승인했다고?"

유돈이 킬킬 웃었다.

"이렇게 순진하기는. 꼭 허가가 있어야 실험하나? 돈만 있으면 그 정도는 쉽게 할 수 있지. 서울역 뒤편에 가면 줄을 섰네, 노숙자들이지. 그들에게 새로 만든 오렌지주스 효과를 측정한다고 돈을 쥐여 주면 줄을 선다고."

유돈 목소리가 높아지면서 씩 웃었다.

"더구나 코로나가 돌 때이니 콧속을 면봉으로 검사한다면 누구도 의심하지 않지. 그래서 아예 코로나도 같이 넣었지. 그러면 감기바이러스가 들어와 있어도 별로 의심하지 않아. 전부 코로나에 정신이 팔린 상태였으니 말이야. 게다가 코로나로 사이토카인 폭풍이라도 생기면 누가 감기 바이러스에 신경이나 쓰겠어? 불멸 유전자가 들어간 감기 바이러스와 코로나를 섞어서 면봉에 묻히기만 해도 되지."

수철이 눈을 동그랗게 떴다.

"아니, 그러면 노숙자를 상대로 불법 임상실험을 했다는 말이야? 죽을 줄도 모르는데?"

유돈은 별로 놀라지 않았다.

"동물 실험에서는 이 주사는 통증이 없었어, 대신 무언가 궁합이 잘 맞지 않으면 부작용으로 기절하거든. 기절을 좀 오래 해서 탈이기는 하지만."

"기절을 오래 한다니, 그게 무슨 말이야? 오랫동안 깨어나지 않는다고? 그럼, 혼수상태란 이야기야? 그걸 알면서도 불법 임상을 사람 대상으로 했다는 말이야.? 너는 인간도 아니야."

유돈은 큭큭 웃었다.

"잘 들어 봐. 위대한 과학 발견은 때론 어쩔 수 없는 희생도 따른다고 했잖아. 너도 큰 수술 할 때면 환자에게 그런 위험을 경고하고 서류도 받잖아. 죽을 수도 있다고……. 뭐가 다른데?"

"그런 말도 안 되는 소리, 집어치우라고. 이미 모든 동물 실험, 임상실험, 위험성 테스트 다 해 보고 위험을 감수하는 것하고는 다르지, 이 미친놈아!"

수철은 소리를 지르다가 갑자기 말을 끊었다.

"너, 설마 얼마 전에 학교 병원 응급실에서 노숙자들이 혼수상태로 사망한 사고들이 네가 한 불법 임상실험 때문인 거야?"

수철은 일 년 전 혼수상태의 노숙자들이 대학병원 응급실에서 사망한 사고를 기억해 냈다. 그런 사고가 두 달 사이에 열 건이 있었다. 당시에는 특별한 사인이 발견되지 않았고, 코로나가 돌던 시기여서 급성 폐렴으로 인한 사망으로 처리한 건이다. 유돈은 킬킬거렸다.

"마침 코로나도 돌고 있어서 노숙자 사망은 급성 폐렴으로 처리되기 좋았지. 하늘이 내 위대한 계획을 코로나로 도운 거야. 그런데 말이야. 역시 사람 임상이 필요하기는 하더라고. 중요한 정보를 주었거든."

유돈은 목소리를 낮추었다.

"노숙자 열두 명에게 텔로메라아제 유전자가 들어간 감기 바이러스를 면봉으로 묻혔지. 그러자 대부분 심한 열과 함께 혼수상태가 오더라고. 물론 서너 명이 재수 없게 죽기도 했지만 말이야. 아무래도 감기 바이러스에 삽입한 불멸 유전자가 너무 많이 들어간 것 같단 말이야. 조절이 잘 안 된 결과지. 그런데 놀라운 게 있었어."

유돈은 말을 멈추고 수철을 응시했다.

"노숙자 얼굴 대부분이 조글조글하잖아. 물론 대부분 나이도 많지. 그런데 실험한 열두 명 중 한 명의 얼굴이 팽팽해지더라고. 할아버지가 청년처럼 된 거야."

유돈의 눈꼬리가 올라갔다.

"우리가 원하는 결과가 떡하니 나타난 거야. 우리는 환호했지. 다른 열한 명과 이 사람은 뭐가 다를까 찾아봤지. 그랬더니 유전자가 하나 다른 거야."

유돈은 자기 말을 즐기려는 듯 잠시 말을 멈추었다.

"바로 수호 유전자 돌연변이야. 너도 잘 알지, 이 유전자는 암 발생을 막는 지킴이야. 이게 돌연변이면 암 발생률이 확 올라가. 암 환자 중 반이 이 유전자 돌연변이란 말이야. 이런 변이가 생길 확률은 아주 드물어. 이만 명 중의 하나꼴이야. 그런데 우리는 노숙자 열두 명 중에서 한 명의 돌연변이를 만난 거야. 이건 분명히 하늘이 우리를 돕고 있다는 이야기지. 후후."

유돈은 싱글싱글 웃고 있었다. 수철은 어이가 없었다.

"유돈, 이 미친놈아. 노숙자를 불법 임상으로 죽여 놓고 뭐, 하늘이 돕고 있다고? 이거 완전히 맛이 간 놈이네."

유돈은 연구소 철문 틈으로 수철을 쳐다보며 여유롭게 말을 이어 갔다.

"그러니까 수호 유전자 돌연변이가 있는 사람에게는 텔로미어를 늘려

주는 불멸 유전자를 감기 바이러스에 탑재해서 삽입해 주면, 세포들이 모두 줄기세포처럼 늙지 않는다는 거지."

유돈이 멀리 지나가는 차량 불빛을 쳐다보며 말했다.

"생각해 봐, 이건 대단한 발견이야. 수호 유전자는 세포가 정상에서 벗어나지 않게 만들어. 때가 되면 늙어 죽게 만드는, 그래서 암이 생기지 않게 만드는 일종의 강력한 브레이크 장치야."

유돈이 손으로 브레이크 잡는 자세를 취했다.

"그런데 불멸 유전자는 세포가 늙지 않게 만드는 장치야. 당연히 브레이크를 풀어야 세포가 제대로 성장하지. 이건 영생의 비밀의 첫 단추를 발견한 거라고."

수철은 말이 없었다. 유돈의 말이 일리가 있었다. 시간이 되면 노화되어 죽는다. 이걸 거스르려면 세포 성장을 감시하고 억제하는 수호 유전자가 작동하지 말아야 한다. 수철은 수연이 떠올랐다. 혼수상태로 누워 있던 침대가 흐트러져 있었고 다음 날 고열로 사망했다. 형사까지 찾아와서 수철을 살인자로 몰았다. 이게 모두 유돈의 치밀한 계획이었다니. 수철은 손이 부들부들 떨리기 시작했다. 두 사람 사이의 철문을 주먹으로 치면서 수철은 울부짖었다.

"그런데 왜 수연이를 죽였냐고! 네가 그렇게 찾고 있던 중요한 돌연변이인 수연이를 왜 죽였냐고, 이 새끼야!"

수철의 고함에 유돈을 손을 저으면서 말렸다.

"흥분하지 마, 김수철. 내가 아까 이야기했잖아. 과학은 때로는 원치 않는 희생이 발생한다고. 내 이야기를 들어 보면, 과학자인 자네도 무슨 말인가 알 거야."

유돈이 엄마와 함께 미국으로 쫓겨간 건 5살 때였다. 정 회장의 내연 녀였던 엄마는 한때 잘나가던 아이돌이었다. 정 회장 본부인이 그녀를 죽이겠다고 난리를 피웠다. 유돈과 엄마는 미국으로 쫓겨 갔다. 이후 유돈이 고등학생 때 몰래 귀국했다. 정 회장 앞에서 배에 칼을 꽂은 고교생 유돈은 정 회장의 정식 아들이 되었다. 유돈은 의사가 되어야 정 회장 일가에서 살아남을 수 있음을 직감했다. 이를 악물었다. 마침 정 회장도 그룹병원을 책임질 의사가 집안에 필요했다. 일타강사들을 불러들였다. 삼경 대학을 그룹병원으로 사 들였다. 유돈을 삼경 의대에 집어넣는 건 식은 죽 먹기였다. 이후 정 회장이 K-메디컬 브랜드로 병원들을 체인화했다. 이를 동남아에 수출했다. 동남아에 K-메디컬 브랜드 병원들을 설립했다.

정 회장의 병원그룹은 급성장했다. 유돈이 대학병원장이 되었다.

'랍스터를 닮은 불멸 주사? 이건 괜찮은 것 같은데?'

정 회장과 죽이 맞은 것은 '랍스터'였다. 랍스터처럼 평생 늙지 않고 불로불사에 가까운 신약을 만들고 싶었다. 그룹 직할 비밀연구소에서 랍스터의 불멸 유전자를 노숙자에게 비밀리에 주사했다. 실험한 노숙자 중한 사람 얼굴이 팽팽해졌다. 그 사람은 수호 유전자 돌연변이였다. 그 돌연변이는 아주 드물게 발생한다. 불멸 프로젝트가 성공하기 위해서는 그런 돌연변이를 찾아야 했다.

'행운은 가끔 한꺼번에 몰려오는 거지, 하하!'

아버지인 회장이 돌연 뇌종양에 걸린 거다. 회장은 수호 유전자 돌연변이다. 이 유전자는 암을 막는다. 이 유전자가 작동하지 않는 돌연변이이니 뇌종양에 걸린 거였다. 아버지 회장에게 불멸 유전자를 주사했다.

노숙자 경우처럼 얼굴이 팽팽해졌다. 회장은 뇌종양이 치료되는 걸로 알았다. 약속대로 유돈에게 회사 지분을 넘겼다. 회장을 수연처럼 죽이면 된다. 유돈은 수연에게 정상수호 유전자를 감기 바이러스에 실어 보냈다. 수연이 죽었다. 회장에게도 같은 방법을 썼다. 불멸 유전자 주사를 놓은 후 수호 유전자를 주사했다. 회장 얼굴이 팽팽해지다가 죽었다. 아버지 죽이고 회사도 챙겼다. 꿩 먹고 알 먹은 셈이다.

'나도 돌연변이야. 그 영감처럼 뇌종양으로 죽을 순 없지!'

유돈은 살아야 했다. 우선 뇌종양 치료를 하고 불멸 프로젝트가 성공하면 된다. 회장의 또 다른 내연녀가 있었다. 미국에서 국내로 돌아와 있었다. 그 딸을 확인했다. 수철의 부인, 수연이다. 그 딸 영미도 돌연변이다. 내가 좋아했지만 나를 경멸했던 수연이다. 대학병원 만찬장에서 수연에게 감기 바이러스로 수호 유전자를 주입시켰다. 자기처럼 돌연변이인 수연은 부작용으로 혼수상태가 되었다. 그 상태에서 불멸 유전자를 집어넣어 봤다. 하지만 수연은 사망했다.

'이제는 영미다.'

수호 유전자가 꺼진 돌연변이다. 이 유전자가 일하지 않는 상황에서 불멸 유전자를 주입시키자 줄기세포가 생겼다. 그런데 그게 하필 암 줄기세포다. 암세포 때문에 영미는 뇌종양 상태다. 하지만 줄기세포가 작동할 수 있는 조건이 되었다. 불로불사에 그만큼 가까워졌다. 이제 불멸 유전자 수를 조절하는 주사 한 번만 더 맞으면 영미는 모든 세포가 줄기세포처럼 싱싱해진다. 랍스터처럼 불로장수한다.[74]

'내 꿈을 이루는 천상의 열쇠가 영미야.'

그런 영미가 연구소 철문 너머에 있다. 인류가 암의 공포, 죽음의 어둠에서 벗어나서 평생 싱싱하게 살 수 있는 불멸 상태가 된다. 세포들 사이 대화를 해석하는 'SNS 칩'으로 암을 정복하겠다는 수철과는 비교가 되지 않는다. 유돈은 이제 역사상 처음으로 불멸을 이루는 최초의 과학자가 된다.

"그래서 네 아버지를 죽였다고?"

수철의 목소리가 떨려 나왔다.

"얼굴이 팽팽해져서 뇌종양이 나왔다고 좋아하던 아버지를 죽였다고? 같은 아버지에서 나온 네 이복동생 수연이를 너 살겠다고 죽였다고? 그것도 모자라 영미도 네 엿같은 불멸 지랄을 위해서 죽게 만든 거라고? 내가 너를 잘근잘근 씹어 삼켜 죽여 버리겠어."

수철은 손에 들고 있는 칼을 들고 연구소 철문으로 다가섰다. 그 앞을 혜숙이 막아섰다. 그리고 나직이 속삭였다.

"지금 나가서 병원장을 죽인다고 영미가 살아나는 건 아니에요. 우선 영미를 살릴 방안을 찾아야 해요. 영미는 지금 암 동굴 속 모든 암세포가 몰려나와서, 면역 상황실도 함락 직전입니다. 아주 위험한 상태라고요."

혜숙의 나직한 말에 수철은 숨을 골랐다. 유돈은 그런 수철을 보고 톤을 높였다.

"이봐, 수철. 잘 생각했어. 지금은 개인적인 감정보다는 인류를 위해 중요한 결단을 해야 할 시간이야. 영미는 인류의 꿈인 불로장수, 영생을 이룰 수 있는 신의 선물이야. 수호 유전자 돌연변이에다가 화학 항암제, 그리고 새로 넣은 불멸 유전자 덕분에 암 줄기세포까지 몸에 생겼어."

수철이 이를 악물었다.

"내가 암세포들 이야기를 들어 봤지. 네가 만든 'SNS 칩' 덕분에 암세포들 이야기를 들을 수 있었어. 그들 말로는 암 줄기세포야말로 진정한 줄기세포인 거지. 암 줄기세포는 아주 힘든 과정을 넘어야 생긴다고 하더구먼. 힘든 고개는 수호 유전자인 거지."

연구소 철문이 덜컹거렸다.

"이 유전자가 돌연변이이면 일반 세포들이 쉽게 줄기세포처럼 된다는 거야. 수호 유전자는 우리 몸에 암세포가 안 생기게도 하지만 일반 세포들을 주어진 역할에서 한 치도 못 벗어나게 하지. 그러니까 이놈이 돌연변이인 경우에만 불멸 유전자를 받아들이고 일반 세포들이 줄기세포처럼 평생 늙지 않게 된다고. 이건 하늘이 알려 준 불로불사의 팁이야."

유돈이 하늘을 쳐다보며 외쳤다.

"이제 우리는 랍스터처럼 평생 싱싱하게, 수백 년을 살 수 있는 거라고!"[75]

유돈의 이야기를 듣던 혜숙은 고개를 돌려 대형 화면 뒤를 보았다. 영미의 몸속에 있던 'SNS 소통 칩'에 데이터양이 상승했던 이유를 알았다. 칩의 빈 칸에 암 줄기세포가 들어와 있던 거였다. 유돈이 이 연구소 내부로 침투했던 거다. 영미의 몸속 칩을 연결해서 외부에서 암 줄기세포와 암세포 간의 이야기를 듣고 있던 거다. 유돈은 철문 틈새로 혜숙과 수철을 느긋하게 바라보았다.

"그래, 혜숙이라고 했나? 생각보다 똑똑하군. 혜숙이 생각이 맞네."

철문 너머로 유돈의 여유로운 목소리가 들렸다.

"내가 영미의 몸속 칩에 암 줄기세포를 몰래 연결했지. 그래서 암세포들의 이야기를 들었고. 이야기 속에서 랍스터의 비밀을 알았네."

유돈이 철문 너머에서 킬킬거렸다.

"암 줄기세포처럼 모든 몸이 줄기세포로 되면, 우리는 늙지 않네. 우리는 랍스터처럼 이백 년, 삼백 년을 싱싱하게 산다고. 영미가 인류의 꿈을 이루게 하는 위대한 선물일세."

잠시 침묵이 흘렀다,

"자, 이제 내 이야기는 끝났네. 이제 자네 답을 들어야 하네."

유돈이 수철을 노려보았다.

"자네는 두 가지 중 하나를 골라야 해."

목소리가 냉정해졌다.

"하나는 내가 만든 이 주사를 영미에게 맞히는 일이야. 이 주사는 감기 바이러스로, 불멸 유전자 수를 세 개로 만드는 주사네."

유돈이 주사를 흔들어 보였다.

"수연이 죽은 일은 안타깝네. 하지만 그 죽음 덕분에 불멸 유전자가 세 개 이상 되면 혼수상태로 죽는다는 걸 알려 주었네. 랍스터에도 그 유전자 개수는 세 개일세."[76]

수철의 얼굴이 창백해졌다.

"이 주사를 영미에게 맞히면 영미의 모든 세포는 랍스터처럼 되네. 즉 모든 세포가 줄기세포처럼 평생, 아니 영원히, 건강하게 살아 있는 걸세."

유돈의 목소리에 광기가 스며 있었다.

"나이가 들면 텔로미어가 줄어들어 늙어 죽는 게 아니란 말일세. 물론 암 줄기세포도 성장 속도가 조절될걸세. 암과 줄기세포가 실은 같은 이름일세. 바로 '죽지 않는 세포'지."[77]

유돈이 철문을 흔들었다.

"두 번째 선택, 자네가 이 주사를 거부하면 영미 몸속의 암 줄기세포

312

가 만든 암세포들이 결국 모든 장기를 덮을 걸세. 죽음이지."

유돈이 마지막이라는 듯, 하늘을 향해 외쳤다.

"자, 영미 목숨은 자네 손에 달려 있네. 암세포가 퍼지는 시간은 4시간 일세."

4막 ——— ✣ 　　죽음의 전투

19
내가 죽어서

수철이 유돈의 두 가지 제안을 듣고 입을 굳게 다물었다. 등을 돌려 연구소 안으로 걸어 들어갔다. 이야기를 듣던 혜숙의 얼굴이 창백해졌다. 책상 모서리를 움켜쥔 수철의 팔이 부들부들 떨리고 있었다.

"유돈이 두 가지를 말했지만⋯."

수철의 목소리가 갈라졌다.

"결국 영미에게 불멸 유전자 개수 조절 주사를 놓겠다는 거야. 거부하면 영미는 암이 퍼져 죽는 거고."

고개를 숙였던 수철이 갑자기 고개를 들었다. 결심이 선 듯 단호한 눈빛으로 혜숙과 연구원 둘을 불렀다. 목소리를 낮췄다.

"지금부터 내 말을 잘 들어야 해."

굳어진 수철의 눈빛에 혜숙의 입술이 다물어졌다.

"나는 수연이를 못 지켰어."

수철의 주먹이 떨렸다.

"내 잘못이다. 어떤 일이 있어도 영미는 살려야 한다."

숨을 깊이 들이쉬었다.

"방법은 하나, 내가 영미 대신 그 주사를 맞는 거야."

혜숙이 벌떡 일어났다.

"뭐라고요?"

"영미에게 일어날 일을 내가 먼저 겪어서 대비책을 찾을 거야. 날 도와줘."

수철의 단호한 말투에 혜숙의 눈꺼풀이 파르르 떨렸다.

"교수님! 그건 자살 행위예요! 수연 선배를 죽이고 영미를 혼수상태로 만든 그 끔찍한 바이러스를 모두 다 맞겠다고요?"

목소리가 떨렸다.

"게다가 임상실험도 제대로 안 한 불멸 유전자 조절 주사까지요? 노숙자들도, 회장도, 수연 선배도 모두 그 부작용으로 죽었잖아요!"

혜숙이 수철 앞에 다가섰다.

"바이러스 감염만으로도 사이토카인 폭풍이 일어나 죽을 수 있는데, 유전자 주사까지 더해지면 죽음을 자초하는 일이에요!"

수철이 혜숙을 바라보며 천천히 고개를 저었다.

"아니야. 이게 유일한 길이야."

목소리에 비장함이 배었다.

"내가 먼저 그 지옥을 겪어 봐야 해. 그래야 영미를 구할 실마리를 찾을 수 있어."

혜숙의 목소리가 절망에 잠겼다.

"교수님은 지금 죽음으로 영미를 살리시겠다는 거 아니에요!"

"혜숙이 날 걱정하는 마음은 잘 알아."

수철이 영미를 바라봤다.

"하지만 영미 몸속 암세포가 퍼지는 건 시간문제야. 유돈이 만든 주사를 내가 대신 맞으면, 영미에게 무슨 일이 벌어질지 미리 알 수 있어."

수철의 두 손이 탁자 모서리를 꽉 움켜쥐었다.

"거기서 영미를 살릴 답을 찾아내야 해."

혜숙의 눈초리가 어두워지고, 이마에 깊은 주름이 패었다. 누워 있는 영미를 바라보는 수철의 두 눈이 강렬하게 타오르고 있었다.

"내 꿈은 가족과 즐거운 시간을 보내는 거야."

수철의 목소리가 차분했다.

"때가 되면, 하늘이 부르면, 그때 돌아가는 거지. 영생? 그건 미친 짓이야. 수명만 늘어나는 영생은 아무 의미가 없어. 끝이 있어서 사람들이 그립고, 시간이 정해져 있어서 더 의미 있는 일을 하려 하는 거야."

수철이 영미를 바라봤다.

"눈앞에 산더미처럼 과자가 놓여 있다면, 아이는 과자가 맛이 없어지지. 나는 영미가 영생 미치광이에게 놀아나게 할 수는 없어."

수철의 목소리가 떨렸다.

"먼저 떠난 수연이도 그걸 원할 거야. 만약 영미를 구하지 못한다면…. 수연이와 영미가 있는 곳에서 다시 만나면 돼. 그때 재미있게 놀면 돼."

혜숙이 수철의 충혈된 눈을 응시했다. 수철의 결심을 바꿀 수 없다는 걸 알았다.

"…교수님 뜻이 정 그러시다면, 구체적인 방법을 알려 주세요. 저희가 무엇을 해야 하는지."

수철이 철문 밖을 흘끗 쳐다보고 목소리를 낮췄다.

"먼저 수호 유전자에 돌연변이가 일어나도록 변이 주사를 맞을 거야."

수철이 계획을 설명하기 시작했다.

"이 주사는 정상 수호 유전자에 달라붙어 변이를 일으켜. 감시 유전자가 작동하지 않는 상태가 되는 거지. 그다음에 불멸 유전자가 탑재된 변형 감기 바이러스를 코로 감염시키면 돼. 그러면 나는 영미와 똑같은 유전자 상태가 되지."

수철이 잠시 말을 멈췄다. 그때 대형 화면에서 경고음이 울렸다.

"경고! 암세포 확산 지속! 3시간 31분 후 심장 도달!"

화면의 붉은 점들이 더욱 빠른 속도로 퍼져 나가고 있었다. 수철은 힐끗 화면을 보더니 말을 잇는다.

"그런 상태에서 영미에게 주사하려는 텔로메라아제 조절 주사를 내가 맞을 거야. 이 주사는 불멸 유전자를 세 개로 만든다고 유돈은 이야기하지."

혜숙이 고개를 끄덕였다.

"수연이나 영미 경우는 너무 많은 불멸 유전자가 들어갔어. 그래서 혼수상태가 된 거고. 하지만 세포 당 세 개가 되면 모든 세포가 줄기세포처럼 작동한다는 이야기야. 일리가 있어."

수철의 설명이 계속됐다.

"유돈 이야기대로 수호 유전자가 작동하지 않는 조건에서만 '불멸'이 일하는 거야. 그러면 온몸 세포가 줄기세포처럼 늙지 않게 돼. 랍스터처럼 평생 싱싱한 세포로 200살까지 살 수 있다는 게 유돈의 계획이야."

유돈의 계획을 설명한 수철이 중앙 테이블에 백지를 놓았다.

"유돈에게 그 주사를 달라고 하기 전에 먼저 내 몸에 SNS 칩을 설치해야 해."

수철이 떨리는 손으로 백지에 간단한 그림을 그리기 시작했다. 인체에 칩이 들어갈 위치를 표시했다.

"영미와 같은 주사를 맞으면 내 몸에서 심한 사이토카인 폭풍이 일어날 거야. 폭풍 상태를 최대한 오래 유지해야 해. 내 몸을 바닥까지 끌고 내려가야 해."

혜숙의 눈이 커지더니 이내 촉촉해졌다. 다른 연구원 두 명도 모두 고개를 숙였다.

"도대체 어디까지…. 언제까지…."

혜숙이 말을 잇지 못하고 고개를 들어 수철을 봤다.

"교수님, 정말 다른 방법은 없나요? 교수님이 돌아가시면 영미는 어떻게 하죠? 설령 실험이 성공한다 해도 교수님이 계시지 않으면…."

혜숙의 목소리가 떨렸다. 수철이 백지 위의 그림을 가리키며 단호하게 말했다.

"혜숙, 이게 유일한 방법이야. 내가 먼저 겪어 보지 않으면, 영미를 구할 수 없어. 의사로서, 아버지로서 이건 내가 해야 할 일이야."

딸을 위해 죽겠다는 사람이다. 눈물이 맺힌 혜숙의 눈을 바라보던 수철이 천천히 고개를 끄덕였다.

"내 몸이 바닥 상태가 되면 암세포가 생기기 시작할 거야. 영미와 같은 상태가 되지. 그 과정을 모두 기록해야 해."

수철이 종이 위에 한 점을 짚었다.

"SNS 칩을 설치할 곳은 두 곳이야. 하나는 영미와 같은 겨드랑이, 그곳이 내 면역 상황실이 될 거야. 거기는 한번 해 봤으니 금방 할 수 있을 거야. 다른 곳이 중요해. 그곳은 기관지야. 사이토카인 폭풍으로 온몸이 극심한 스트레스 상황이 되면, 기관지 상피세포가 제일 먼저 암세포로 바뀔 거야. 그곳 세포들의 이야기를 들어야 해."

혜숙이 놀란 표정으로 수철을 바라본다.

"상피세포는 늘 자라는 세포니까 돌연변이가 생길 확률이 높지. 암세포는 돌연변이가 축적되어서 생기는 거고."[78]

수철이 그림을 가리켰다.

"목 입구 기관지에 칩을 장착하면 돼. 영미에게 쓰던 SNS 칩을 반으로 잘라서…."

수철이 SNS 칩을 꺼내 정밀 절단기 앞에 놓았다.

"기관지 점막에 부착하는 거다."

펜으로 선을 그었다. 그때 대형 화면에서 급한 경고음이 울렸다.

"위급! 암세포 확산 20% 가속화! 3시간 22분 후 심장 도달!"

화면의 붉은 영역이 코너에서 중심지로 이동하고 있었다. 수철이 붉은 영역을 보더니 말을 잇는다.

"이 그림처럼 반으로 절단 후, 절단면에 수술용 접착제를 발라. 그리고 코 내시경으로 기관지 점막 위에 올려서 붙여. 그러면 점막 상피세포들의 대화를 듣고 기록할 수 있어."

펜으로 선을 그으면서 수철의 손이 미세하게 떨렸다. 겉으로는 침착해 보이지만, 본인에게 무슨 일이 있을지를 아는 수철이다. 수철의 말을 듣던 혜숙이 등을 돌려 테이블을 등졌다. 어깨가 조금씩 떨렸다. 흐느끼고 있었다. 갑자기 혜숙이 주먹으로 책상을 내려쳤다.

"교수님, 이건 너무 잔인해요! 어떻게 이런 고통을 견딘다고 하세요!"

혜숙의 목소리가 떨렸다. 수철의 계획은 죽음보다 더 큰 고통이었다. 장기간 스트레스로 세포 돌연변이가 누적되어 암세포가 되는데, 수철은 그걸 단기간에 하겠다는 거였다. 그것도 사이토카인 폭풍이라는 극심한 고통을 견디면서. 얼마나 심한 통증 속에 있어야 할지 생각하니 혜숙은 견딜 수가 없었다. 수철이 혜숙의 어깨를 다독거렸다.

"혜숙이가 도와줘야 해."

테이블로 돌아선 혜숙의 눈이 벌겋게 충혈되어 있었다.

"내가 사이토카인 폭풍에 들어서면 3분 단위로 내 점막에서 샘플을 채집해. 그래야 인체 세포 유전자 3만 개 중 어떤 유전자가 켜지면서 암이 발생하는가를 알 수 있어."

수철이 잠시 말을 멈췄다.

"샘플은 상황이 끝날 때까지 해야 할 거야."

'상황이 끝날 때까지'라는 수철의 말에 혜숙과 연구원들이 고개를 들어 수철을 바라봤다. 그리고 고개를 떨궜다. 그 말은 수철이 죽을 때라는 말과 같았다. 수철이 그 분위기를 모르는 체하고 짐짓 목소리를 올렸다.

"내가 고생할 거면 나도 뭔가 남는 장사를 해야지!"

쾌활한 척했다.

"만에 하나 일이 잘못되어 영미가 깨어나지 못하고, 나도 바닥 상태에서 올라오지 못한 채 끝이 나면, 둘이 고생한 게 좀 억울하잖아?"

수철이 웃으려 했지만, 입가만 씰룩했다.

"그래서 SNS 칩 대화 내용을 녹음하고, 점막 상피세포의 시간별 유전자 작동 상태를 조사해 놓으면, 이건 그야말로 대단한 데이터가 될 거야. 누구도 얻지 못할 대박이라고!"

짐짓 쾌활한 목소리의 수철과 달리 혜숙과 두 연구원은 얼굴이 어두웠다. 혜숙의 눈자위가 붉어졌다. 죽어 가는 수철의 몸 상태를 기록한 데이터에서 암 정복의 열쇠를 찾겠다는 거였다.

"혜숙, 그렇게 기죽을 거 없어."

수철이 억지로 밝은 목소리를 냈다.

"이렇게 얻은 데이터는 완전한 노벨상감이야. 잘 들어 봐, 암이 생기는 이유를 진화론에서는 이렇게 설명해. 아주 그럴싸하고 간단해."

수철의 눈이 어린아이처럼 반짝였다. 죽음을 앞두고도 답을 찾으려는 의지가 타오르고 있었다. 수철이 혜숙에게 '이분법' 이론을 설명하기 시작했다.

"세상의 모든 생물은 단세포 박테리아에서 진화했어. 박테리아는 둘로 분열하면서, 즉 이분법으로 후손을 만들어."

수철이 펜으로 그림을 그리며 설명했다.

"이런 단세포가 진화하면서 다세포, 즉 동식물이 생겼지. 이 다세포들은 이분법이 아닌 난자, 정자를 이용해서 후손을 만들어. 그래야 다양한 후손들이 나와서 생존에 유리하지."

그때 갑자기 대형 화면에서 붉은 경고등이 깜박였다.

"3시간 15분 후 심장 도달! 암세포 확산 속도 계속 증가!"

수철이 잠시 화면을 보고는 조용한 어조로 말을 이어 갔다. 마치 경보는 개의치 않겠다는 듯.

"생식 방법이 난자, 정자를 이용하는 걸로 진화하자 이제는 더 이상

이분법 유전자들은 필요가 없어졌지. 그래서 아예 대못을 박아 놓았어. 그런데, 만약 상황이 안 좋아져서 동식물들이 난자, 정자를 못 만들게 될 것 같으면, 다른 수단으로라도 살아남아야 하지. 어떻게든 후손을 만들어야 해. 그렇지 않으면 멸종이니까."

수철의 목소리가 점점 열정적으로 변했다.

"단 한 가지 방법이 있어. 이분법으로 돌아가는 거야. 그건 간단해. 몸을 불려 둘로 나누기만 하면 돼."

혜숙은 수철의 열띤 얼굴을 바라보다 눈을 돌린다.

"그동안 꺼져 있던 이분법 유전자들을 다시 켜는 거야. 이 유전자들이 켜지면 박테리아처럼 무한성장 하는 세포가 되지. 바로 암세포가 되는 거야. 이분법 유전자는 그래서 '발암 유전자'라고도 불려."[79]

수철이 조용하면서도 침착한 어조로 암 발생 이론을 마무리했다.

"어때, 재미있는 이론이지? 그러니까 암이 생기는 시점에서 내 점막 상피세포의 유전자 중 어떤 것이 처음으로 켜지는지를 기록해 놓으면, 그게 암의 마스터 스위치를 찾는 거라고!"

수철의 목소리가 잠시 떨렸다.

"그러면 영미는 못 살려도, 또 다른 영미는 살릴 수 있겠지."

혜숙은 수철의 이야기를 듣고 있지만 한 귀로 흘러갔다. 다만, 대못으로 고정된 원시시대의 이분법 성장 유전자에서 대못이 빠지면 안 된다는 소리만 들렸다.

'교수님은 그 못이 빠질 만큼의 강한 스트레스를 스스로 받겠다는 거다. 그건 죽음 직전 상태를 최대한 길게 유지해 달라는 이야기야. 가장 잔인한 고문도 그렇게는 하지 않아.'

혜숙의 눈이 붉게 젖어 있었다. 수철이 기관지 점막 속에 삽입할 SNS 칩의 위치와 설치 방법을 그린 종이를 혜숙에게 넘겨줬다. 혜숙이 고개를 숙이고 그 종이를 받았다. 받는 손이 가늘게 떨리고 있었다.

수철이 연구소 출입문을 향해 걸어가면서 마지막으로 영미를 돌아봤다. 작은 가슴이 미약하게 오르내리고 있었다.

'아빠가 너를 살려 낼게. 어떤 일이 있어도.'

수철이 연구소 외부 출입문 앞으로 걸어갔다.

"이봐, 유돈!"

목소리가 단호했다.

"영미에게 주사하겠다는 그 주사는 내가 먼저 맞아야겠어. 그게 제대로 작동하는지 알고 나서, 영미에게 맞출지를 그때 결정할 거야."

철문을 향해 소리쳤다.

"그러니 영미와 같은 몸 상태가 되도록 '수호' 변이 주사와 불멸 유전자 주사를 나에게 넘겨!"

유돈이 킬킬 웃었다.

"야, 이건 눈물 없이는 못 볼 영화 한 장면이네."

철문 너머에서 조롱하는 목소리가 들렸다.

"죽을지도 모르는 주사를 대신 맞아 보겠다고? 하하. 그거야 나쁠 것 없지."

유돈이 목소리가 올라갔다.

"어차피 정상 수호 유전자를 가지고 있는 일반인에게도 테스트해 봐야 하는데 말이야. 스스로 자원하겠다고 하니, 난 쌍수 들어 환영일세."

유돈의 목소리가 냉소적으로 변했다.

"그런데 말이야, 가만히 생각해 보니 자네도 욕심이 많은 건 못 숨기는군. 하하."

"뭐라고? 욕심? 무슨 말도 안 되는 소리를 지껄이고 있는 거야!"

수철이 고함을 치자, 유돈의 입꼬리가 올라가고 눈가에 작은 주름이 생겼다. 눈에 조롱기가 가득했다.

"김수철, 네가 노벨상은 욕심이 나는 모양이지? 죽어서라도 타겠다는 거 아니야?"

유돈의 목소리가 더욱 음산해졌다.

"네 SNS 칩 연구가 노벨상 후보에서 탈락했잖아. 그러면 포기해야지, 왜 아직도 포기 안 하고 있냐고!"

유돈이 철문을 두들겼다.

"네가 욕심이 없는 것처럼 하는 거, 그거 대단한 위선이야. 나처럼 솔직해져 봐."

대형 화면에서 또다시 경고음이 울렸다.

"3시간 8분 후 심장 도달! 위험 구역 70% 확장!"

유돈이 힐끗 화면을 본다.

"나는 네가 노벨상 후보가 되는 것조차 보기 싫었어. 그래서 후보에서 밀어냈고. 어때? 솔직하잖아."

수철이 문틈으로 들여다보는 유돈을 향해 철문을 두들겼다.

"유돈! 내가 노벨상을 포기 안 했다니, 그건 무슨 잡소리야? 네 말대로 SNS 칩은 후보에서 탈락했어. 유돈이 네가 탈락시킨 거라고 짐작은 하고 있었고. 그런데 무슨 노벨상 이야기를 하는 거야? 미친 거 아냐?"

유돈이 문밖에서 낄낄거리며 웃었다.

"김수철, 봐봐, 네가 영미를 살리겠다고 대신 주사를 맞겠다는 거 아냐? 그리고 아마도 네 몸에 SNS 칩을 설치하겠지? 아까 너희들끼리 수군거리는 걸 보니 그런 이야기 아니겠어?"

유돈이 수철과 영미를 쓱 둘러보았다.

"영미 주사를 대신 맞으면 아마도 너는 죽겠지. 그럼 이건 완전히 짜고 치는 고스톱이라는 거야."

유돈이 잠시 말을 멈췄다.

"너도 들어서 알고 있는 이야기 있잖아. 어떤 과학자가 췌장암에 걸려 죽게 되었지. 그러자 자기 췌장암 세포를 꺼내서 동료에게 줬어. 동료는 그걸로 면역 항암제를 만들어서 과학자 몸에 주사했지. 임상실험을 스스로 과학자, 자기 몸에 한 거야. 그 과학자는 넉 달 시한부를 선고받았지만 4년을 더 살았지."

유돈의 목소리가 한 옥타브 높아졌다.

"그 공로로 그 과학자에게 노벨상 수상이 결정되었지. 그런데 그 과학자는 상을 받기 며칠 전에 죽었고. 그 과학자 이름은 랠프 스타인먼이야. 죽어서도 아주 유명 인사가 되었지."[80]

철문 너머에서 웃음소리가 들렸다.

"어때, 너도 그렇게라도 노벨상을 받고 싶은 거 아니야? SNS 칩을 개발한 공로로 노벨상이 결정되었는데, 너는 딸을 살리기 위해 그 칩을 실험하다가 죽었다, 뭐 이런 걸 노린다면 아주 영악한 셈이네. 온 세계 매스컴에 네 이름이 도배될 테니까 말이야. 하하하."

유돈이 문을 꽝꽝 내리치며 웃고 있었다. 수철이 그런 유돈을 어이없다는 듯 쳐다봤다.

"유돈, 말도 안 되는 소리를 지껄이고 있는 걸 보니 이제는 정신도 맛이 간 모양이네."

수철의 목소리가 차가웠다.

" 네가 무어라 지껄이든 넌 살인마야. 그것도 네 이복동생을 죽인 놈이란 말이야. 네 불멸 지랄 때문에 네 동생이 죽었다고, 이 후레자식아!"

'후레자식'이란 말에 유돈의 눈이 살기를 띠었다. 두 손이 떨리고 입술이 올라가더니 고함을 지르기 시작했다.

"그래, 너 말 잘했다! 이 새끼야! 나는 아비가 없는 후레자식이다! 회장? 그놈은 우리 모자를 미국으로 내다 팽개쳤어!"

유돈의 목소리가 절규에 가까웠다.

"한국에서 엄마와 같이 살게 해 달라고 회장한테 무릎 꿇고 빌었지. 다섯 살짜리가 제 아비한테 무릎 꿇고 빌었단 말이야! 하지만 그놈은 눈도 까딱 않고 공항으로 우릴 내몰았어. 미국에서 엄마는 매일 술을 퍼마셨어. 얼굴이 누렇게 뜰 때까지 마셨어!"

목소리가 갈라졌다.

"심한 우울증으로 방에만 있었지. 결국 엄마는 목욕탕에서 칼로 손목을 그었어!"

철문 넘어 유돈 목소리가 날카로워졌다.

"난 회장을 죽이겠다고 내 방에 칼을 걸어 놓았어. 난 결혼에 관심 없어. 왜냐고? 나 같은 놈이 태어나서 나를 죽이겠다고 해 봐. 그건 비극이야!"

대형 화면에서 다시 경고음이 울렸다.

"3시간 1분 후 심장 도달! 최종 경고!"

유돈은 그 소리를 못 들은 듯 소리를 높였다.

"가족? 그게 뭔데? 난 네놈이 영미 살리겠다고 대신 주사 맞겠다는 이야기 듣고 그런 생각이 든 거야!"

유돈의 목소리가 광적으로 변했다.

"수철, 네놈은 노벨상을 포기하지 않은 놈이야! 얼마나 극적인 쇼야? 딸 살리겠다고 SNS 칩을 자기 몸에 박고 죽으려고 한 과학자!"

킬킬거리는 웃음소리가 들렸다.

"이건 완전 대박 뉴스감이야. 노벨상 위원회에서 아주 좋아할 스토리라고!"

수철이 철문을 두 손으로 내리쳤다.

"유돈! 미친 소리 그만하고 영미 주사나 내놔!"

유돈이 갑자기 웃음을 멈추고 차분해졌다. 마치 스위치를 끈 세탁기처럼. 가방에서 주사를 꺼내며 다시 냉정한 목소리로 돌아왔다.

"수철, 네가 영미처럼 되려면 세 가지 주사를 맞으면 돼."

목소리가 다시 차갑게 변했다.

"'수호' 변이 주사, 그리고 불멸 유전자 주사야. 영미나 나는 '수호' 돌연변이야. 네가 먼저 이 변이 주사를 맞아서 '수호' 돌연변이가 되어야 해."

주사기를 철문 틈으로 내밀었다.

"그리고 불멸 유전자 주사를 맞으면 돼. 그러면 너도 지금 누워 있는 영미 상태가 되지. 아마 네 몸이 좀 괴로워지겠지? 그렇지만 아버지 되기가 쉽나? 하하하."

유돈이 킬킬거렸다.

"마지막으로 영미가 맞으려는 주사를 네가 맞으면 돼. 이건 불멸 유전자를 세 개로 만들지."

유돈의 목소리가 한 옥타브 올라갔다.

"정 회장, 수연, 영미는 불멸 유전자 숫자가 잘 조절이 안되어서 고생 좀 했지. 하지만 과학 발전을 위해서는 누군가의 희생이 필요하다고 했잖아."

유돈이 수철을 보면서 씩 웃는다.

"그래, 몇 사람이 고생 좀 했지. 정 회장, 수연은 불멸을 위해서 몸을 바쳤고. 이제 영미가 희생양이 될지, 아니면 최초 불멸 여성이 될지는 모르는 거야. '불멸 여성' 하면 뭐 떠오르는 것 없어?"

유돈이 클라이맥스에 다다른 연극 배우처럼 극적인 표정을 지으며 킬킬 웃었다.

"그래, '불멸 여성!' 1951년에 죽었는데도 아직도 살아있는 여성 말이야!"

"죽었는데도 살았다니, 뭔 개소리를 하는 거야?"

수철의 외침에도 유돈은 여유만만했다.

"너도 아마 병원 실험실에서 이 여성의 암세포에서 만들어진 '헬라 세포'로 실험했을걸?"

유돈의 목소리가 낮아졌다.

"자궁경부암으로 죽은 그 여자의 암세포가 지금, 이 시각에도 세계 모든 실험실에서 자라고 있잖아! 완벽한 불멸 세포지. 그런데 그거 아나? 이 불멸 세포가 아주 중요한 영생의 비밀을 알려 주고 있다는 거?"

유돈이 잠시 숨을 멈추고 수철을 바라봤다. 마지막 비밀을 알려 주려는 듯 음산한 미소를 지었다.

"헬라 불멸 세포는 불멸 유전자가 켜져 있고 '수호'는 꺼져 있어. 그래서 지금까지 그 세포가 살아 있는 거라고! 그게 불멸의 비법이야! 등잔 밑이 어두웠던 거야. 지키는 사람이 없어야 맘대로 자랄 수가 있단 말이야!"

유돈이 하늘을 바라보며 큰 소리로 외쳤다.

"헬라 불멸 세포에서 발견한 비밀을 그대로 사람에게 적용하면 돼! 사람도 결국은 70조 개의 세포가 모여 있는 거니까!"

유돈이 흥분해서 말을 이어 갔다.

"수호 유전자는 인체 지킴이야. '불멸' 같은 게 들어와서 작동하면 까딱하면 암세포가 된단 말이야. 그러니까 정상 수호 유전자 상태에서 '불멸'이 들어가면 두 놈이 충돌해서 혼수상태가 되는 거라고!"

철문을 주먹으로 쳤다.

"그래서 불멸 유전자가 작동하려면 지킴이 '수호'가 돌연변이 상태가 되어야 한단 말이야! 그런데 말이야, 그런 돌연변이가 아주 드물어. 이만 명 중의 하나란 말이야."

웃음소리가 점점 커졌다.

"나는 '수호' 돌연변이야! 그 말은 내가 불멸이 될 수 있는 자격을 갖췄단 말이다! 내 불멸 비법을 테스트할 사람들이 필요해. 그런데 내 근처에는 그런 희귀한 사람이 셋이나 있어. 정 회장, 수연, 영미!"

목소리가 절규에 가까워졌다.

"이건 천우신조야! 이렇게 날 도와주는 사람들이 있으니, 내가 랍스터처럼 팔팔하게, 200살까지, 아니 불멸 상태로 살아 봐야지!"

혜숙과 연구원들이 유돈의 광기 어린 외침을 들으며 서로 시선을 교환했다. 모두의 얼굴이 창백했다.

"내가 최초로 인류에게 불멸의 희망을 주는 거라고!"

철문을 발로 찼다.

"자, 이제 이 빌어먹을 문을 열어! 내가 들어가서 직접 주사를 놔 주지!"

유돈이 문을 밀자, 수철이 철문을 꽉 잡았다.

"안 돼! 들어올 수는 없어!"

수철의 목소리가 단호했다.

"너는 어떤 짓을 할지 모르는 놈이야. 주사를 넘겨, 너는 결과만 보면 되잖아."

유돈이 잠시 생각하더니 주사를 넘겼다. 주사기를 받아 든 수철이 혜숙과 함께 영미가 누워 있는 방으로 들어갔다. 수철이 영미의 손을 잠시 잡았다. 차가운 손이었다.

"아빠가 먼저 가 볼게. 영미야, 조금만 기다려."

속삭이듯 말했다.

침대를 하나 더 만들고 수철이 누웠다. 겨드랑이를 절개하고 첫 번째 SNS 칩을 넣는 건 쉬웠다. 한번 영미에게 시도한 방법이라 그대로 따라 하기만 하면 되었다. 이제 중요한 두 번째 칩이다. 혜숙이 SNS 칩을 반으로 절개했다. 방 하나에 면역세포 한 개를 넣던 영미 칩과는 달랐다. 기관지 점막의 상피세포는 성벽처럼 서로 연결되어 있었다. 성벽을 만드는 벽돌이 세포라면 이 세포들 사이의 이야기를 SNS 칩으로 들어야 했다. 반으로 자른 칩을 기관지 점막에 덮으면 됐다.

혜숙의 손이 미세하게 떨렸다. 자신이 수철을 벼랑으로 내모는 것 같은 처참한 기분이었다.

"교수님… 정말…… 괜…… 찮으세요…?"

혜숙은 그렁그렁한 눈으로 수철을 바라본다.

"괜찮아. 시작하자."

수철의 목소리가 차분했다. 혜숙이 코를 통과해서 기관지 점막으로 들어가는 가느다란 관 형태의 경비 내시경 끝에 SNS 칩을 고정했다. 천천히 내시경 관을 집어넣었다. 내시경에 달린 영상 케이블로 콧속 모습이 보였다. 좀 더 밀어 넣자, 기관지 입구가 보였다. 많이 내려갈 필요 없이 기관지 입구의 점막 위에 칩을 올려놓았다. 칩의 절단면에 발라 놓은 의료용 접착제 덕분에 칩이 점막에 고정됐다. 의료용 접착제는 시간이 지나면 자연 분해된다.

이제 늘어선 상피세포 하나하나가 칩의 각 방에 들어간 모습이 됐다. 상피세포 간의 소통 물질을 분석하는 방식은 영미 칩과 같은 방식을 사용했다. 상황실에 다시 경고음이 울렸다.

"2시간 47분! 암세포 확산 속도 지속 증가!"

혜숙은 잠시 멈칫했다. 더 늦기 전에 마무리 지어야 한다. 수철의 경우, 3분마다 점막 상피세포를 긁어 내서 샘플을 채취해야 한다. 이건 코에 들어간 내시경을 그대로 놔둔 상태에서 시간마다 점막을 긁어, 관으로 빼내는 방식을 사용했다. 아주 소량의 점막만 있어도 세포 유전자 검사가 가능했다.

'내가 김 교수님을 죽음으로 모는 거 아닌가?'

혜숙의 손끝이 떨렸다. 건너편 흑색 얼굴의 영미를 보면서 다시 마음을 다잡았다.

혜숙이 수철의 칩과 소통 물질 분석 장치와 연결했다. 이제 분석 장치와 컴퓨터를 연결하면 끝이었다. 컴퓨터 내의 소통 물질 빅데이터는 AI를 사용하여 텍스트와 음성으로 변환했다. 그러면 점막 상피세포들 사이의 소통을 대화로 들을 수 있었다. 이제 남은 건 수철의 겨드랑이 림프구에 두 번째 SNS 칩을 삽입하는 거였다. 이건 영미에게 이미 한 번 시행했던 거였다. 설치되고 나면 겨드랑이 림프절 면역 상황실 대화를 들을 수 있었다.

수철이 상의를 벗고 침대에 누웠다. 왼손을 들어 침대 위로 올렸다. 수철이 혈관이 없는 부위를 정확히 짚었다. 혜숙에게 눈짓했다. 혜숙이 수술용 메스를 오른손에 들었다. 메스 끝이 가늘게 떨렸다. 수철의 겨드랑이를 1센티 정도 절개했다. 손가락으로 절개 부위를 만져 보았다.

'이게 림프절이군.'

혜숙은 그 림프절 중앙에 SNS 칩의 입구 부위를 삽입했다. 이어서 수철의 피부와 겨드랑이에 설치된 칩을 두 개의 신호선으로 연결했다. 절개 부위를 의료용 접착제로 임시 봉합했다.

지지직-

컴퓨터 화면에 첫 번째 신호가 나타났다. 미약한 전기 신호들이 파형으로 춤추기 시작했다.

컴퓨터와 연결된 대형 화면에 잡음이 들리기 시작했다. 혜숙이 딥러닝 앱을 열자, 잡음이 조금씩 줄어들었다. SNS 칩과 연결된 컴퓨터 내의 분석 기기가 세포가 만들어 내는 신호 물질인 사이토카인을 분석하기 시작했다. 이 신호들을 AI가 탑재된 세포 언어 해석 장치로 보냈다. 면역세포와 유사한 소통 방법이 수철의 기관지 상피세포에도 적용됐다. 연구소 내의 대형 화면에 상피세포가 보낸 신호가 언어로 해석되어 글자로 나타나기 시작했다.

연구소가 조용해졌다. 모든 이들이 숨을 죽이고 대형화면을 응시했다. 인류 역사상 처음으로 상피세포의 실시간 대화를 듣게 되는 순간이었다.

— 상피세포 A: 요즘 이곳 기관지에 수시로 감기 바이러스가 나타나네. 무슨 일이 있는 거야?

— 상피세포 B: 글쎄, 겨울철도 아닌데 말이야. 감기가 들어오면 우리는 더 빨리 상피세포를 만들어야 해. 그래야 점막을 더 튼튼하게 유지할 수 있지.

— 상피세포 A: 뭐, 우리는 할 일만 하면 되지. 부지런히 상피세포를 만들어서 점막으로 보내자고. 그래야 상처 입은 점막이 치유되지.

혜숙이 입을 벌린 채 화면을 바라봤다. 정말로 세포들이 대화하고 있었다. 마치 작은 생명체들이 각자의 역할을 논의하는 것 같았다.

— 상피세포 B: 그래야겠네. 그나저나 이렇게 빨리 세포를 만들어 내면 돌연변이들이 생길 확률이 높은데……. 뭐, 그래도 방법이 없지. 돌연변이는 자동으로 고쳐지게 되어 있지만 그래도 안 고쳐지면 골치 아프다고. 암세포라도 생겨 봐, 공연히 면역세포들만 고생하지.

— 상피세포 A: 면역세포가 암세포를 알아보고 죽이면 다행이지. 못 고치게 되면 진짜 암 덩어리가 생긴다고.

수철이 침대에서 몸을 일으켜 화면을 응시했다. 세포들이 이미 위험을 감지하고 있었다.

— 상피세포 B: 그런데 말이야, 요즘 주인 몸 상태가 별로인가 봐. 스트레스 물질들이 우리한테까지 전달되는 걸 보니. 무슨 걱정되는 일이라도 있는 건가?

— 상피세포 A: 글쎄. 스트레스가 높아지면 안 되는데. 나도 견디는 데에는 한계가 있다고. 그걸 넘어서면 나도 나를 장담 못 하는데 말이야.

대형화면에 나타난 상피세포들의 대화를 보던 수철이 혜숙에게 고개를 끄덕였다. 혜숙이 대화 내용을 녹음하기 시작했다. 그리고 수철의 기관지 SNS 칩 속에 머리카락 굵기의 자동 샘플기를 연결했다. 자동 샘플기는 정해진 시간마다 점막층의 상피세포를 아주 조금씩 뽑아냈다. 이걸 DNA 자동 분석 장치로 보냈다. 분석기 내에서는 상피세포 속 어떤 유전자가 켜지는가를 측정해 냈다. 즉 인체 3만 개 유전자 중에서 어떤 것이 켜져서 작동하는가를 3분마다 한 번씩 조사했다. 그러면 강한 스트레스 상황에서 최초로 어떤 유전자가 작동을 시작하고 그게 암세포를 만드는지를 알 수 있었다.

대형 화면 구석에 '2시간 39분 후 심장 도달'이라는 붉은 글씨가 깜박였다. 그걸 쳐다보는 혜숙의 눈이 붉어졌다. 떨리는 손으로 스톱워치를 잡았다.

"이제부터… 시작……이에요, 교수님."

혜숙의 목소리가 젖어 들었다.

수철이 눈을 감았다. 이제 돌이킬 수 없는 길로 들어섰다.

하지만 가야 한다.

영미를 위해서, 인류를 위해서.

20
불멸의 열쇠

수철의 두 번째 SNS 칩, 즉 겨드랑이에 삽입된 칩에서는 별다른 대화가 잡히지 않았다. 면역세포들 모임 장소인 림프절에 특별한 일이 없었다. 최초 암세포가 아직 생기지 않았기 때문이다.

'하지만 곧 시작될 거야. 내 몸이 바닥 상태가 되면 어떤 식으로든 신호가 갈 것이다. 그때가 진짜 시작이다.'

이 신호에 면역세포가 반응한다면 암을 정복할 승산이 있다. 최초 생성된 암세포를 면역세포가 제거하면, 암세포는 더 이상 자라지 않는다. 그러면 암은 정복될 수 있다. 하지만 수철의 머릿속에 어릴 적 어머니의 모습이 선명하게 떠올랐다. 새하얀 손수건에 선홍색 피를 토하던 어머니.

"수철아, 엄마는 괜찮아…."

거짓말이었다. 이런저런 방법을 다 썼지만, 암세포는 승승장구 자라났다. 어머니는 며칠 뒤 세상을 떠났다. 수억 년 전 동식물이 생길 때 태어났던 암세포였다. 그 긴 세월을 살아남은 암이었다. 생존의 귀재였다.

'암을 정복한다는 것이 정말 가능할까?'

수철의 가슴에 의구심이 스멀스멀 올라왔다. 하지만 곧 고개를 저었다.

'아니다. 다른 방법이 없다. 이게 마지막이다.'

이게 작동하지 않으면 영미도, 수철도, 수연의 뒤를 따라 하늘나라에 가야 했다.

수철의 첫 번째 상피세포 샘플 분석이 끝났다. 3만 개의 유전자 중에서 어떤 것이 작동하는지가 대형화면에 표시됐다. 혜숙이 화면을 응시하며 긴장했다. 모두 녹색 점이었다.

"아직 정상이에요, 교수님."

"그래야 정상이지. 이제 시작이니까."

이제 일을 시작할 때였다. 수철이 침대에서 혜숙을 바라봤다. 혜숙의 손이 떨리고 있었다.

"혜숙, 괜찮아. 내가 해야 할 일이야."

수철이 침대에 누워 혜숙에게 손짓했다. 혜숙이 침대 옆에 있는 주사액을 경비 내시경을 통해 주입했다. 주사에는 감기 바이러스가 들어 있다. 이 바이러스에는 두 가지가 유전자가 탑재되어 있다. '수호'를 돌연변이로 만드는 유전자, 그리고 불멸 유전자였다.

암세포 경고음이 울렸다.

"영미 상태: 2시간 31분 후 심장 도달! 암세포 확산 75% 완료!"

수철은 눈을 감았다. 이제 시작이다. 먼저 수호 유전자 변이 주사는 수철의 정상 유전자를 돌연변이로 만들었다. 그래서 수철이 영미와 같은 돌연변이가 됐다. 즉, 수호 유전자가 작동을 안 하게 만들었다. 이 유전자는 암 억제 유전자라서 '지킴이'라고도 불렸다. 모든 세포가 정상적으로 작동하게 하고, 멋대로 분열하지 않게 했다. 인체의 강력한 브레이크인 셈이었다.

그러나 줄기세포에는 이 브레이크가 풀려 있다. 그래야 줄기세포가 분열하여 새로 만들어진 세포가 그곳으로 옮겨 가고, 상처 난 곳의 세포로 변해서 상처가 치료됐다. 암세포도 당연히 이 브레이크가 풀려 있었다. 그래서 고삐 풀린 망아지처럼 자랐다.

연구소 밖에서 유돈이 철문에 귀를 대고 안의 상황을 엿듣고 있었다.

'김수철, 네가 드디어 시작했구나. 이제 너도 나처럼 불멸의 길로 들어서는 거야. 하지만 넌 죽을 확률이 높지. 하하하.'

유돈은 불멸을 위해서는 우선, 지킴이인 '수호' 유전자를 잠시 꺼 두어야 한다고 생각한 거였다. 수연과 영미는 이미 돌연변이라 불멸을 위한 임상실험에 딱 맞았다. 아니, 한 사람이 더 있었다. 아버지인 정 회장이었다.

'죽어야 할 사람이야.'

엄마를 죽음으로 내몬 사람, 정 회장은 죽어야 했다. 노숙자 임상의 젊은 사람처럼 일시적으로 얼굴이 젊어졌다가 죽어야 했다. 그래야 정 회장의 재산도 받고, 자신도 불멸할 방법을 알 수 있었다. 그렇게 정 회장은 죽었다.

수호 유전자에 이어 수철에게 두 번째 삽입된 건 불멸 유전자였다. 문제는 '수호'와 '불멸' 비율이었다. '수호'가 너무 많으면 불멸 유전자가 작동하지 않았다. 반면 너무 적으면 '불멸'이 활동해서 세포가 너무 많이 자랐다. 즉 암세포가 됐다. 유돈이 연구소 밖에서 시계를 확인했다.

'이제 김수철과 영미의 몸에 내가 찾은 황금 비율을 적용할 시간이다.

수연은 실패작이었지만, 영미는 다르다. 내가 완벽하게 계산했으니까.'

이걸 주사해서 성공한다면 영미는 불멸, 즉 영생을 이룰 수 있을 거였다. 브레이크가 꽉 잡혀 있는 사람을 약간 느슨하게 한 다음, 그 속에 불멸 유전자를 집어넣는 거다. 마치 정밀한 시계의 태엽을 조절하듯이 불멸의 황금 비율을 찾아야 한다. 하지만, 랍스터는 그 답을 이미 몸에 가지고 있다.

'수호'와 '불멸'이 탑재된 감기 바이러스가 수철의 코를 통해 기관지로 내려갔다. 바이러스들은 마치 적군이 성벽을 기어오르듯 천천히, 그러나 확실하게 들어갔다. 달라붙는 속도를 열 배 높인 바이러스는 코로나처럼 상피세포에 달라붙으면서 세포 내에 강력한 경고 신호를 만들어냈다. 달라붙은 세포에서 세포 간 소통 물질인 사이토카인이 분수처럼 뿜어져 나왔다.

혜숙이 모니터를 보며 한숨을 깊게 쉬었다.

"교수님…. 견디셔야 해요."

화면에 사이토카인 수치가 급격히 상승하고 있었다. 이제 폭풍이 시작됐다. 이 신호로 상피세포 주위에 있는 면역세포, 즉 NK세포와 대식세포가 득달같이 달려들었다.

이들은 달려오면서 다시 친구들을 더 불렀다.

– 적이다! 모든 부대 집결하라!

침입하는 놈들이 빠르고 강력할수록 SNS 신호는 강력해지고, 그와 비례해서 더 많은 면역세포가 모였다. 온 동네 면역세포들이 앵앵거렸다. 좁은 골목이 순식간에 몰려든 면역세포들과 이들이 쏴대는 무기들로 야

단법석이었다. 기관지 상피세포들이 붉게 터져 나갔다. 폐의 좁은 통로에 순찰차들이 서로 엉켰다. 바이러스들과 세포들이 서로 뒤엉켰다. 세포가 터지면서 그 안의 물질들이 밀려 나왔다. 마치 건물이 폭파되어 잔해가 사방으로 튀는 것 같았다. 시장통 같은 기관지에 들어선 수십 대의 면역 경찰차가 골목골목의 바이러스를 향해 화학 포탄을 퍼부었다. 기관지가 부어올랐다. 폐의 구석구석이 벌겋게 염증 상태가 됐다.

"헉헉…."

수철의 호흡이 가빠지기 시작했다. 마치 마라톤 선수처럼 거칠어졌다. 혜숙이 걱정스럽게 그를 바라봤다. 수철의 손가락에 연결된 산소 포화도 측정기가 경고음을 내기 시작했다. 95를 가리키던 수치가 급격히 떨어지기 시작했다. 80을 유지하는가 싶더니 다시 70까지 떨어졌다. 저산소 상태였다. 혜숙이 재빨리 수철의 얼굴에 산소마스크를 씌웠다. 손이 떨렸지만 동작은 정확했다. 수치가 오르기 시작했다. 95. 산소 수치를 바라보던 혜숙의 얼굴이 굳었다가 안심한다. 하지만 이것도 잠시. 다시 수치가 떨어지기 시작했다. 마치 파도가 밀려왔다 빠지듯이 92를 지나 70까지 내려갔다. 혜숙의 얼굴이 창백해졌다. 체온도 오르기 시작했다. 36.5에서 37.5, 그리고 39까지 올랐다. 연구소 대형화면에서는 영미의 상태도 동시에 표시됐다.

"2시간 22분 후 심장 도달! 위급상황!"

수철, 영미 두 사람의 생명이 벼랑 끝에 밀리고 있었다.

산소 수치가 떨어지면서 수철의 얼굴이 핼쑥해졌다. 입술이 푸르게 변하기 시작했다.

호흡곤란과 열에 들뜬 수철의 얼굴은 이미 죽은 자처럼 검푸른색이었다. 눈은 깊이 움푹 들어가 있고 초점이 흔들리기 시작했다. 눈 주위는 검은색이 돌기 시작했다. 눈썹 아래 피부는 미세하게 떨리고 있었다. 수철의 눈이 감겼다.

이런 수철을 바라보는 혜숙의 턱은 꽉 다물려 있었지만, 눈은 두려움에 가득 차 있었다.

'이 상태로 가면 김 교수님은 그대로 떠나 버릴 거다.'

다급해진 혜숙이 수철의 얼굴을 두 손으로 감쌌다. 뜨겁다. 마치 불덩이를 만지는 것 같았다.

"김 교수님, 이대로는 위험해요!"

목소리가 떨렸다.

"면역 억제 주사를 사용해야 해요! 사이토카인 폭풍을 치료해야 해요!"

혜숙의 목소리는 젖어 있었다. 수철이 눈을 겨우 떴다. 의식이 아직 살아 있었다. 꺼져 가는 의식을 모았다. 고개를 좌우로 흔들었다.

"안 돼요! 이러면 죽어요!"

혜숙이 절규했다.

"주사를 맞아야만 해요!"

그러나 수철은 여전히 고개를 좌우로 흔들었다. 손을 겨우 들어서 연구소 중앙의 모니터를 힘들게 가리켰다.

"저기… 저기에 답이 있어…."

손을 겨우 들어서 연구소 중앙의 모니터를 힘들게 가리켰다. 기관지 상피세포들의 대화가 SNS 칩과 AI 기반 언어 해석기를 통해 TV에 들렸다. 화면에 붉은 경고등이 깜박이기 시작했다. 상피세포들의 목소리가 점점 급박해지고 있었다.

– 상피세포 A: 경보, 경보! 내 몸에 뭔가 달라붙었음. 바이러스 종류로 판단됨. 경보 물질 발산!

– 상피세포 B: 나도 같은 상황임. 달라붙는 부위로 볼 때 원래 감기는 아니고 뭔가 변형된 감기바이러스임. 나도 경보 물질 발산해서 면역세포에 구조 요청했음!

– 상피세포 A: 그런데 이 바이러스는 아주 강력한 SNS 신호를 자동으로 내보냄. 잘못하면 사이토카인 폭풍이 우려됨.

– 상피세포 B: 기관지 전체에서 강력한 구조 신호가 동시 발산됨. 이것 때문에 위험해질 수 있음. 누군가 진정시키지 않으면 고열, 산소 포화도 감소로 호흡곤란 예상됨.

– 상피세포 A: 면역 진정제가 필요함. 이미 많은 면역병사들이 한꺼번에 들이닥치고 있음. 위험, 위험!

모니터 하단에 수철의 겨드랑이에 설치된 SNS 칩의 대화가 들리기 시작했다. 그곳은 림프절, 즉 면역세포들의 상황실이었다. 목소리들이 혼란스러웠다.

– 면역팀장 C: 이봐, 상황병! 어떻게 된 거야? 왜 갑자기 구조 신호가 몰려오는 거야?

당황한 목소리였다.

– 면역팀장 C: 어디가 고장 난 거 아니야? 총출동이라니? 무슨 일이 벌어지고 있는 거야?

면역팀장의 목소리가 더욱 심각해졌다.

– **면역팀장 C**: 아주 강력한 바이러스가 수백만이 몰려와도 이런 구조 신호는 발산하지 않는다고. 이 신호가 모든 면역세포에 전달됐단 말이지? 이거 큰일이네. 일단 현장에 나가보자고.

– **면역세포 D**: 네, 팀장님. 침입한 바이러스들이 처음 보는 놈들이라 그런지 한꺼번에 구조 신호가 몰려오는가 봅니다. 이렇게 되면 사이토카인 폭풍이 생길 수 있는데요. 일단 현장 출동 명령을 내리겠습니다.

수철의 림프절 면역 상황실 실장도 위험을 알았으나, 이를 가라앉히기는 너무 늦었다. 놀란 상피세포와 밀려온 면역세포들로 이미 수철의 몸은 궤도를 벗어나기 시작했다. 수철의 산소 포화도 수치 옆에 붉은색 경고등이 깜박이기 시작했다.

혜숙이 모니터를 보며 수철의 의도를 깨달았다. 세포들이 스스로 위험을 경고하고 있었다. 그건 침입한 바이러스들 때문에 상피세포들이 구조 신호 스위치를 모두 동시에 켰기 때문이었다. 이것이 바로 수철이 원하던 상황이었다. 하지만 그 대가가 수철의 목숨이었다.

다른 연구원 두 명이 모니터를 보며 서로 시선을 교환했다.

"이런 데이터는 처음 봅니다…."

한 명이 떨리는 목소리로 중얼거렸다.

"교수님이 정말 위험해요."

폐 속 세포들이 제대로 작동하지 못하고 전투로 인해 활성산소 포탄이 터지면서 기관지의 상피세포들도 터져 나가기 시작했다.

수철의 얼굴이 열로 달아올랐다. 혜숙이 젖은 수건을 이마에 얹어 줬다. 그녀의 손길이 무척 조심스러웠다. 마치 깨질 듯한 유리를 만지는 것처럼. 수철이 고통으로 얼굴이 일그러졌다. 하지만 혜숙을 바라보며 희미하게 미소를 지었다. 혜숙이 수철의 이마를 짚으며 외쳤다.

"김 교수님, 이제 더는 안 돼요! 이제 몸이 못 버텨요. 어서 면역 억제 주사를 맞아야 해요!"

그런 혜숙을 바라보는 수철은, 하지만, 고개를 좌우로 저었다. 그리고 힘겹게 내뱉었다.

"아니야…. 아직 내 몸이 바닥까지 안 내려왔어. 내가 정신이 있잖아. 좀 더 기다려야 해. 좀 더…."

"김 교수님, 이제 그만해야 해요. 그만…."

그녀가 무릎을 꿇고 수철의 손을 양손으로 감쌌다.

"제발요…. 인제 그만…."

혜숙의 말이 울음소리에 묻혔다.

수철이 흐릿해지는 시야 속에서 영미의 모습을 바라봤다. 창백한 얼굴, 가늘게 떨리는 숨결.

'조금만 더…. 조금만 더 버티면 답이 나올 거야. 영미야, 내가 널 살릴 거야….'

21
죽음의 위기

연구소 화면 오른쪽 위 끝에 붉은색 경고등 두 개가 깜박이기 시작했다. 다른 연구원 한 명이 의자에서 벌떡 일어나며 외쳤다.

"이건…. 이건 임상에서도 본 적 없는 수치예요!"

또 다른 연구원이 떨리는 손으로 스마트폰을 잡는다.

"구급차를 불러야 하는 거 아니에요?"

수철의 체온이 40도, 심박수가 110으로 올라갔다. 산소 포화도는 이제 79였다. 혜숙이 수철의 맥박을 재며 속으로 계산했다.

'체온 40도, 심박수 110…. 이건 패혈성 쇼크 직전이야. 산소 포화도 79라니, 뇌사 위험 구간에 들어섰어.'

그녀의 얼굴이 창백해졌다. 이때 대형 화면에서 수철의 상피세포들 간 대화가 들렸다. 화면에 나타난 음성 파형이 불규칙하게 요동쳤다. 상피세포들의 목소리가 점점 다급해지고 있었다.

─ 상피세포 A: 이거 어떻게 된 일이야! 내부에서 DNA 손상 발생함! 자동 수리 장치가 작동했으나 손상 발생 속도가 높아지고 있음!

─ 상피세포 B: 이러다가는 큰일 나겠는걸. 나도 난리야. DNA 손상이 너무 많아.

목소리가 떨렸다.

─ 상피세포 B: 면역세포들이 쏘아 대는 활성산소탄으로 이미 몸의 반쪽이 작동불능이야. 그쪽에 있는 '대못' 유전자가 위태로워.

수철이 흐릿한 의식 속에서도 그 말을 들었다.

'대못 유전자⋯. 드디어 시작됐구나. 먼저 '수호'가 손상되기 시작했어.'

그의 입가에 미약한 미소가 번졌다.

─ 상피세포 A: '대못' 유전자까지 위험해졌다고? 그 대못이 빠지면 안 돼! 그러면 우리는 암세포가 되는 거라고!

공포에 찬 목소리였다.

─ 상피세포 A: 게다가 벌써 몸 반쪽이 작동 불능이라고? 수리 불능이라는 이야기인데, 그럼 넌 좀비 상태야, 좀비!

─ 상피세포 B: 으흠⋯. 자폭 장치도 같이 파괴됐어. 죽지도 못하고⋯. 이거 큰일이네.

절망적인 한숨을 내쉬었다.

─ 상피세포 B: 암세포로 되면 안 되는데⋯. 그렇게 살고 싶지는 않아. 날 죽이는 방법이 없을까.

혜숙이 화면을 보며 숨을 죽였다.

'이런 데이터는 어디서도 본 적이 없어. 암세포 형성 과정을 실시간으로 들을 수 있다니….'

그녀는 놀라움과 두려움으로 수철을 바라보았다.

— **상피세포 A**: 우리 몸에 그런 기능이 있다는 이야기를 언젠가 들은 기억이 나네. 아, 맞다!

목소리에 희망이 섞였다.

— **상피세포 A**: 우리 몸의 최후 방어선은 면역이라고 우리 고참 면역세포들에서 이야기 들었어. 잘 알려지지는 않았지만, 암세포를 이길 수 있는 면역세포들의 비법이라고 말이야. .

— **상피세포 B**: 그래? 면역세포들이 암세포를 죽이는 최후의 보루라고? 아직 모두에게 알려지지는 않았고?

목소리가 밝아졌다.

— **상피세포 B**: 그래, 그럼 기대해 보자. 나 같은 좀비 세포가 암세포가 되는 걸 막는다면, 암은 반 정복된 거지. 기다려 보자고….

수철이 희미한 의식 속에서 중얼거렸다.

"들렸어…. 들렸다고…. 면역세포들의 비법…."

그의 손이 미약하게 떨렸다. 마지막 희망의 실마리를 잡은 것 같았다.

최초로 생긴 암세포를 찾아내는 방법이 면역세포들에게 있다는 거다.

화면에 면역세포들의 회의 장면이 펼쳐졌다. 작전 테이블 주위로 여러 면역세포가 모여 있었고, 중앙에는 기관지 지역의 피해 현황이 표시된 지도가 놓여 있었다.

– **면역팀장** C: 지금 기관지 부근에서 심각한 사이토카인 폭풍이 발생했다는 보고가 현지 척후병에게서 왔는데 다른 상황은 없는가?

– **면역세포** D: 네, 폭풍으로 인한 피해가 심각합니다.

보고서를 들여다보며 답했다.

– **면역세포** D: 기관지 상피세포에 많은 손상이 발생했습니다. 그중 일부는 내부 DNA 파괴로 회복할 수 없어 좀비 상태가 됐습니다.

목소리가 어두워졌다.

– **면역세포** D: 이 좀비 상태 세포들을 제거해야 암세포가 되는 걸 막을 수가 있습니다.

– **면역팀장** C: 적과 아군을 어떻게 구별하지? 좀비들은 겉보기에 정상 세포와 똑같아 보인다고. 좀비인 놈들을 어떻게 식별하지?

– **면역세포** D: 아주 중요한 정보가 있습니다!

흥분한 목소리였다.

– **면역세포** D: 좀비 이놈들이 스스로 '나는 좀비다'라고 신호 물질을 내보낸다는 거죠. 이건 '날 잡아먹어라.'라는 신호인 셈입니다.

잠시 말을 멈췄다.

– **면역세포** D: 그러니까 내가 암세포가 되기 전에 날 처치해 달라는 신호입니다.[81]

– **면역팀장** C: 그것 참…. 날 죽여 달라는 신호를 파괴된 세포들이 보낸다고? 내가 죽어서 암을 막겠다는 이야기네.

수철이 가물가물해지는 정신 속에서도 그 대화를 들었다. 그리고 혜숙을 손짓으로 불렀다.

"저기… 저 물질… 날 죽여달라는…. 저걸 이용하면 암세포가 생기기 전에 좀비를… 죽일…."

"알아요…, 김 교수님!"

혜숙이 메모지를 꺼내며 빠르게 받아 적었다. 그녀의 손이 떨렸다.

"혜숙, 이건…. 이건 노벨상이야!"

"알아요, 김 교수님! 그러니까 스스로 죽여 달라는 신호를 이용하면 암을 사전에 막을 수 있다는 거 아니에요?"

목소리가 떨렸다.

"네, 잘 메모해 놓을 테니 이제 여기서 그만하고 이제 일어나셔야 합니다. 더는…."

스스로 죽여 달라는 손상된 세포는 자기를 죽여서 영미를 살리겠다는 김 교수와 같았다. 혜숙은 그 생각을 하자 가슴이 무너져 내리는 것 같았다.

'교수님도… 세포처럼, 자신을 죽여서….'

혜숙은 그 생각을 하자 참았던 울음이 터져 나왔다.

"이제 암세포가 되려는… 좀비 세포를… 미리 죽일 수 있는…… 방법을 찾았으니…… 그만…."

흐느끼는 혜숙의 손을 수철이 잡았다. 그의 손은 차갑고 힘이 없었지만, 여전히 따뜻함이 남아 있었다.

"혜숙, 울지 마. 난 괜찮아."

목소리가 가늘어졌다.

"누구나 한 번은 가야 하는 길이야. 이 길이 영미를 살릴 수 있는 길이라면 가야지."

잠시 숨을 고르고 이어갔다.

"혜숙과 끝까지 함께하고 싶었지만, 그런 기쁨까지는 나에게 사치스러운 바람인 것 같네. ……자, 이제 하나를 얻었으니 두 번째 것을 기다려… 보자고. 어떤 유전자가 암 시작의…… 마스터 유전자인지를 알면……."

수철은 이제 고개도 제대로 가누지 못했다. 그런 수철을 혜숙은 눈물 속에서 바라만 보고 있었다.

수철의 몸은 급속히 약해지기 시작했다. 혜숙이 그의 맥박을 짚어 보니 실처럼 가늘고 불규칙했다. 체온도 점점 떨어지기 시작했다. 모든 바이탈 사인이 이제 바닥이었다.

화면 중앙에 3만 개의 녹색 점들이 나타나 있었다. 수철의 유전자들이었다. 그중 중앙 하단에 있던 한 점이 녹색에서 적색으로 변했다. 마치 어둠 속에서 불씨 하나가 타오르기 시작하는 것처럼. 그걸 기점으로 중간중간 적색 점들이 나타나기 시작했다. 대못이 박혀 있던 발암 유전자들이 하나둘 켜지기 시작했다. 대못이 빠지면서 예전의 무한분열 박테리아 시대로 돌아가려는 거였다.

'드디어… 드디어 봤다…. 암의 시작을….'

그걸 바라보던 수철이 미소를 지었다. 그의 얼굴에는 고통보다는 만족감이 스며 있었다.

"김 교수님! 김 교수님!"

다급한 혜숙의 외침과는 달리 수철은 고개를 들지 못하고 혜숙의 팔아래 누워 있었다. 그의 호흡이 점점 얕아지고 있었다. 혜숙의 흐느낌이 울음으로 변했다. 연구소 안이 혜숙의 울음소리만 메아리치는 고요 속에 잠겼다. 위대한 과학자의 마지막 실험이 막을 내리고 있었다.

그때 중앙 화면 스피커에 새로운 소리가 들렸다. 영미의 면역 상황실이었다. 암 동굴에서 밀려 나온 암세포들의 집중 포화에 상황실은 함락 직전이었다. 화면에는 연기와 먼지로 뒤덮인 전투 현장이 펼쳐져 있었다. 부서진 건물 잔해와 쓰러진 면역세포들 모습이 처참했다. 상황실 주위를 트럭들이 둘러쌌다. 마지막 방어선이었다. 방어선 바깥에는 이미 암 줄기세포가 이끄는 암세포 특수부대가 조금씩 거리를 좁혀 오고 있었다. 그들은 암 줄기세포가 직접 선발한 요원들이었다. 이들은 혈액을 한 바퀴 돌면서 수많은 면역세포와 일대일 결투를 벌여 살아남은 자들이었다. 마치 검투사들처럼 단련된 살인 기계들이었다.

암 줄기세포가 외쳤다.

— 가자! 저기 보이는 건물이 면역 상황실 본부다!

목소리에 광기가 서려 있었다.

— 그곳만 박살 내면 이제 아무도 우리 암세포들을 막을 자는 없다! 이제 우리 암세포가 영미의 몸을 차지하고 불멸의 세포가 될 것이다!

잠시 멈췄다가 비웃듯 웃었다.

"이미 저들은 포기하고 있을 것이다. 그동안 제대로 지원도 받지 못하여 아마 녹다운 되어 있을 것이다. 더구나 암 동굴에서 저놈들의 베테랑 공격조들도 우리 최고수 특수부대에 박살이 나지 않았나! 하하하!"

바깥에서는 밀려오는 암세포 부대들을 면역세포들이 힘겹게 막아 내고 있었다. 모두 근접전이다. 단도로 무장한 두 그룹이 백병전으로 달라붙었다. 하지만 이제 시간이 얼마 남지 않았다.

벽에 기대어 누워 있는 실장의 가슴에 붉은 상처가 보였다. 상황실장이 상체를 세우고 조금씩 기어가기 시작했다. 킬러팀장이 만류하려 했지만, 실장은 손으로 막으면서 상황실 중앙에 있는 탁자로 힘겹게 나아갔다.

적색의 전화기를 집어 들었다. 사관학교 교장실과의 직통 전화였다.

—…접니다. 교장 선생님.

실장의 목소리가 스피커를 통해 울려 퍼졌다. 연구소에서 듣던 혜숙과 연구원들이 숨을 죽였다. 영미 몸속의 마지막 항전이 시작된 것이다.

—…이곳은 암 동굴에서 밀려 나온 암세포들이 너무 많습니다.

실장의 목소리가 떨렸다.

—여기 상황실이 무너지면, 암세포들이 급격하게 주인 몸에 퍼져 나갑니다. 상황실은 트럭으로 주위를 봉쇄했고요. 하지만 얼마 버티지 못할 것 같습니다.

잠시 숨을 고르고 이어 갔다.

—지원군을… 보내 줄 수… 있나요?

전화 너머에서 교장의 목소리가 들렸다.

—실장…. 미안하다. 골수에서 보낼 수 있는 면역세포가… 거의 없다. 항암 치료로 모든 게 고갈됐어. 우리도… 우리도 어쩔 수 없다.

—네? 네. 그건 압니다. 주인의 몸이 이미 오래된 항암 치료로 바닥이 난 건 압니다.

목소리가 점점 약해졌다.

—그래도 여기가 무너지면….

잠시 침묵이 흘렀다.

—끝입니다.

실장이 고개를 떨어뜨렸다. 그때 실장의 목소리가 커졌다.

— 네? 뭐라고요? 암 동굴 생존자요?

실장의 목소리가 절박하다.

— 킬러팀장이 유일한 생존자입니다. 네, 맞습니다. 그 꼴통 팀장요.

사관학교 교장과 통화를 하던 실장의 얼굴에 일순 미소가 흘렀다.

— 네? 그 팀장과 같이 들어갔던 사람들이 여기에 몇 명이나 있냐고요?
같이 간 동료들은 모두 사망했습니다. 킬러팀장만이 살아왔고요.

교장과 통화를 하는 실장의 눈이 커졌다.

— 네? 암 동굴에서 나온 암세포를 살해하는 데는 거기서 살아남은 베
테랑 세포가 최고라고요? 그 친구들이 동굴 속 암세포 약점을 가장 잘 알
고 있다고요? 그 사람들만이 주인 몸을 구할 수 있다는 이야기 아니에요?
그럼, 교장 선생님이 전국에 베테랑 세포들을 수배해 주세요. 여기가 무
너지면 끝입니다…. 네? 뭐라고요?

전화기를 붙잡은 실장의 손이 심히 떨리고 있다. 옆에서 보고 있던 킬
러팀장이 실장의 손을 꽉 잡아 준다.

— 지금은 베테랑들을 모아 봐야 전국에서 열 명 미만일 거라고요? 여
기 전투에서 이기려면 백 명은 넘어야 하는 데 열 명이요?

실장이 전화기를 놓치고 그와 동시에 주저앉았다. 상황실에 죽음의
그림자가 어른거렸다.

혜숙이 대형 화면을 쳐다보다 벌떡 일어섰다. 무언가를 깨달은 듯 눈
이 반짝였다. 스마트폰을 움켜쥐었다. 그때 연구소 철문이 부서지는 소리
와 함께 산산조각 났다. 유돈이 기획실장과 함께 침입했다. 연구원이 의

자를 집어던졌지만, 기획실장이 목을 졸라 쓰러뜨렸다. 다른 연구원이 의자로 내리쳤다. 셋이 모두 바닥에 쓰러졌다.

유돈의 입꼬리가 잔혹하게 휘어졌다.

"이제 끝장을 내 주지."

손에 든 주사기에서 붉은 액체가 흘러내렸다. 영미를 향해 성큼성큼 다가섰다. 혜숙이 놀라서 앞을 막아섰다. 유돈의 주먹에 혜숙이 풀썩 쓰러져 나갔다. 영미 팔목에 주사침이 닿는 순간, 수철이 침대에서 비틀거리며 일어났다. 의자를 들어 유돈 뒤통수를 내려쳤다.

"내 딸에게… 손대지 마!"

수철의 고함이 연구소를 가득 채웠다. 아버지의 마지막 온 힘을 다한 일격이었다. 유돈이 쓰러졌다. 수철도 스르르 무너졌다. 혜숙이 떨리는 손으로 스마트폰을 움켜쥐었다. 몇 글자를 입력하고 정신을 잃었다.

연구소가 죽음의 적막에 잠겼다. 기계음만이 운명의 카운트다운을 알렸다. 모든 게 끝나 가고 있었다. 영미 바이탈 사인에 3개의 적색등이 깜박였다. 체온 42도, 심박수 125. 가파른 경보음과 함께 산소 포화도가 75로 급락했다. 수철 역시 위험 수치였다. 체온 41도, 심박수 120, 산소 포화도 76. 삐삐거리는 경보음이 상황실을 가득 채웠다. 10분 후면, 이 소리마저 멈출 것이다.

그리고, 죽음만이 남을 것이다.

22
베테랑

암세포 대군이 영미 면역 상황실 언덕 너머로 밀려 들어왔다. 트럭 방벽 뒤 면역팀들이 차례로 무너졌다. 쓰러진 상황실장을 옆에서 지키고 있던 킬러팀장이 천천히 일어나 단도를 움켜쥐었다. 그를 보는 실장 눈가에 눈물이 맺혔다. 실장의 손을 맞잡으며 조용히 말했다.

– 우리, 다시 만나요.

상황실 철문이 열렸다. 팀장이 트럭 미로 속으로 사라졌다. ROS 수류탄이 작렬했다. 암세포들의 공격이 집중됐지만, 마치 죽음의 춤을 추듯 피해 나갔다. 팀장은 멈추지 않았다. 하나하나 암세포를 처치하면서 앞으로 나갔다. 그때, 등 뒤에 다가선 암세포 최고수 대원이 단도로 등을 찍는다. 팀장 무릎이 꺾였다. 동시에 상황실 방향에 있던 면역 베테랑들이 던진 수류탄이 팀장 근처의 암세포들을 쓰러뜨렸다. 팀장은 바닥에 쓰러진 채 움직임이 없었다. 그를 바라보고 있던 실장이 고개를 떨어뜨렸다. 벽에 등을 기댄 채 양손의 단도를 확인했다.

암세포들이 상황실 바로 앞까지 다가왔다. 단도를 잡은 실장의 두 손이 떨렸다. 생전 처음으로 전투에 나선 실장은 눈을 질끈 감았다. 쓰러진 팀장이 저 앞에 보였다. 문을 밀고 나서는 순간, 단도 하나가 날아 들어와서 실장 다리에 꽂혔다. 바닥에 쓰러졌다. 팔꿈치로 몸을 끌며 전진했다. 피가 길 위에 긴 선을 그렸다. 수류탄의 먼지와 연기로 상황실 앞은 뿌연 안개 속이었다. 실장이 겨우 팀장의 옆에 누웠다. 실장의 떨리는 손이 피로 물든 팀장의 손을 잡았다.

팀장이 눈을 떴다. 옆에 누운 실장을 보더니 씩 미소를 지었다. 무릎을 세우고 일어섰다. 기절해 있는 실장을 등에 업고 트럭 미로를 빠져나갔다. 오른쪽 가파른 언덕 너머로 깊은 협곡이 보였다. 마지막 탈출로였다. 언덕 중턱, 그림자 하나가 길을 막았다. 암 줄기세포였다.

– 아이고, 이런, 반갑습니다. 이런 험한 데서 귀한 두 분을 만날 줄이야 누가 알았겠습니까? 하하하.

입꼬리에 승리의 미소가 걸렸다.

– 네놈 목을 그때 비틀어야 했는데.

기절한 상황실장을 업고 가던 팀장이 쓴웃음을 지었다. 암 줄기세포가 단도를 목에 들이댔다.

– 이제 게임은 끝났어, 킬러팀장.

광기가 눈에서 번뜩였다.

– 상황실도 접수했고, 이제 온 세상이 우리 것이지.

목소리가 점점 고조됐다.

– 내가 줄기세포가 되니까, 새로운 세계가 보여. 불멸의 존재, 영원한 창조주 말이야.

— 개소리 집어치우고, 빨리 끝내. 네놈 헛소리 들을 귀 없어.

팀장이 눈을 감았다. 암 줄기세포가 단도를 팀장 목 밑에 들이댔다. 칼 끝에 피가 스며 나왔다.

— 마지막 자비를 베풀지.

암 줄기세포가 팀장을 보고, 씩 웃었다.

— 나의 신세계에서 살 수 있는 유일한 기회야.

언덕 위 바람이 차갑게 불어왔다. 멀리 까마귀 울음소리가 들렸다.

— 팀장, 그런 생각 안 해 봤어? 우리 세포들이 왜 늙어야 해? 왜 매번 죽어야 해? 백 년, 이백 년 청춘으로 살 수 있는데. 죽고 다시 태어나는 무한 반복, 그 어리석은 굴레를 내가 끊었어. 불멸의 열쇠를 찾았다고, 하하하.

단도가 팀장 목에서 조금 더 깊이 당겨졌다. 스며 나온 피가 더 굵어졌다.

— 내가 만든 에덴, 거부한다면 지옥으로 가야지.

그 순간, 쓰러져 있던 실장이 부츠 속 단검을 뽑아 줄기세포 허벅지를 찔렀다.

암 줄기세포가 비명과 함께 비틀거리면서 실장의 가슴을 향해 단도를 날렸다. 팀장이 실장 앞을 막아서며 단도를 쳐냈다. 줄기세포 옆의 암 최고수 부대원들이 팀장을 향해 단도를 날렸다. 팀장은 가슴에 칼을 맞고 계곡으로 떨어졌다. 계곡은 검은 안개에 싸여 바닥이 보이지 않았다. 암 줄기세포가 비틀거리며 일어섰다. 쓰러져 있는 실장을 보더니 씩 웃었다.

— 상황실로 데리고 와.

창문이 박살이 난 상황실은 온통 암세포 천지다. 암 줄기세포 앞에 실장이 손을 묶인 채로 의자에 앉혀 있다.

— 아이고, 실장님. 이런 데서 다시 뵙게 되어서 대단히 영광입니다.

술병을 옆에 둔 암 줄기세포가 킬킬거렸다.

— 꿈에도 그리던 낭군을 천 길 낭떠러지 지옥에 보내고 나니, 마음이 허전하시겠어.

비아냥거리는 소리에 실장은 눈을 치떴다.

— 미친 개소리 그만하고 이제 끝내. 네 놈 헛소리 듣고 싶은 생각 없어.

실장의 앙칼진 소리에 암 줄기세포가 씩 웃었다.

— 내가 그토록 보고 싶어 하던 그 단발머리를 이렇게 코앞에서 보니 내가 살맛이 나는군.

술을 한 잔 따라 마시며 실장을 노려봤다.

— 단발머리 실장님! 이제 마지막 기회야. 나와 같이 불멸 세상을 즐겨 보자고.

— 미친놈, 엿같은 소리 그만하고 어서 끝내!

실장의 격한 목소리에 줄기세포가 술잔을 탁 내려놓으며 의자를 박차고 일어섰다.

— 그래, 새벽까지야. 불멸의 세계를 맛볼 수 있는 데드라인이야. 새벽엔 공개 처형을 할 거야.

암 줄기세포는 실장의 단발머리를 한번 쓰다듬더니 상황실 안쪽으로 들어갔다. 바깥에서는 암세포들이 술 마시는 소리로 시끌벅적했다. 실장은 조용히 눈을 감았다. 눈에서 눈물이 주르륵 흘러내렸다.

다음 날 새벽, 사방이 조금씩 밝아 오고 있었다. 밤사이 전투가 끝난 상황실 주변은 괴괴하다. 잠에서 깨지 않는 새벽의 조용함이 아니라 모든 게 파괴된 후의 고요함이다. 상황실 바깥은 여기저기 시체들이 누워 있다. 밤새 밀려오는 암세포들과 마지막까지 싸우던 상황실 요원들이 피투성이로 이곳저곳 널브러져 있었다. 상황실 내부는 온갖 파편들이 바닥에 흐트러져 있었다. 깨진 유리 조각들, 출입구를 막았던 탁자들, 부서진 대형 화면. 탁자들 사이에 다리를 걸치고 누워 있는 암세포들은 눈에 핏발이 서 있었다. 하지만 승리를 자축하는 듯 이곳저곳에 술병이 널려 있다. 암 줄기세포는 상황실 안쪽의 대형 화면 앞에서 술잔을 들고 있었다.

바깥에서 어둠이 조금씩 흩어지는 가운데 안개가 그 틈을 메웠다. 안개 속에서 무언가 움직이고 있었다. 회색의 물결이 조금씩 흩어지는 그 한가운데 검은 실루엣이 보였다. 한 걸음 한 걸음, 천천히, 그러나 당당하게 걸어오고 있었다.

— 어, 저게 뭐야?

쓰러져 있던 암세포들이 놀라서 일어났다. 하지만 그는 흔들림 없이 걸어왔다. 머리 한쪽에 흰 머리카락이 보였다. 어깨가 부풀어 오른, 그리고 목 부근에 자글자글한 화상의 흔적이 있는 그는, 킬러팀장이다. 양손에 들린 단도에 힘이 가득 실려 있었다. 그의 군복은 어젯밤 그대로이지만, 어제의 그가 아니었다. 실장을 향해 날아오던 대검을 대신 맞으며 쓰러지던 그가 아니었다. 깊은 계곡으로 떨어져 더 이상 이 세상 사람이 아니라 여겨졌던 그가 아니었다. 베테랑 팀장이 부활했다. 수십 명 킬러팀원을 거느리고 암 동굴 공격에 나섰던 당당한 베테랑의 모습으로 부활했다. 그가 상황실을 향해 걸어오고 있다.

— 저놈, 어제 계곡으로 떨어져 죽은, 그 팀장 아니야?

상황실 앞 공간에 이리저리 누워 있던 암세포 특공대들이 주섬주섬 일어섰다. 술에 취해 있던 그들은 화들짝 놀라 대검과 수류탄을 챙기느라 정신이 없었다. 킬러팀장은 그사이를 조금의 망설임도 없이 걸어 들어왔다. 팀장 주위에 암세포들이 둘러쌌다. 팀장은 망설임 없이 상황실 문을 걷어찼다.

— 오, 이런! 킬러팀장님, 목숨이 꽤 질기시네요. 짝꿍 실장님을 못 잊어서 죽을 곳을 일부러 찾아왔네.

암 줄기세포가 킬킬거리며 자리에서 일어났다. 그는 대형 화면을 통해 팀장이 오는 걸 알고 있었다.

— 두 분의 끈끈한 정을 생각해서 한날한시에 하늘나라로 보내 드리도록 하지.

그가 단도를 뽑아 들더니 팀장 앞으로 다가섰다. 팀장을 둘러싼 암세포들이 칼과 수류탄을 들고 팀장에게 다가섰다. 그 순간 바깥에서 "와~" 함성이 나면서 수십 명의 면역병사들이 상황실로 몰려들었다. 암세포들과 백병전이 벌어졌다. 모든 면역병사들의 머리카락 한 부분이 흰색이다. 떡 벌어진 어깨와, 목에는 화상흔적을 가지고 있다. 면역세포 베테랑들이다. 암세포들은 맥없이 쓰러져 나갔다. 베테랑들이 멱살을 잡자마자, 왼손의 단도로 암세포들의 오른쪽 허리 부분의 급소를 파고들었다.

상황실 안에서는 암 줄기세포와 팀장이 서로를 노려보고 있다. 팀장의 발이 움직이는가 싶더니 그대로 줄기세포 얼굴을 타격했다. 우람한 왼손에 들린 단도가 그대로 줄기세포의 오른쪽 옆구리에 박혔다. 쓰러져 있던 실장의 맞은편으로 암 줄기세포가 몸을 꺾으면서 무릎을 꿇더니 목을 떨어뜨렸다.

— 이제 지옥에서나 불멸을 맛봐라, 미사일팀장!

킬러팀장이 암 줄기세포의 목을 비틀었다. 쓰러진 암 줄기세포 옆을 지나 묶여 있는 실장에게 달려갔다. 킬러팀장이 와락, 실장을 끌어안았다. 눈을 뜬 실장이 미소를 지었다. 그때 상황실 안으로 중무장한 베테랑 팀들이 몰려 들어왔다. 놀란 실장이 그들을 쳐다보았다.

― 실장님, 저희는 베테랑 팀입니다. 암 동굴에서 살아 돌아온 여기 킬러팀장을 배양해서 다시 만든 분신들입니다. 무기도 장착했지요.[82] 암세포의 아킬레스건, 오른편 옆구리도 이 강철같은 왼편 어깨 한 방이면 모두 날아갑니다. 모두 동굴에서 살아 돌아온 킬러팀장님 덕분입니다.

실장이 비로소 그들의 흰색 머리카락, 부풀어 오른 왼쪽 어깨, 목의 화상흔적을 보았다. 모두 킬러팀장과 닮았다.

― 모두 하늘에서 내려온 천사들이군요.

실장의 말에 팀장이 씩 웃었다.

영미 면역 상황실이 다시 부산해지기 시작했다.

도주하는 암세포 잔당을 소탕하기 위해 베테랑 킬러팀들이 온몸으로 퍼져 나갔다. 상황실을 거점으로 대반격이 시작됐다.

한강 비밀연구소 메인 스크린 아래는 여전히 고요했다. 그러나 뭔가 움직이기 시작했다. 영미 생체신호가 변화하고 있었다. 40도였던 체온이 천천히 떨어져 정상인 37도에 도달했다. 심박수가 120에서 안정된 80으로 회복됐다. 산소 포화도가 98까지 상승했다. 붉은 위험 신호가 꺼지고 생명의 녹색등이 켜졌다.

바닥에서 혜숙이 미약하게 움직였다. 눈꺼풀이 떨리더니 천천히 열렸다. 대형 화면의 영미 바이탈을 응시했다. 녹색등을 보자 안도의 미소가 번졌다. 힘들게 일어나려 하자, 두터운 손이 그녀를 부축했다. 병원 응급실 최 팀장이었다.

"어떤 박사가 맞춤법도 엉터리인 문자를 보내? 하하."

최 팀장이 스마트폰을 흔들었다.

"'배태랑. 영미의험. 한깅로 47', 이게 초등학생이 쓴 거지, 박사가 쓴 문자야?"

웃음기가 배어 나왔다.

"나 정도 되니까 '베테랑 세포, 영미 위험, 한강로 47번지'로 해석해 냈지."

어젯밤, 혜숙이 쓰러지면서 보낸 마지막 SOS 문자였다. 영미를 살리는 유일한 길이 베테랑 세포라는 면역사관학교 교장 선생의 말을 듣고, 응급실장에게 문자를 보내고 기절한 것이다. 응급실 최 실장은 문자를 받자마자, 이곳 한강 연구소로 달려왔다. 쓰러져 있는 수철, 혜숙, 연구원들, 그리고 유돈을 발견했다. 뒤편 침대의 영미와 바닥의 수철 바이탈은 모두 죽음 직전까지 몰려 있었다. 혜숙의 문자를 다시 보던 최 실장은 대형 화면의 대화 기록을 되돌려 보았다. 베테랑 세포가 영미를 살리는 길이다. 그 베테랑 세포, 즉 킬러팀장은 영미 겨드랑이 상황실 밖 계곡에 쓰러져 있다.

'시간이 없어!'

최 실장은 영미의 겨드랑이에 주사기를 꽂아서 림프액을 뽑았다.

"나 지금 출발해. 의대생들에게 킬러 T세포들 배양 준비시켜!"

최 실장이 급히 차를 몰고 병원으로 복귀했다. 응급실에서 30명의 의대생이 대기하고 있었다. 미리 소집해 둔 정예 팀이었다. 영미 겨드랑이 림프절에서 킬러 팀장세포를 찾아낸, 최 팀장은 의대생들과 긴급 배양 작전에 돌입했다. 베테랑 세포들을 증식시키면서 상황실 대화에서 언급된 특수무기를 장착했다. 암세포의 아킬레스건을 공격할 수 있는 무기다. 배양액 속에서 베테랑 킬러팀이 손오공의 분신술처럼 기하급수적으로 늘어났다. 밤새 작업 끝에 10만 명의 베테랑 킬러세포 군단이 완성됐다. 새벽에 다시 연구소로 달려가 영미에게 10만 베테랑 킬러 군단을 주사했다.

최 팀장의 손을 잡고 혜숙이 일어섰다. 그때 쓰러진 수철을 발견했다. 황급히 달려가던 혜숙이 경보음을 듣고 멈칫 섰다. 대형 화면의 수철 심박수가 60에서 급격히 떨어졌다. 삐- 경보음과 함께 0으로 추락했다. 혜숙과 최 팀장이 서로를 바라보더니, 즉시 수철을 바로 눕혔다. 최 팀장이 심폐소생술을 시작했다.

"하나, 둘!"

가슴 압박이 거칠게 진행됐다. 하지만 생체신호는 여전히 미동이 없었다. 혜숙이 옆에서 안절부절못했다. 손을 비비며 기도했다. 바이탈이 바닥에서 움직이지 않자, 혜숙이 수철 옆에 무릎을 꿇었다. 최 팀장이 CPR을 잠시 중단했을 때, 혜숙이 수철 입에 숨을 불어 넣었다. 실장의 가슴 압박과 혜숙의 인공호흡이 계속되었다. 일 분이 지나자, 수철 바이탈이 미약하게 움직이기 시작했다. 수철이 거친 숨을 토해 냈다. 혜숙이 수철 가슴을 끌어안고 오열했다. 안도와 기쁨의 눈물이었다.

수철이 천천히 눈을 떴다. 가슴에 안긴 혜숙을 보더니 말없이 끌어안았다. 잠시 후 혜숙이 눈물을 닦고 일어섰다. 수철이 최 팀장을 보며 희미하게 웃었다.

"자네가 날 살렸네. 이 은혜를 어떻게 갚지?"

최 실장은 수철의 핼쑥한 모습을 보더니 어깨를 으쓱했다.

"혜숙의 문자가 영미를 살렸습니다. 그리고 혜숙의 인공호흡이 김 교수님을 살렸고요."

최 실장의 놀림에 혜숙의 얼굴이 빨개졌다.

쓰러져 있던 유돈이 조금 움직였다. 천천히 몸을 일으키더니 주위를 살폈다. 수철, 혜숙, 최 팀장이 보였다. 입꼬리에 비틀린 웃음이 걸렸다.

"이런, 내가 졌군."

유돈이 대형 화면의 영미 바이탈 수치를 바라보았다.

"영미가 다시 살아난 걸 보니 암세포들이 전쟁에서 졌구먼. 뭐지? 뭐가 암세포들을 몰아낸 거지?"

수철이 여유 있는 목소리로 대답했다.

"이봐, 유돈. 나도 잘은 몰라. 그렇지만 이건 알아, 어디에나 천적은 있다고. 그걸 만들어 놓은 게 창조주야."

수철이 유돈을 정면으로 쳐다보았다.

"암이 불멸이라고? 착각이야. 암의 천적은 면역세포들이라고. 우리가 아직 면역의 보물들을 다 몰라서 암에 고전하고 있는 것뿐이야."

옆에 있던 혜숙이 수철을 바라보며 말했다.

"김 교수님 말이 맞아요. 영미 면역세포들이 알려 주었어요. 동굴 속 암세포들의 천적은 그곳에서 암과 싸우고 살아 돌아온 베테랑 세포들이라고요. 암세포들을 가장 잘 아는 '암 사냥꾼'들이 그들이라고요. 그래서 여기 응급실장님이 그 베테랑 킬러팀장을 찾아내서 실험실에서 밤새워 배양해서 주사로 공급했고요. 또 면역세포가 가르쳐 준 게 몇 개 더 있어요. 그건 나중에 알려 드리지요, 워낙 중요한 정보들이라."

혜숙의 말을 듣던 유돈은 수철을 향해 몸을 돌렸다.

"이봐, 수철. 자네 딸 영미는 아주 보기 드문 보물이었는데 이렇게 되어 아쉽네. 잘 들어 보라고."

숨을 깊이 들이마시며 계속했다.

"자네도 이젠 잘 알겠네. 우리 그룹 연구소에서는 비밀 프로젝트를 하고 있었지. 바로 랍스터 연구일세. 랍스터는 온몸이 줄기세포처럼 활발하네. 다른 동물들이 때가 되면 늙는 것과 달리 평생 건강하지, 그리고 몸집만 잘 관리하면 200살, 300살도 문제없어."

유돈의 눈에 붉은 핏줄이 보였다.

"그게 모두 불멸 유전자 때문이지. 이 불멸 유전자는 랍스터의 모든 세포에서 활발하네. 사람에게서는 그렇지 못해. 사람의 줄기세포나 암세포에서만 이 불멸 유전자가 활발하지. 그래서 우리는 이 유전자를 모든 세포에서 활발하게 하려고 연구 중이었지. 바로 암세포처럼 만들면 될 것 같더라고. 암세포는 이 유전자가 활발하니까."

유돈의 목청이 점점 커졌다.

"그런데 일반인을 상대로 임상실험을 하니까 잘 안되더라고. 불멸 유전자가 들어가면 자꾸 부작용이 생겨. 그래서 노숙자가 몇 사망했지만 말이야. 부작용이야 늘 있는 거니까 상관없어."

차가운 미소가 번졌다.

"그런데 덜컥 회장이 뇌종양에 걸렸지, 뭐야. 알아보니 수호 유전자 돌연변이더군. 이게 웬 재앙인가 했지. 하지만 나는 참 운이 좋은가 봐. 이런 돌연변이가 있어야 불멸 유전자가 제대로 작동하는 걸 발견했지. 알고 보면 단순한 건데 말이야."

유돈이 목소리를 낮추며 은밀하게 속삭였다.

"수호 유전자는 세포 내부 감시자야. 세포 성장을 아주 꼼꼼하게 조여서 암이 못 생기게 하지. 이런 상황에서는 불멸 유전자가 들어가서 일을 할 수 없어. 그러니까 이 유전자가 일을 하려면 '수호'가 느슨해져야 해. 그래, 돌연변이가 되어야 한단 말이야."

영미를 바라보며 안타까워했다.

"이런 특이한 체질을 회장, 나, 수연, 그리고 영미가 가졌어. 그런 의미에서 이 사람들은 인류의 불멸을 위한 신의 선물인 셈이야. 자, 말이 길어졌지만 내 꿈은 확실하게 이루어진다고. 다 된 밥인데 자네들이 끼어들어서 망쳤단 말이야. 영미는 거의 불멸 직전까지 갔는데, 자네들이 그 기회를 걷어찬 거라고."

수철이 고개를 좌우로 흔들었다.

"이봐, 유돈. 개똥철학은 인제 그 정도만 하는 게 어때? 그래, 네 말이 맞아. 영미와 수연이는 신이 내린 선물이야. 나와 함께 이 세상을 함께 즐기라고 신이 내린 선물들이란 말이야."

수철의 목소리가 젖어 들었다.

"말도 안 되는 너의 불멸 놀음 때문에 귀한 선물, 수연이가 사라졌어. 그래도 나나 영미는 남은 생을 선물로 알고 살 거야. 주어진 시간 속에서 주어진 소명을 다하고 살다 가는 것, 나는 그게 진정한 삶이라고 봐. 너는 이제 교도소에서 불멸 놀음을 해 봐."

유돈의 얼굴이 돌처럼 굳어진다.

"내가 영미에게 맞추려던 주사는 불멸을 완성하는 주사야. 즉, 줄기세포와 암세포는 사실은 같은 놈들이란 말이야. 다만 한 놈은 통제되고 한 놈은 통제가 안 된다는 것뿐이지. 둘 다 죽지 않는 세포란 말이야. 영미에게 맞추려는 주사는 암세포를 줄기세포처럼 만드는 주사란 말일세. 암이 불멸로 가는 주사란 말이야."

유돈의 목소리가 점점 커졌다.

"수철, 자네는 오래 살고 싶은 생각이 없는 거야? 그건 거짓말이지. 새빨간 거짓말이라고. 인간의 꿈은 단 하나, 불멸하는 거야. 이건 고대 이집트부터, 진시황까지 대대로 이어지는 꿈이라고. 진시황의 불로초 대신 현대인은 냉동인간을 택했지. 곧 인간이 죽지 않는 때가 온다고 믿는 사람들이 차디찬 냉동고에 자신들의 몸을 잠시 맡기고 있어. 불로초? 그건 이미 우리 몸속에 들어 있었던 거야."

유돈의 눈이 먼 곳을 쳐다보았다.

"우리의 먼 조상들, 그 조상들을 거슬러 올라가면 그때는 죽지 않는 시간 들이 있었지. 생명의 시조인 박테리아는 무한히 분열하는 유전자를 가지고 있었지. 그 무한분열 유전자들이 우리 몸에 있어, 아주 오래전부터 말이야. 이게 작동하면 안 되니까 대못이 박혀 있지. 그 대못 유전자만 잘 다스릴 수 있으면 우리 영생은 문제가 아니야."

유돈이 수철의 앞에 몸을 내밀었다.

"봐봐, 영생의 흔적은 우리 줄기세포, 암세포에 그대로 남아 있는 거야. 그걸 잘 조절하기만 하면 200살은 문제없어. 한번 불로불사의 문이 열리면 200살, 500살은 문제없다고. 내가 그 문을 연 거라고."

유돈의 말을 듣던 수철이 손뼉을 치더니 클클 웃었다.

"그래, 네 말이 맞는다. 사람들은 불멸의 꿈을 모두 가지고 있지. 하지만 아무도 영생을 해 보지 못했어. 그런데 그거 알아? 정해진 시간이 있어서 세상을 더 잘 살고 싶어 하는 거야. 죽지 않는다고 생각해 봐. 어떻게 살아도 죽지 않는다면, 사는 게 보석이라는 생각이 들까? 영생이 행복일까? 나는 끝없는 고통이라고 봐."

수철이 손을 내저었다.

"자, 이제 불멸 놀음은 그만하고, 너는 교도소에서 불멸할 생각이나 하는 게 어때?"

전화기를 든다. 경찰을 부르겠다는 거다. 유돈이 손을 들어 제지한다.

"이봐 수철, 자네는 과학자야. 내 연구를 눈으로 보고 평가할 의무가 있네. 자, 내가 이 주사를 맞으면 어떻게 되는가를 눈으로 보고 확인하란 말이야. 내가 어떻게 불로불사에 도달하게 되는지를 보고 나면 나에게 무릎 꿇고 그 원리를 알려 달라고 빌 테니까."

유돈은 준비한 주사를 손목에 찔렀다. 최 실장과 혜숙이 말리려 했지만, 수철이 그들을 제지했다.

주사를 맞은 유돈의 눈썹이 꿈틀거렸다. 눈 아래 근육이 떨리기 시작했다. 입술의 양 끝이 얇아졌다. 얼굴의 주름이 조금씩 움직였다. 주름이 사라지기 시작했다. 거울을 바라보던 유돈이 웃기 시작했다.

"하하. 얼굴 주름이 사라지기 시작했어. 내가 젊어지기 시작했다고."

마치 미친 사람처럼 킬킬거리기 시작했다.

"내 몸 세포들이 불멸 유전자를 받아들였어. 이제 나는 랍스터처럼 산다고. 최소 200년은 보장된 거야. 하하하!"

유돈이 웃는 모습을 다른 사람들이 쳐다보고 있었다. 유돈의 얼굴 주름이 사라지자, 모두 눈이 동그래졌다. 하지만 그것도 잠시, 거울에 비친 유돈의 얼굴 모습이 다시 조금씩 변하기 시작했다. 얼굴에 조그마한 반점이 생겼다. 이 반점들이 하나둘 얼굴에 퍼졌다. 그 반점들이 솟아오르기 시작했다. 그 모습을 보던 유돈이 얼굴을 감쌌다. 주위에 있던 사람들이 비명을 질렀다.

거울 속의 유돈 얼굴이 일그러졌다. 증오와 분노로 일그러진 그리스 신화의 괴물, 메두사가 거기 있었다.

"헉, 헉⋯."

유돈이 쓰러지면서 숨을 헐떡였다. 수철이 그에게 다가서려 했지만, 혜숙과 최 실장이 그를 막아섰다. 혜숙이 고개를 좌우로 흔들었다.

이윽고 유돈이 숨을 거두었다. 그때 연구소 침대에 누워 있던 영미의 몸이 조금씩 움직였다. 영미가 눈을 뜨더니 이곳저곳을 둘러보았다. 수철을 보더니 얼굴이 환해지고 눈이 붉어졌다.

수철이 달려가서 와락 영미를 끌어안았다.

23
암과의 이별

수철이 상경 고등학교 정문에 도착했다. 정문부터 본관까지 색색의 플래카드가 걸려 있다.

'한국 최초의 노벨생리의학상 수상자 김수철 교수 강연: (제목) '세포사이의 SNS'

정문 맞은편 과일가게에서 주인 할머니가 손님과 이야기하고 있었다.

"저 학교에서 노벨상 탄 사람이 나왔다는데?"

"그래요. 암을 정복했다면서요. 우리 남편도 암으로 갔는데….'

할머니가 과일을 담으며 한숨을 쉬었다. 수철의 SNS 칩 논문이 《사이언스》 표지 논문에 실린 지 채 1년이 지나지 않아, 두 번째 연구가 또 《사이언스》 표지 논문으로 선정되었다. 동일인이 연속으로 표지 논문으로 선정된 건 《사이언스》 잡지 역사상 처음이다.

삼경대 공과대학 차 교수가 동료와 전화 통화 중이었다.

"김수철이 또 해냈군. 두 번째 《사이언스》 표지 논문이야."

"'암의 마스터 스위치'? 흥미로운 제목이네."

"역시 김수철이야."

두 번째 논문은 '암의 마스터 스위치'라는 제목이다. 인체는 극심한 스트레스 상황에서 난자, 정자를 못 만들게 된다. 이 경우, 후손을 만드는 유일한 방법은 무엇일까. 바로 수억 년 전의 박테리아처럼 이분법으로 돌아가는 거다. 그 상태로 돌아가면 세포는 무한성장을 한다. 그게 암세포다. 그때 처음 켜지는 유전자, 그걸 수철은 '암의 마스터 스위치, SS424'라고 이름을 붙였다. 박테리아에게서도 발견되는 아주 오래된 유전자다.

수철이 사이토카인 폭풍을 일부러 겪으면서 몸 상태를 죽음 직전까지 끌고 내려갈 때 발견한 암 스위치다. 영미가 물어봤다.

"아빠, 왜 'SS424'야?"

"첫번째 S는 내 이름, 두번째 S는 수연이의 첫 글자야. 424는 우리 결혼기념일."

"나는 왜 없어?"

영미가 투덜댔다.

"YM1204가 있잖아. 네 이름과 생일로 만든 최초의 암 치료제야."

영미 눈이 반짝였다.

"정말?"

'YM1204'이란 물질은 암 마스터 유전자가 켜지지 않도록 하는 물질이다. SNS 칩으로 면역세포들 사이의 대화를 분석한 결과, 킬러 T세포가 이미 만들고 있던 물질이다. 이제 암은 더 이상 두려운 존재가 아니다. 암을 정복한 거다. 수철은 정문 앞에 차를 멈추었다.

정문 경비가 빠끔히 고개를 내밀고 운전자와 차를 흘끗 봤다. 15년 된 차는 중간중간 색칠도 벗겨졌다.

'오늘 강연에 동네 사람도 온다고 했나?'

고물차에 타고 있는 허름한 차림의 수철을 바라보면서 수위는 속으로 중얼거렸다. 말도 없이 손을 들어 운동장 구석 주차장을 가리켰다. 본관에는 교장을 비롯한 많은 사람이 나와 있었다. 한국 최초의 노벨상 수상이 발표된 것은 불과 일주일 전이었다. 대통령실, 국회 등 여러 곳에서 그에게 수상 강연을 부탁했다. 하지만 정작 수철이 온 곳은 서울 변두리의 한 고등학교다.

수철은 이 운동장을 너무 잘 안다. 수연과 함께 많은 시간을 보냈던 곳이다. 저녁 자습 시간이면 수연과 함께 앉아 있던 벤치는 저기 녹색 그대로다. 유돈이 유기견을 돌로 패던 곳은 저 너머 동산이다.

유돈은 젖이 늘어진 개를 발로 차며 괴성을 질렀었다.

"싸질러 놓기만 하는 놈은 죽어야 해!"

수철이 발걸음을 멈추고 하늘을 올려다봤다.

'수연아, 이제 어머니의 한을 풀어 드린 것 같아. 암은 더 이상 불패가 아니야.'

차를 세우고 운동장을 가로질러 본관으로 향했다. 본관으로 가는 길에는 지금도 빈 동상들이 줄 서 있다. 동상에는 '본교 졸업생 한국의 노벨상 수상자'라는 팻말이 붙어 있다. 이제 비어 있는 첫 번째 자리에 수철의 동상이 올라갈 것이다.

본관 앞의 많은 사람이 모두 학교 정문을 향해 서 있다. 본관 사람들

틈을 비집고 안으로 들어서자, 누군가 그를 알아보았다.

"김 교수님 아니세요?"

일 년 전 그룹초청 만찬회에 참가했던 흰머리 TV 국장이다. 사람들이 그제야 뒤편으로 들어가던 수철의 주위를 둘러쌌다. 교장, 교육감, 국회의원, 교육부 장관이 줄줄이 인사를 했다.

"창조주가 생물을 이 세상에 만들 때는 서로 균형을 이루어 살라고 했습니다. 한 종류가 너무 많아서도 안 되고, 너무 적어서도 안 됩니다. 자연은 서로 공존합니다. 이건 사람의 몸에도 적용됩니다. 인간의 몸은 220종류의 세포들이 어울려 지냅니다. 이들은 서로 카톡을 합니다."

'카톡'이라는 소리에 학생들이 웃음을 터트렸다.

청소부로 일하는 김 할머니가 동료에게 속삭였다.

"저 교수님 말씀이 맞아. 우리 몸도 서로 도와 가며 사는 거지."

"그러게. 그런데 카톡이라니, 참 재미있게 이야기하시네."

연단에서는 수철의 목소리가 낭랑하게 울렸다.

"이제 과학은 세포 내부를 들여다보고, 세포들끼리의 대화를 들을 수 있게 되었습니다. 그들 이야기를 들을 때마다 저는 부끄럽습니다. 세포들 모두는 본인들이 어디까지 해야 하는지를 잘 알고 있습니다. 그 이상 욕심을 내지 않습니다. 마치 계영배처럼 일을 합니다."

학생들끼리 수군거렸다.

'계영배가 뭐야?'

"계영배는 우리 조상들이 만든 잔입니다. 어느 이상 물을 더 채우면, 그 잔의 물이 모두 흘러내려 비워집니다. 욕심을 부리지 말고 주어진 만큼만 소유하라는 거지요. 세포들의 SNS를 들어보면 우리 인간은 세포보다 못합니다."

수철이 말을 잠시 멈추었다.

"세포들 대부분은 유통기한이 있습니다. 우리 몸도 유통기한이 있습니다. 지금은 90년에서 100년입니다. 우리는 주어진 기간에 각자에게 주어진 일을 하면 됩니다. 마치 220종류의 세포들이 각자에게 주어진 일을 하는 것처럼 말입니다. 저는 아마도 뇌세포 임무를 맡았는지도 모릅니다. 열심히 공부해서 세상 사람들이 건강한 몸을 가지는 방법을 알려 주라는 사명을 받았기 때문입니다."

학생들이 수철의 뇌세포 소리에 고개를 끄떡였다.

"누구는 묻습니다. 창조주가 왜 암을 만들었냐고요. 아마도 계영배의 의미를 가르쳐 주려는 것이 아니었을까요? 각자의 세포에 과도한 스트레스가, 욕심이 계속될 때, 이렇게 사는 것이 아니라고 가르쳐 주는 것이 아닐까요? 그래서 창조주가 만든 아름다운 작품인 인간이 그 본성을 벗어나려고 할 때, 최후 수단인 암으로 막는 것이 아닐까요? 많은 사람이 암을 겪고 나면 죽음을 눈앞에서 느끼게 됩니다. 그래서 어떻게 살다가 어떻게 죽는 것이 옳은 삶인가를 생각하게 됩니다."

청중들의 눈초리가 모두 수철을 따라가고 있었다.

"하지만, 암은 잔인합니다. 사랑하는 가족을 먼저 보내야 합니다. 그들에게 100년이라는 아름다운 시간을 주어야 하는데, 먼저 보내야 합니다. 저는 각자에게 주어진 일을 성실하게 수행하는 사람들에게, 이런 불행이 있어서는 안 된다고 믿습니다. 그래서 암을 완치하려고 합니다."

수철이 강당 안의 사람들을 쳐다보았다.

"제가 알아낸 것이 아닙니다. 몸속 세포가 알려 준 것입니다. 저희가 계영배처럼 살려고 할 때 비로소 보이는 것입니다. 이제 암세포가 생기는 이유를 알아냈고, 그래서 암을 완벽하게 치료할 수 있게 되었습니다. 이제 암 때문에, 가족과 사별하는 고통이 없어지기를 바랍니다."

수철의 말이 끝나자 잠시 침묵이 흐르더니 우레같은 박수가 쏟아졌다.

학생들 뒤에 영미와 혜숙이 같이 앉아 있었다. 영미가 엄지를 들고 환하게 웃었다. 그러고는 옆에 있던 혜숙에게도 엄지를 들라고 손을 잡아끌었다. 혜숙도 엄지를 번쩍 들었다. 둘이 서로 보고 웃었다.

24
랍스터의 꿈

수철이 영미, 혜숙과 함께 저녁을 먹으러 나왔다. 모처럼의 외식에 영미는 신이 났다. 이제 의과대학 1학년이다. 아빠와 같은 암 연구자가 되는 게 영미의 꿈이다. 요즘 읽고 있는 책도 모두 암에 관한 책이다.

택시 안에서 영미가 아빠에게 물었다.

"아빠, 랍스터 집에 가는 이유가 있어?"

수철이 미소 지었다.

"네가 궁금해하던 랍스터의 비밀을 알아봐야지?"

혜숙이 고개를 끄덕였다.

"영미가 요즘 랍스터 연구 논문만 읽더라고요."

오늘 외식 장소는 랍스터 집이다. 이 집은 랍스터 전문 요릿집으로 이름이 나 있다. 무엇보다 요리사가 미국 사람이다. 미국 메인주의 포틀랜드 출신 어부로, 집안 대대로 랍스터 잡는 일을 해 왔다. 요리사 잭이 수철 가족을 반기며 말했다.

"제 할아버지는 60년간 랍스터를 잡으셨어요. 아버지도 40년. 저는 한국에 와서 요리사가 됐지만요."

"그럼, 랍스터에 대해선 전문가시겠네요."

수철이 관심 있게 물었다.

"물론이죠. 바다에서 직접 본 것들이 많습니다."

영미는 오자마자 뒤편의 부엌으로 향한다. 요리사가 영미를 반겼다.

"영미. 오늘은 무슨 질문을 가지고 왔을까?"

요리사 잭의 웃음 띤 얼굴에 영미는 신이 났다.

"그런데, 랍스터가 진짜로 평생 암이 없이 쌩쌩하게 살아요?"

"그럼, 대부분 랍스터는 청년으로 살아. 하지만 몸집이 커지면서 탈피가 힘들어지지. 그래서 죽기도 해."

영미는 심각해졌다.

"몸집이 커지면 벗어야 할 껍질도 커진다는 거네요. 거 참, 어찌 사람 욕심을 닮았는지, 욕심이 많아지면 사람은 지옥문으로 들어선다고 하던데…."

"영미는 생각이 깊네. 맞아, 자연에서는 욕심이 곧 파멸이지. 하지만 자연은 항상 해답도 준비해 두었어."

요리사가 영미를 가까이 불렀다. 랍스터가 모여 있는 큰 수족관으로 데리고 갔다.

"그런데, 영미, 랍스터 중에서 다른 놈들과 달리 탈피를 거뜬히 해내는 놈들이 있어. 그러니까 탈피 때문에 힘도 안 빠지고 아주아주 오래 산다고. 그런데 이상한 건 그렇게 오래 사는 놈들의 변 색깔이 다르다는 거야."

영미의 눈이 반짝였다.

"변이요? 랍스터 똥 말인가요?"

"그래, 오래 사는 놈일수록 색이 검정에 가깝더라고. 영미는 좋은 의사가 꿈이라면서? 랍스터 똥을 잘 조사해 봐. 똥 속에 답이 있을지도 몰라."

잭이 추억에 잠겨 말을 이어 갔다.

"할아버지가 말씀하셨어. '바다에서 100년 넘게 산 랍스터들을 봤는데, 그놈들 똥은 특별해'라고. 그때는 무슨 말인지 몰랐는데…."

테이블에서 기다리던 혜숙이 수철에게 말했다.

"영미 저 모습 보세요. 정말 훌륭한 연구자가 될 것 같아요."

혜숙이 따뜻한 눈으로 바라봤다.

"아버지 닮아서 호기심이 많아요. 수연 선배님도 닮았고요."

수철의 눈가에 그리움이 스쳤다.

"수연이도 저런 식으로 질문을 많이 했었는데…."

영미가 돌아와서 흥분해서 말했다.

"아빠, 혹시 장내 세균이 랍스터의 장수 비밀일까요?"

"왜 그렇게 생각하지?"

"요리사 할아버지가 오래 사는 랍스터들 똥이 특별하다고 했어요. 분명 장내 세균 때문일 거예요!"

수철이 딸을 자랑스럽게 바라봤다.

"그래, 한번 해 봐. 자연에는 모든 해답이 있어."

영미는 요리사의 말을 메모했다.

'랍스터, 암, 똥-장내 세균, 서로 대화? 적, 아군?'

저자 후기 ──── ✢

　'…암 줄기세포가 면역 조절세포를 암 동굴로 유혹해서 자기편으로 만든다. 동굴을 공격하던 면역세포는 이들에게 속아서 역습당한다. 매복 중인 암세포들이 면역킬러세포의 아킬레스건을 지그시 밟는다. 급소를 찔린 면역세포는 무릎이 꺾인다. 이제 환자 몸에서 암세포가 자라기 시작한다. 딸의 목숨이 위험하다. 면역세포들의 대화에서 아킬레스건의 위치를 알아낸 주인공은 이를 봉해버리는 면역항암제를 만들어 주사한다. 급소가 봉해진 면역세포는 이제 무서울 게 없다. 암세포 멱살을 잡고 녹여버린다. 딸은 죽음의 문턱에서 가족의 품으로 다시 돌아온다….'

　현미경에서나 겨우 보이는 꼬물거리는 암세포와 면역세포가 치열하고 정교한 싸움을 하고 있다. 인체 내부에서는 세포들끼리의 혈투, 외부에서는 이런 세포들의 이야기를 듣고 딸을 살리려는 주인공 의사와 딸을 이용하여 불멸 신약을 만들려는 악당 병원장 사이의 암투, 이런 이야기를 만들고 싶었다. 그래서 이 이야기를 듣고, 사람들이 암, 면역, 면역 항암제를 한 번에 이해했으면 했다.

중앙일보(선데이) 칼럼으로 소개했던 첨단 면역항암제들과 암세포·줄기세포의 불멸성을 기반으로 '랍스터: 암과의 전쟁'을 기획했다. 완벽하게 불멸을 누리지는 않지만, 랍스터는 가장 이상적인 삶을 산다. 즉, 죽을 때까지 청년처럼 팔팔하게 살고, 사람처럼 늙는 과정이 없다.

소설 내 과학은 대부분 실제 사실(Fact)에 기반한다. Fact와 Fiction을 구분하기 위해 소설 내 Fact는 참고문헌 번호를 삽입했다. 80개의 참고문헌을 부록에 표기하고 세부 내용은 바이오스토리 하우스(biocnc.com)에 올렸다.

작성에 3년이란 긴 시간이 필요했다. 필력이 짧은 필자가 칼럼이 아닌 소설로 과학을 재미있게 알리려는 것이 쉽지 않아서다. 더불어 과학을 가르쳤던 한 사람으로서 건강 최대 관심사인 암에 대한 그릇된, 허황한 정보를 주어서도 안 되기 때문이었다. Fact 위주의 지식 소설을 쓰려다 보니 다른 토끼, 즉 흥미로운 서사는 매우, 아주 많이, 부족하다. 소설의 기본요건에 한참 못 미치는 이 글을 굳이 소설로 펴낸 이유는 두 가지다. 첫째 암, 면역, 항암제를 일반인들이 쉽게 이해했으면 해서다. 둘째 누군가 이 흥미로운 이야기를 웹툰, 드라마, 영화 등으로 널리 알려주었으면 해서다. 그래서 '마션', '그래비티' 같은 제대로 된 과학 스토리텔링 걸작을 만들어 주었으면 해서다.

어려운 출판시장에 부족한 소설을 출판해 준 전파과학사에 감사드린다. 혈액암협회 이철환 사무총장 덕에 암 환자 현황을 잘 알게 되었다. 글 스승인 황은오 작가의 든든한 응원이 없었다면, 이 소설은 3년 전에 진즉 포기했을 것이다. 병원 현장과 암의 임상치료에 대해 세심하게 자문해 준 이대병원 성주명 명예교수 덕분에 이 소설이 한층 더 깊이 있는 이야기로 완성될 수 있었다. 가족을 지키려는 소설 속 주인공에게 몰입하여 보니, 옆에 있는 가족과 보내는 하루하루가 그 무엇보다 소중함을 깨닫게 된다. 이 소설이 필자에게 준 가장 큰 선물이다.

2025년 11월 17일
김은기

참고 문헌 ✛

1 랍스터는 TERT(텔로머라제) 활성이 높고 암발생이 거의 없음.
   Stanley J. et al. "The American lobster genome reveals insights on longevity, neural, and immune adaptations". (2021). Science Advances, 7(26), doi: 10.1126/sciadv.abe8290

2 세포내 신호물질(Chemokine) 분석 통해 건강상태 측정 가능.
   Li X. et al. "Coordinated chemokine expression defines macrophage subsets across tissues", (2024) Nature Immunology, 25:1110-1122 (2024)

3 코로나로 뇌혈관장벽(BBB)이 느슨해짐.
   Greene, C. et al. "Blood-brain barrier disruption and sustained systemic inflammation in individuals with long COVID-associated cognitive impairment". Nat Neurosci 27, 421-432 (2024). https://doi.org/10.1038/s41593-024-01576-9

4 미세유체칩 이용한 질병진단('SNS 칩'은 세포 하나가 만들어 내는 사이토카인을 분석하여 세포상태를, 즉 몸 상태를 진단할 수 있다)
   S. T. Gebreyesus et al. "Recent advances in microfluidics for single-cell functional proteomics" Lab Chip, 2023, 23, 1726-1751 DOI: 10.1039/D2LC01096H

5 바이러스 감염세포는 동료세포에 경보전달 이후 자폭진행.
   Julie A. Potter: Viral Single Stranded RNA Induces a Trophoblast Pro-Inflammatory and Antiviral Response in a TLR8-Dependent and -Independent Manner, Biology of Reproduction) 92(1), 2015, 17, 1-8, https://doi.org/10.1095/biolreprod.114.124032

6 TP53 수호(감시) 유전자: 유전자 손상이 회복이 안되면 자폭과정 유도해서 암세포 발생을 억제.
   Pitolli C et al. p53-Mediated Tumor Suppression: DNA-Damage Response and Alternative Mechanisms. Cancers (Basel). 2019 Dec 9;11(12):1983. doi: 10.3390/cancers11121983. PMID: 31835405; PMCID: PMC6966539.

7 점막면역: 목 부분에 점막이 있고 그 안에 항체가 있어서 외부균 침입방지.
   Li Y, et al. The Effects of Secretory IgA in the Mucosal Immune System. Biomed Res

Int. 2020 Jan 3;2020:2032057. doi: 10.1155/2020/2032057. PMID: 31998782; PMCID: PMC6970489.

8 감기: 한 종류가 아닌 200개 이상 바이러스에 의한 상기도 감염.

Worrall G. Common cold. Can Fam Physician. 2011 Nov;57(11):1289-90. PMID: 22084460; PMCID: PMC3215607.

9 선천 면역: 전신이 아닌 지역에서 담당하여 처리. 이게 안되면 후천 면역, 즉 전체 경보 발령. 척후세포는 피부, 점막 등에서 외부균의 침입을 확인하고 1차로 방어하는 면역세포들.

Coates et al. Innate antimicrobial immunity in the skin: A protective barrier against bacteria, viruses, and fungi. PLoS Pathogens, 2018

10 항체: B세포가 생산하는 면역단백질. 침입균에 달라붙어서 같이 침전시키거나 다른 면역세포들이 공격하도록 유도하는 GPS역할.

Takai, T. Roles of Fc receptors in autoimmunity. Nat Rev Immunol 2, 580-592 (2002). https://doi.org/10.1038/nri856

11 인체 침입바이러스: 인체세포내에 잠입해서 숨어있거나 복제해서 터트려 나옴.

York, A. A deadly escape. Nat Rev Microbiol 21, 345 (2023). https://doi.org/10.1038/s41579-023-00897-z

12 외부 침입균 방어하는 면역세포: 호중구(보병), 대식세포(조직내 터줏대감), 수지상세포(보초, 척후병). 선천 면역에서 해결 안되면 전체 면역반응인 후천 면역 개시.

Justin J et al. Diversity and Versatility of Phagocytosis: Roles in Innate Immunity, Tissue Remodeling, and Homeostasis. Front. Cell. Infect. Microbiol., 23 May 2017. https://doi.org/10.3389/fcimb.2017.00191

13 보체(Complement): 병원체와 싸우는 혈액 속 단백질 덩어리들.

West, E.et al.— the intracellular complement system. Nat Rev Nephrol 19, 426-439 (2023). https://doi.org/10.1038/s41581-023-00704-1

14 텔로미어: 염색체 보호캡으로 일종의 세포 유통기한에 해당. 짧아지면 세포노화 시작.

de Lange, T. "How telomeres solve the end-protection problem." Science 326, 948-952 (2009).

15 암세포는 TERT (텔로머라제 유전자:'불멸유전자')도 활발.

Mishima M et al. TERT upregulation promotes cell proliferation via degradation of p21 and increases carcinogenic potential. J Pathol. 2024 Nov;264(3):318-331. doi: 10.1002/path.6351. Epub 2024 Sep 27. PMID: 39329419.

16 암발생이론 중의 하나: 유전자손상이 누적되면 특정 유전자(발암유전자)가 켜짐. 그 중 하나가 세균처럼 무한분열하는 유전자.

Charles H. et al. Cancer progression as a sequence of atavistic reversions. BioEssays, 2021; 2000305 DOI: 10.1002/bies.202000305

17 우리 몸속에 바이러스 DNA가 8% 존재.

Stein RA et al. Human endogenous retroviruses: our genomic fossils and companions.

Physiol Genomics. 2023 Jun 1;55(6):249-258. doi: 10.1152/physiolgenomics.00171.2022. Epub 2023 May 8. PMID: 37154499.

18 1차 방어선인 선천 면역은 외부침입자의 패턴만을 보고 공격여부를 결정. 패턴 DB는 이미 면역세포 유전자에 프린트되어 있음.

Akira, S. et al. "Pathogen recognition and innate immunity." Cell,(2006). 124(4), 783-801.

19 열 상승: 바이러스 활동을 저해하는 효과 있음.

Evans SS, Repasky EA, Fisher DT. "Fever and the thermal regulation of immunity: the immune system feels the heat." Nat Rev Immunol. 2015 Jun;15(6):335-49. doi: 10.1038/nri3843.

20 인터루킨 6: 면역보병이 더 많은 보병을 부르는 신호.

Dienz O et al. Essential role of IL-6 in protection against H1N1 influenza virus by promoting neutrophil survival in the lung. Mucosal Immunol. 2012 May;5(3):258-66. doi: 10.1038/mi.2012.2.

21 사이토카인 폭풍: 갑작스런 사이토카인 증가로 쇼크상태가 발생하는 현상.

Nie, J. et al. Deep insight into cytokine storm: from pathogenesis to treatment. Sig Transduct Target Ther 10, 112 (2025). https://doi.org/10.1038/s41392-025-02178-y

22 코로나(COVID) 사이토카인 억제제 중에는 IL-6을 막는 항체가 사용됨.

Bakkari MA, et al. Exploring Interleukin-6 Inhibitor Antibodies in Combatting SARS-CoV-2 and Its Mutated Variants: Challenges and Future Directions. Journal of Pharmacology and Pharmacotherapeutics. 2025;0(0). doi:10.1177/0976500X251316939

23 첫 번째 호흡기바이러스 감염시 세포는 두 번째 다른 바이러스를 억제.

Van Leuven JT, et al. Rhinovirus Reduces the Severity of Subsequent Respiratory Viral Infections by Interferon-Dependent and -Independent Mechanisms. mSphere. 2021 Jun 30;6(3):e0047921. doi: 10.1128/mSphere.00479-21. Epub 2021 Jun 23. PMID: 34160242; PMCID: PMC8265665.

24 TERT 유전자를 활성화시키면 노화된 마우스의 노화관련지표 개선됨.

Shim HS, Iaconelli J, Shang X, Li J, Lan ZD, Jiang S, Nutsch K, Beyer BA, Lairson LL, Boutin AT, Bollong MJ, Schultz PG, DePinho RA. TERT activation targets DNA methylation and multiple aging hallmarks. Cell. 2024 Jul 25;187(15):4030-4042. e13. doi: 10.1016/j.cell.2024.05.048. Epub 2024 Jun 21. PMID: 38908367; PMCID: PMC11552617.

25 TP53: 비정상세포 발현을 조절해서 암세포증식을 억제함.

Miciak J. et al. Robust p53 phenotypes and prospective downstream targets in telomerase-immortalized human cells. Oncotarget. 2025; 16: 79-100. Retrieved from https://www.oncotarget.com/article/28690/text/

26 유전자치료(Gene Therapy): 정상유전자를 삽입하는 허가받은 치료법이지만 효능이 완벽하지는

않음.

Qi L, et al. Twenty years of Gendicine® rAd-p53 cancer gene therapy: The first-in-class human cancer gene therapy in the era of personalized oncology. Genes Dis. 2023 Oct 31;11(4):101155. doi: 10.1016/j.gendis.2023.101155. PMID: 38523676; PMCID: PMC10958704.

27 TERT 유전자가 활동하려면 TP53 암억제유전자가 꺼져 있어야 함.

Mishima M, et al.TERT upregulation promotes cell proliferation via degradation of p21 and increases carcinogenic potential. J Pathol. 2024 Nov;264(3):318-331. doi: 10.1002/path.6351. Epub 2024 Sep 27. PMID: 39329419.

28 TP53이 억제되고 TERT가 발현되는 상황에서 줄기세포 능력이 유지됨.

Liu TM, et al. Molecular basis of immortalization of human mesenchymal stem cells by combination of p53 knockdown and human telomerase reverse transcriptase overexpression. Stem Cells Dev. 2013 Jan 15;22(2):268-78. doi: 10.1089/scd.2012.0222. Epub 2012 Aug 21. PMID: 22765508; PMCID: PMC3545350.

29 TERT(텔로머라제 유전자)를 과발현시키면 암발생이 급증.

Artandi SE, et al. Constitutive telomerase expression promotes mammary carcinomas in aging mice. Proc Natl Acad Sci U S A. 2002 Jun 11;99(12):8191-6. doi: 10.1073/pnas.112515399. Epub 2002 May 28. PMID: 12034875; PMCID: PMC123043.

30 바이러스 감염이 뇌종양, 특히 교모세포종 발생에 관련될 수 있음.

Gunasegaran, B. et al. Viruses in glioblastoma: an update on evidence and clinical trials. BJC Rep 2, 33 (2024). https://doi.org/10.1038/s44276-024-00051-z

31 항암바이러스를 이용한 암치료.

Jiang S, et al. Clinical advances in oncolytic virus therapy for malignant glioma: a systematic review. Discov Oncol. 2023 Oct 16;14(1):183. doi: 10.1007/s12672-023-00769-1. PMID: 37845388; PMCID: PMC10579210.

32 인체면역의 70%가 대장에 집중되어 있음.

Gholami, H. et al. Maleki Vareki, S. The Role of Microbiota-Derived Vitamins in Immune Homeostasis and Enhancing Cancer Immunotherapy. Cancers 2023, 15, 1300. https://doi.org/10.3390/cancers15041300

33 자궁경부암 환자의 99.7%에서 경부암 바이러스가 발견됨.

Volesky-Avellaneda KD, et al. Human Papillomavirus Detectability and Cervical Cancer Prognosis: A Systematic Review and Meta-analysis. Obstet Gynecol. 2023 Nov 1;142(5):1055-1067. doi: 10.1097/AOG.0000000000005370. Epub 2023 Sep 13. PMID: 37856917.

34 대상포진은 면역기능저하시 신경분절을 따라 활성화 됨.

Nair PA et al. In: StatPearls. Treasure Island (FL): Publishing; 2025 Jan-. Available from: https://www.ncbi.nlm.nih.gov/books/NBK441824/

35 암세포는 MHC-1을 생산하지 않아서 T세포의 공격을 피하지만 NK(Natural Killer:자연살해세포)는 MHC-1이 없는 암세포를 살해함.
Karthik D et al. Cancer Immune Evasion Through Loss of MHC Class I Antigen Presentation Front. Immunol., 09 March 2021, Volume 12 – 2021. https://doi.org/10.3389/fimmu.2021.636568

36 MHC-2는 APC(항원제시세포)가 내보이는 외부단백질 패턴.
Ming-Yan Wang et al. MHC class II of different non-professional antigen-presenting cells mediate multiple effects of crosstalk with CD4+T cells in lung diseases. Front. Med., 17 January 2025. Volume 12 – 2025 https://doi.org/10.3389/fmed.2025.1388814

37 암환자의 척후세포를 꺼내서 암세포와 같이 배양한 후 다시 주사하는 항암제 요법.
Shevchenko JA et al.Autologous dendritic cells and activated cytotoxic T-cells as combination therapy for breast cancer. Oncol Rep. 2020 Feb;43(2):671-680. doi: 10.3892/or.2019.7435. Epub 2019 Dec 16. PMID: 31894312.

38 제너가 만든 우두 바이러스의 초기임상.
Riedel S. Edward Jenner and the history of smallpox and vaccination. Proc (Bayl Univ Med Cent). 2005 Jan;18(1):21-5. doi: 10.1080/08998280.2005.11928028. PMID: 16200144; PMCID: PMC1200696.

39 정상세포의 손상이 누적되면 특정유전자(Oncogene)가 발현되며 암으로 발전된다는 이론.
Zhang R, Bozic I. Accumulation of Oncogenic Mutations During Progression from Healthy Tissue to Cancer. Bull Math Biol. 2024 Oct 29;86(12):142. doi: 10.1007/s11538-024-01372-3. PMID: 39472320; PMCID: PMC11522190.

40 질소겨자가 골수 백혈구를 급격히 감소시키는 현상이 관찰됨. 이후 화학항암제로 발전.
DeVita VT Jr, Chu E. A history of cancer chemotherapy. Cancer Res. 2008 Nov 1;68(21):8643-53. doi: 10.1158/0008-5472.CAN-07-6611. PMID: 18974103.

41 환자의 고형암 내부에 침투한 T세포를 실험실에서 배양하여 다시 환자에게 주사하는 항암요법.
Matsueda S et al. Recent clinical researches and technological development in TIL therapy. Cancer Immunol Immunother. 2024 Sep 12;73(11):232. doi: 10.1007/s00262-024-03793-4. PMID: 39264449; PMCID: PMC11393248.

42 유방암 환자 단일항체 치료제: 허셉틴에 관한 연구.
Graff SL et al. Newly Approved and Emerging Agents in HER2-Positive Metastatic Breast Cancer. Clin Breast Cancer. 2023 Oct;23(7):e380-e393. doi: 10.1016/j.clbc.2023.05.003. Epub 2023 May 13. PMID: 37407378.

43 플레밍 박사의 항생제 내성균출현 가능성에 대한 경고.
Tom Ashfield, et al. "Reflecting on Fleming's caveat: the impact of stakeholder decision-making on antimicrobial resistance evolution" Microbiology (Reading), 2025, Volume 171, Issue 2

44 모든 생물은 천적이 있다. 세균 천적은 파지라는 바이러스.

Haerter, J et al. Phage and bacteria support mutual diversity in a narrowing staircase of coexistence. ISME J 8, 2317-2326 (2014). https://doi.org/10.1038/ismej.2014.80

45 면역세포들은 적과 아군을 구분하는 훈련을 받고 통과해야만 현장으로 배치되고, 대부분은 탈락해서 사멸됨.

Benlaribi, R.et al.Thymic self-antigen expression for immune tolerance and surveillance. Inflamm Regener 42, 28 (2022). https://doi.org/10.1186/s41232-022-00211-z

46 새로운 병원균이 들어오면 그에 맞는 끈끈이(항체)를 시행착오를 거쳐 생성.

Chen Y, et al. A new mechanism of antibody diversity: formation of the natural antibodies containing LAIR1 and LILRB1 extracellular domains. Antib Ther. 2024 May 21;7(2):157-163. doi: 10.1093/abt/tbae008. PMID: 38933531; PMCID: PMC11200687.

47 TP53돌연변이는 암발생율이 높음.

Noor H, et al. TP53 Mutation Is a Prognostic Factor in Lower Grade Glioma and May Influence Chemotherapy Efficacy. Cancers (Basel). 2021 Oct 26;13(21):5362. doi: 10.3390/cancers13215362. PMID: 34771529; PMCID: PMC8582451.

48 TP53이 많이 들어간 쥐에서 조기노화 및 의식저하가 보고됨.

Donehower LA. Using mice to examine p53 functions in cancer, aging, and longevity. Cold Spring Harb Perspect Biol. 2009 Dec;1(6):a001081. doi: 10.1101/cshperspect.a001081. Epub 2009 Nov 4. PMID: 20457560; PMCID: PMC2882127.

49 불멸유전자는 암세포와 줄기세포에서 활발.

Kim JJ,et al. Dynamics of TERT regulation via alternative splicing in stem cells and cancer cells. PLoS One. 2023 Aug 2;18(8):e0289327. doi: 10.1371/journal.pone.0289327. PMID: 37531400; PMCID: PMC10395990.

50 랍스터는 TERT 유전자가 활발하여 노화가 지연되고 자연적인 사멸이 드뭄.

Schumpert C, et al. Telomerase activity and telomere length in Daphnia. PLoS One. 2015 May 11;10(5):e0127196. doi: 10.1371/journal.pone.0127196. PMID: 25962144; PMCID: PMC4427308.

51 HeLa 세포가 불멸화된 것은 TERT가 결정적 역할을 하는 이유임.

Jin, X., et al. Human telomerase catalytic subunit (hTERT) suppresses p53-mediated anti-apoptotic response via induction of basic fibroblast growth factor. Exp Mol Med 42, 574-582 (2010). https://doi.org/10.3858/emm.2010.42.8.058

52 고형암은 암세포 주위에 다른 조직들이 엉켜있는 형태.

Mohiuddin E, et al. Extracellular matrix in glioblastoma: opportunities for emerging therapeutic approaches. Am J Cancer Res. 2021 Aug 15;11(8):3742-3754. PMID: 34522446; PMCID: PMC8414390.

53 MerTK 자폭팻말로 위장한 암세포를 단일항체로 팻말을 막아버려 암세포를 면역세포가 공격하게 함.

Blander JM. MerTK Blockade Fuels Anti-tumor Immunity. Immunity. 2020 Feb 18;52(2):212-214. doi: 10.1016/j.immuni.2020.01.015. PMID: 32075723.

54 유방암 단일항체 표적치료제: 허셉틴을 사용한 안젤리나 졸리에 관한 이야기.

Rooney, J. (2018) British Psychological Society "'All-action hero' or 'Slap in the face for womankind'? Discursive representations of Angelina Jolie following her prophylactic bilateral mastectomy"

55 NK세포의 공격력을 억제하는 신호를 차단하는 항체로 NK세포 활성을 높이는 방법.

André P, et al. Anti-NKG2A mAb Is a Checkpoint Inhibitor that Promotes Anti-tumor Immunity by Unleashing Both T and NK Cells. Cell. 2018 Dec 13;175(7):1731-1743. e13. doi: 10.1016/j.cell.2018.10.014. Epub 2018 Nov 29. PMID: 30503213; PMCID: PMC6292840.

56 조절 T세포는 공격으로 흥분한 면역세포들을 진정시킴.

Tanaka A et al. Targeting Treg cells in cancer immunotherapy. Eur J Immunol. 2019 Aug;49(8):1140-1146. doi: 10.1002/eji.201847659. Epub 2019 Jul 5. PMID: 31257581.

57 키트루다: 면역관문억제제로 지미카터 대통령이 완치.

People.com (2024) How Has President Jimmy Carter Survived Cancer for 9 Years? An Oncologist Explains His Life-Extending Treatment

58 T조절세포는 적을 퇴치하느라 흥분한 면역세포들을 진정시켜 자기 몸을 공격하는 부작용을 방지. 하지만 암세포도 이런 T조절세포를 이용해서 암세포를 공격하지 않도록 함. 따라서 T조절세포를 억제하면 암을 더 강하게 공격할 수 있음.

Wei X, et al. CD25×TIGIT bispecific antibody induces anti-tumor activity through selective intratumoral Treg cell depletion. Mol Ther. 2024 Nov 6;32(11):4075-4094. doi: 10.1016/j.ymthe.2024.09.010. Epub 2024 Sep 7. PMID: 39245938; PMCID: PMC11573620.

59 암세포들은 T조절세포를 좀비로 만드는 유혹 물질(CCL-22)을 분비.

Wiedemann GM et al. Cancer cell-derived IL-1α induces CCL22 and the recruitment of regulatory T cells. Oncoimmunology. 2016 Apr 25;5(9):e1175794. doi: 10.1080/2162402X.2016.1175794. PMID: 27757295; PMCID: PMC5048775.

60 키트루다 면역항암제의 장기치료효과가 보고됨.

Sasaki T et al. Long-term treatment results of pembrolizumab monotherapy: reconsideration of immune checkpoint inhibitor monotherapy. J Rural Med. 2024 Oct;19(4):273-278. doi: 10.2185/jrm.2024-014. Epub 2024 Oct 1. PMID: 39355159; PMCID: PMC11442084.

61 면역보병인 호중구는 두뇌 림프관을 따라 이동함.

Wewer, C. et al. Transcellular migration of neutrophil granulocytes through the blood-cerebrospinal fluid barrier after infection with Streptococcus suis . J Neuroinflammation 8, 51 (2011). https://doi.org/10.1186/1742-2094-8-51

62 신생혈관방지제: 암이 새로운 혈관을 생성해서 자라는 것을 막는 항암제.

Eichholz A, et al. Anti-angiogenesis therapies: their potential in cancer management. Onco Targets Ther. 2010 Jun 24;3:69-82. doi: 10.2147/ott.s5256. PMID: 20616958; PMCID: PMC2895781.

63 암세포가 유혹 물질(CCL-22)를 생성하여 면역세포(대식세포, NK세포)를 좀비로 만듦.

Mailloux AW, et al. NK-dependent increases in CCL22 secretion selectively recruits regulatory T cells to the tumor microenvironment. J Immunol. 2009 Mar 1;182(5):2753-65. doi: 10.4049/jimmunol.0801124.

64 암동굴내부는 여러 가지 물질들로 가득차 외부와는 다른 환경(Microenvironment)으로 면역세포들이 활성을 잃음.

Rajbhandary S, et al. Tumor immune microenvironment (TIME) to enhance antitumor immunity. Eur J Med Res. 2023 May 13;28(1):169. doi: 10.1186/s40001-023-01125-3. PMID: 37179365; PMCID: PMC10182604.

65 노화세포가 '자폭중' 팻말을 내걸면 면역세포는 이 세포를 공격하지 않는다. 암세포가 피 팻말을 사용하는 경우 이 팻말을 단일항체로 블로킹하여 암세포를 사멸시키는 치료제.

Li R, et al. A Bispecific Modeling Framework Enables the Prediction of Efficacy, Toxicity, and Optimal Molecular Design of Bispecific Antibodies Targeting MerTK. AAPS J. 2024 Jan 2;26(1):11. doi: 10.1208/s12248-023-00881-8. PMID: 38167740.

66 암동굴은 암세포가 독특하게 만드는 산성물질로 면역세포들이 활동을 못 하게 만듦.

Knopf P, et al. Acidosis-mediated increase in IFN-γ-induced PD-L1 expression on cancer cells as an immune escape mechanism in solid tumors. Mol Cancer. 2023 Dec 15;22(1):207. doi: 10.1186/s12943-023-01900-0. PMID: 38102680; PMCID: PMC10722725.

67 암 동굴 내에서 젖산이동을 저해하면 면역세포들의 활성이 높아질 수 있음.

Hao ZN, et al. Lactate and Lactylation: Dual Regulators of T-Cell-Mediated Tumor Immunity and Immunotherapy. Biomolecules. 2024 Dec 21;14(12):1646. doi: 10.3390/biom14121646. PMID: 39766353; PMCID: PMC11674224.

68 암세포들이 만드는 ROS폭탄으로 면역세포들을 녹임.

Iqbal, M.J. et al. Interplay of oxidative stress, cellular communication and signaling pathways in cancer. Cell Commun Signal 22, 7 (2024). https://doi.org/10.1186/s12964-023-01398-5

69 면역세포의 아킬레스건인 자폭장치를 암세포가 공격.

Liying Hu et al. FAS mediates apoptosis, inflammation, and treatment of pathogen infection. Front. Cell. Infect. Microbiol., 15 April 2025

70 암동굴을 공격했던 T세포를 환자 몸에서 꺼내 수를 불려 다시 주입하는 암치료법.

Guo, J. et al. IL-2-free tumor-infiltrating lymphocyte therapy with PD-1 blockade demonstrates potent efficacy in advanced gynecologic cancer. BMC Med 22, 207 (2024). https://doi.org/10.1186/s12916-024-03420-0

71 암의 진화에 대한 한 가지 이론:번식이후 개체는 사멸하는 것이 종의 진화에 유리.

Hanahan D, et al. Hallmarks of cancer: the next generation. Cell. 2011 Mar 4;144(5):646-74. doi: 10.1016/j.cell.2011.02.013. PMID: 21376230.

72 T조절세포들은 대장에 머물며 장내 세균과의 면역세기를 조절함.

Shim et al. (2023). The role of gut microbiota in T cell immunity and immune mediated disorders. International Journal of Biological Sciences, 2023, Vol. 19(4): 1178-1191

73 암세포들은 면역세포들이 우글거리는 혈액속을 돌아다니며 전이할 장소를 찾음. 이런 혈액속에서 면역세포와의 전투에서 살아돌아온 암세포들은 그만큼 진화할 능력을 갖춘 베터랑 암세포들임.

Guo, S. et al. The role of extracellular vesicles in circulating tumor cell-mediated distant metastasis. Mol Cancer 22, 193 (2023). https://doi.org/10.1186/s12943-023-01909-5

74 암세포, 줄기세포에서는 TERT발현이 활발하고 TP53은 억제되어 있음.

Rakhmatullina, A.R.; Mingaleeva, R.N.; Gafurbaeva, D.U.; Glazunova, O.N.; Sagdeeva, A.R.; Bulatov, E.R.; Rizvanov, A.A.; Miftakhova, R.R. Adipose-Derived Mesenchymal Stem Cell (MSC) Immortalization by Modulation of hTERT and TP53 Expression Levels. J. Pers. Med. 2023, 13, 1621. https://doi.org/10.3390/jpm13111621

75 줄기세포가 작동하려면 감시유전자 TERT가 작동하지 않아야 함.

Yücel, A.D.et al. The long and winding road of reprogramming-induced rejuvenation. Nat Commun 15, 1941 (2024). https://doi.org/10.1038/s41467-024-46020-5

76 랍스터의 실제 TERT 유전자수는 세 개가 아님. 소설에서는 3개로 설정했음. 대부분의 진핵생물의 TERT는 1개임. 또한 TP53을 보유하고 있음.

77 우리 몸의 줄기세포도 시간이 지나면 그 능력이 떨어져서 노화로 사망함. 줄기세포의 TERT를 증가시키고 TP53을 감소시키면 영구히 죽지않는 불멸세포가 될 수 있음. 70년 동안 실험실에서 배양해도 살아있는 헬라 세포주는 헬라라는 여성의 자궁경부암세포임. TERT발현이 매우높고 TP53 기능은 상실된 인류 최초의 불멸세포주임.

Rakhmatullina et al. Adipose-Derived Mesenchymal Stem Cell (MSC) Immortalization by Modulation of hTERT and TP53 Expression Levels. J. Pers. Med. 2023, 13, 1621.

78 암발생 확률이 제일 많은 곳은 각 장기의 상피세포임. 그곳에서는 쉬지 않고 세포가 성장해서 점막을 유지함. 그만큼 돌연변이가 많이 생김.

Dananberg, A. et al. APOBEC Mutagenesis in Cancer Development and Susceptibility. Cancers 2024, 16, 374. https://doi.org/10.3390/cancers16020374

79 암의 근원을 설명하는 한 가지 이론. 이를 뒷받침하는 연구도 진행 중. 암환자들의 활발한 유전자를 조사해 보니 아주 오래된 유전자, 즉 무한분열을 하는 세균의 번식유전자가 켜져 있음. 즉 이

분법으로라도 번식을 해야 한다는 것이고 이것이 암이라는 이론.

A.S. Trigos et al. Altered interactions between unicellular and multicellular genes drive hallmarks of transformation in a diverse range of solid tumors, Proc. Natl. Acad. Sci. U.S.A. 114 (24) 6406-6411

80 환자인 과학자가 자신의 몸에서 직접 췌장암세포를 추출해 동료과학자와 협력하여 수지상세포로 면역항암백신을 만든 이야기.

Amanda Schaffe. The patient-scientist; How Ralph Steinman Raced to Develop a Cancer Vaccine--And Save His Life. Scientific American: 2012(1)

81 감염된 세포가 이 물질(포스파티딜세린)을 분비하면 면역세포들이 달려와 이들 감염세포를 녹인다. 비정상세포로 변하지 않으려는 고육책.

Yoshitaka Furuta, et al.: 'How do necrotic cells expose phosphatidylserine to attract their predators—What's unique and what's in common with apoptotic cells' Front. Cell Dev. Biol. 05 Vol11, 2023 https://doi.org/10.3389/fcell.2023.1170551

82 종양 침투했던 베터랑 킬러세포(TIL)를 환자 몸에서 빼내서 실험실에서 수를 불림. 이때 암세포를 인식할 수 있는 안테나(CAR)를 세포외벽에 부착, 무장시킴. 이렇게 수를 불린 베터랑 킬러세포(TIL-CART)를 환자에게 주사함. 이 베터랑 킬러세포들은 동굴 속 암세포들을 정확히 찾아들어가서 암세포를 죽임.

Chen X et al. PD-1-CD28-enhanced receptor and CD19 CAR-modified tumor-infiltrating T lymphocytes produce potential anti-tumor ability in solid tumors. Biomed Pharmacother. 2024 Jun;175:116800. doi: 10.1016/j.biopha.2024.116800. Epub 2024 May 23. PMID: 38788547.